先生と保護者のための

# 子どもの胃腸

# 病気百科

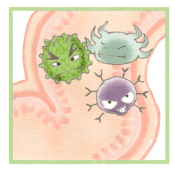

# ❖ は じ め に ❖

　子どもの胃腸の病気には、腹痛、下痢、便秘などの症状だけでなく、吐血や血便といった緊急性の高い病気もかくれています。腸がダメージを受けると栄養素の吸収不全をきたし、栄養障害、成長障害、発達障害まで引き起こす可能性があります。また、おなかの病気は何が起こっているかを直接みることができないので、どうしてよいのかわからない場合が多くあります。

　本書では、保育園や幼稚園、小中学校の「おなかの症状・病気について・治療や対処法」などを簡潔にまとめました。現場にいる先生方や保護者に、すぐに実践していただけるようにわかりやすく解説をしています。

　子どもの胃腸の病気を理解することで、栄養障害や成長障害、発達遅滞まで予防することが可能になります。特に、慢性の病気では周囲のサポートがとても重要です。保護者や学校の先生方など、子どもの近くにいる方が、おなかの病気について理解してサポートや対処ができるようになるためのテキストとしてご活用ください。

# 目　次 CONTENTS

はじめに……………………………………………………………2

おなかにある臓器の種類と位置……………………………6
胃のしくみと働き……………………………………………8
小腸のしくみと働き…………………………………………12
大腸のしくみと働き…………………………………………16
写真でみる　正常な胃腸……………………………………20
胃腸の主な病気………………………………………………21

## 第1章　よくみられるおなかの不調とその対応　23

腹痛…………………………………………………………24
嘔吐…………………………………………………………36
吐血…………………………………………………………48
下痢…………………………………………………………52
便秘…………………………………………………………64
下血（血便）………………………………………………72

## 第2章　子どもに多い胃腸・おなかの病気　35　75

胃食道逆流症………………………………………………76

好酸球性食道炎……………………………………………78

胃軸捻転……………………………………………………80

急性胃炎・慢性胃炎………………………………………82

胃・十二指腸潰瘍…………………………………………84

ピロリ菌感染症……………………………………………86

ウイルス性胃腸炎…………………………………………88

細菌性腸炎…………………………………………………90

寄生虫………………………………………………………92

腸閉塞（イレウス）………………………………………94

機能性消化管障害（FGIDs）……………………………96

過敏性腸症候群（IBS）………………………………… 100

周期性嘔吐症……………………………………………… 102

好酸球性消化管疾患……………………………………… 104

消化管アレルギー………………………………………… 106

アレルギー性紫斑病（IgA血管炎）…………………… 108

クローン病……………………………………………… 110

潰瘍性大腸炎…………………………………………… 112

吸収不良症候群………………………………………… 114

難治性下痢症…………………………………………… 116

蛋白漏出性胃腸症……………………………………… 118

腸回転異常症…………………………………………… 120

メッケル憩室…………………………………………… 122

腸重積…………………………………………………… 124

虫垂炎…………………………………………………… 126

消化管ポリープ………………………………………… 128

リンパ濾胞増殖症……………………………………… 130

便秘症…………………………………………………… 132

ヒルシュスプルング病（Hirshsprung）……………………134
臍ヘルニア・鼠径ヘルニア…………………………………136
肛門周囲膿瘍・痔瘻…………………………………………138
消化管異物……………………………………………………140
黄疸……………………………………………………………142
急性・慢性肝炎………………………………………………144
急性・慢性膵炎………………………………………………146

## 【付録】

＊園・学校での対応チェック………………………………150
＊胃腸の健康を守るために…………………………………152
（経過観察カード／病院受診カード／腹痛観察カード／うんちしらべカード／おなかの健康チェックカード）

さくいん……………………………………………………… 156
おわりに……………………………………………………… 158

# おなかにある 臓器の種類と位置

おなかには、胃腸を中心とした消化や吸収に関わる臓器があります。

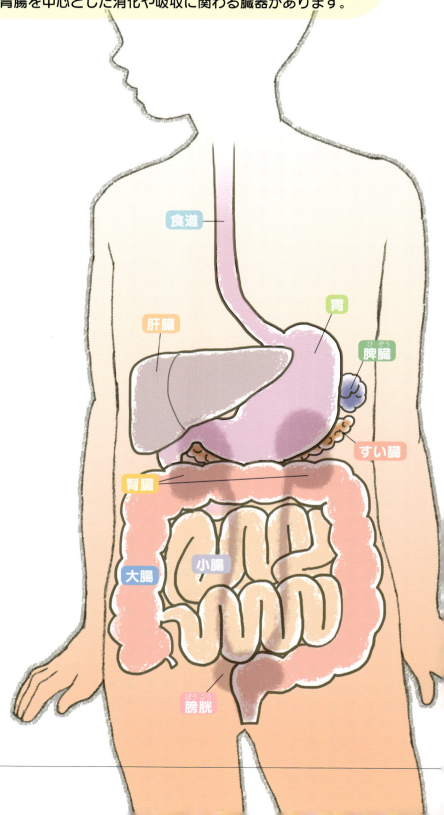

### 食道

食道の機能は、口から摂取した食べ物を胃まで送り、さらに胃から逆流しないようにすることです。食道には括約筋があるので、ぜん動を行うことで食べ物を胃まで運びます。逆立ちしたとしても食道から胃へ食べ物を運ぶことができます。

### 胃

食道から運ばれた食べ物は、胃内で胃液と混和されます。30分～数時間かけてドロドロになった食べ物は、幽門という胃の出口から十二指腸へと運ばれます。胃の機能は最初の消化作業といえます。また、胃に食べ物が入ることで消化管ホルモンが産生され、小腸や胆のうでの消化液の分泌が亢進されます。

## 小腸

### 十二指腸

十二指腸には、脂肪を分解する胆汁と、蛋白質や炭水化物、脂質を分解するすい液を分泌させるファーター乳頭があります。胃液でドロドロになった食べ物が、胆汁やすい液と混じることによってさらに分解され、本格的な消化となります。

### 空腸・回腸

十二指腸で分解された食べ物を、時間をかけて吸収する場所が空腸と回腸です。空腸（上部小腸）では、腸液が腸管内に分泌されることで食べ物はさらに分解され、吸収されやすくなります。空腸から回腸（下部小腸）には、絨毛という絨毯のようなひだがいっぱいあり、栄養素となった消化物を吸収します。

## 大腸

大腸は、小腸から送られてきたドロドロの排泄物から水分を吸収し、便を塊にする機能と便をためておく機能があります。また、ビフィズス菌などの腸内細菌が豊富で、健康のバロメーターになるといわれています。大腸の機能が十分でないときは、便秘や下痢の症状がでます。

## 肝臓

腸管から吸収した栄養素を代謝する場所です。また、代謝した栄養素を蓄えたり、エネルギーとして使用したりして全身の代謝をつかさどっています。代謝産物のひとつである胆汁を胆のうから排泄し、消化液として利用します。ヒトの体の中で最も大きな臓器です。

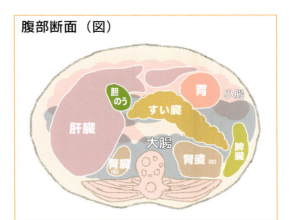

腹部断面（図）

## 胆のう

肝臓から排出された胆汁をためておく場所です。胃に食べ物が入ってくると胆のうが収縮し、胆汁を十二指腸へ排出します。胆汁と消化された食べ物が混じることで脂肪が分解され、吸収しやすい栄養素になります。

## すい臓

胃に食べ物が入ると、消化管ホルモンの作用ですい液の産生が亢進します。たまったすい液は胆汁とともに十二指腸へ排出され、蛋白質、炭水化物、脂質を分解します。また、血糖を下げるホルモンであるインスリンも産生します。

## 脾臓

脾臓には、いくつかの機能があります。免疫細胞を成熟させて病原体に対抗させる免疫機能や、胎児期や重症な貧血の場合には骨髄と同様に赤血球をつくる機能、古くなった赤血球を壊す機能などです。

## 腎臓

血液をろ過する働きを持つ腎臓は、血液中の老廃物や水分を尿として体外へ排出させる機能があります。水分不足で起こる脱水では尿量が不足し老廃物の排出機能を低下させます。また、全身の血圧をコントロールするホルモンも産生しています。

## 膀胱

腎臓でつくられた尿をためる場所が膀胱です。尿が膀胱いっぱいにたまったら尿を出したくなります。膀胱がなければ常に尿がちょろちょろ出てきてしまいます。

# 胃のしくみと働き

食道と十二指腸の間に位置する胃は、入ってきた固形物の食べ物を撹拌することでかゆ状にし、小腸へと排出します。

## ■胃の構造

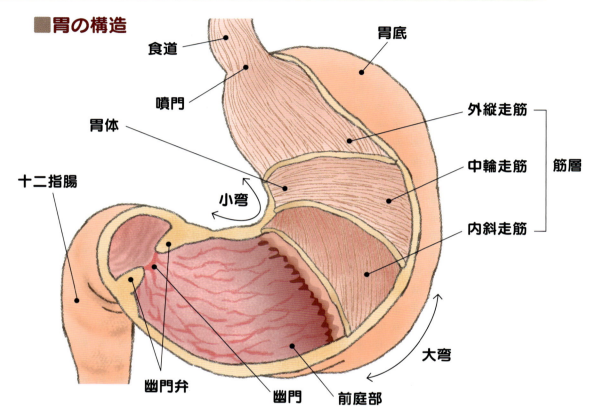

## ■胃のぜん動

食道から胃の中へ食べ物が送られてくると、胃は自らぜん動運動を始めます。ぜん動運動は、1秒間に約2～6mm動き、また、1分間に約3回ほどぜん動を起こすといわれています。

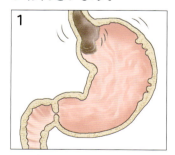
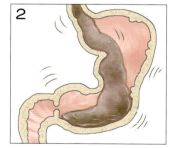
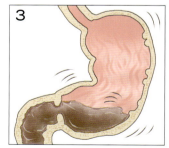

1. 食べ物が胃に入ってきます。2. 胃が活発に動いて、粘膜から分泌される胃液を食べ物になじませ、消化しやすいかゆ状にします。3. ぜん動運動で前庭部へ送られながら、消化しやすい状態になると、幽門が開いて十二指腸へ送り出されます。

## ■胃の働きと神経

胃の働きは、自律神経（副交感神経・交感神経）により支配されています。

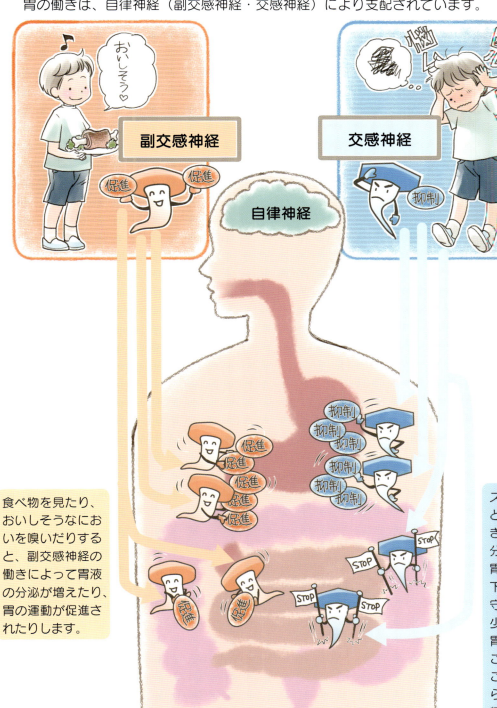

食べ物を見たり、おいしそうなにおいを嗅いだりすると、副交感神経の働きによって胃液の分泌が増えたり、胃の運動が促進されたりします。

ストレスを受けると、交感神経の働きによって胃液の分泌が抑制されて、胃の消化機能が低下します。胃液を守る粘液の分泌も少なくなるので、胃の内壁が傷つくこともあります。このようなことから、胃での消化は精神状態に大きく左右されるといわれます。

自律神経（副交感神経・交感神経）は、胃だけでなく、小腸や大腸、すい臓、肝臓などの消化器の働きもコントロールしています。

## ■胃液の分泌と役割

消化を促す胃液には、いくつかの種類があります。食べ物が食道から送られたときの胃の中の様子です。

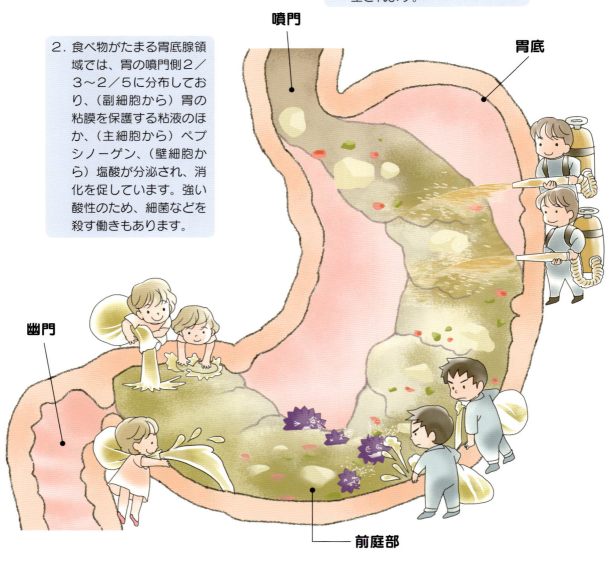

1. 噴門腺領域では、主に、胃壁を保護するアルカリ性の粘液が産生されます。

2. 食べ物がたまる胃底腺領域では、胃の噴門側2／3～2／5に分布しており、（副細胞から）胃の粘膜を保護する粘液のほか、（主細胞から）ペプシノーゲン、（壁細胞から）塩酸が分泌され、消化を促しています。強い酸性のため、細菌などを殺す働きもあります。

3. 十二指腸へ続く幽門腺領域（前庭部）は、胃の幽門側1／3～1／5に分布しており、胃の粘膜を保護する粘液が多く分泌されています。また、胃酸の分泌、刺激を調整するガストリン産生細胞と呼ばれる内分泌細胞もあります。

※ペプシノーゲンは、塩酸によってペプシンに変化して、食べ物のたんぱく質を消化・分解します。

## Q&A

**Q** 胃のしくみや働きは、子どもと大人で違うところがあるのですか？

**A** 子どもの胃は、乳児期には胃底の形成が悪く、弯曲が少なくて筒状に近い形（球形状）で、2～3歳で釣鐘状になり、10～12歳で成人と同じ形になるといわれています。また、噴門部括約筋（食道胃接合部）の発育や機能も未熟であるため、ちょっとしたことで吐いてしまいます。消化吸収機能では、蛋白質分解酵素であるペプシン分泌は、2歳で成人と同等になります。

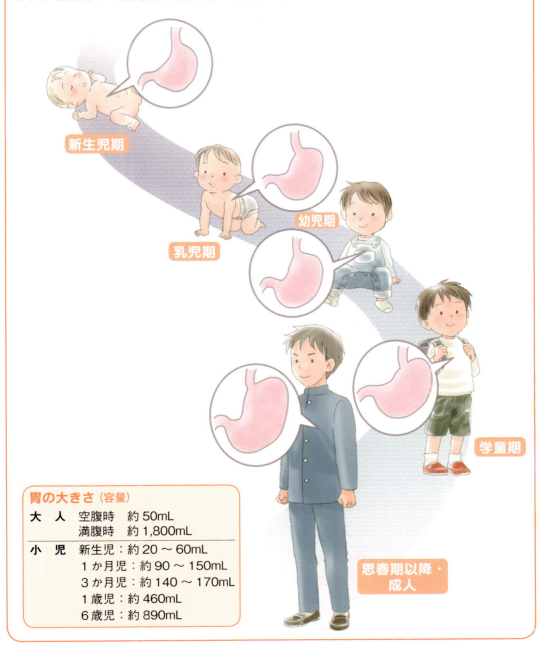

**胃の大きさ（容量）**

大人　空腹時　約50mL
　　　満腹時　約1,800mL

小児　新生児：約20～60mL
　　　1か月児：約90～150mL
　　　3か月児：約140～170mL
　　　1歳児：約460mL
　　　6歳児：約890mL

# 小腸のしくみと働き

小腸は、胃から送られてきた食べ物を消化、吸収します。十二指腸・空腸・回腸の3つに分けられます。十二指腸は約20cm、空腸は小腸の上部約2／5、回腸は下部約3／5ほどの長さがあります。

■ 小腸の構造

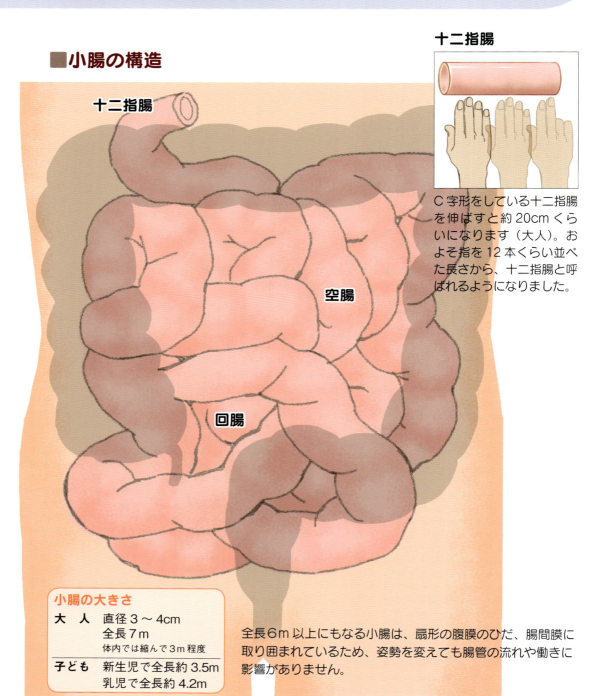

**十二指腸**

C字形をしている十二指腸を伸ばすと約20cmくらいになります（大人）。およそ指を12本くらい並べた長さから、十二指腸と呼ばれるようになりました。

**小腸の大きさ**
- 大人　直径3〜4cm
　　　全長7m
　　　体内では縮んで3m程度
- 子ども　新生児で全長約3.5m
　　　　乳児で全長約4.2m

全長6m以上にもなる小腸は、扇形の腹膜のひだ、腸間膜に取り囲まれているため、姿勢を変えても腸管の流れや働きに影響がありません。

## ■小腸の構造

　小腸は6〜7mほどの管腔臓器ですが、その内側に腸管ひだ、絨毛、微絨毛が存在し、ひだの凹凸によって表面積を大きくすることで消化吸収が効率よく行われます。そのため、小腸の表面積すべてを広げると、テニスコート1.5面分に相当するといわれています。

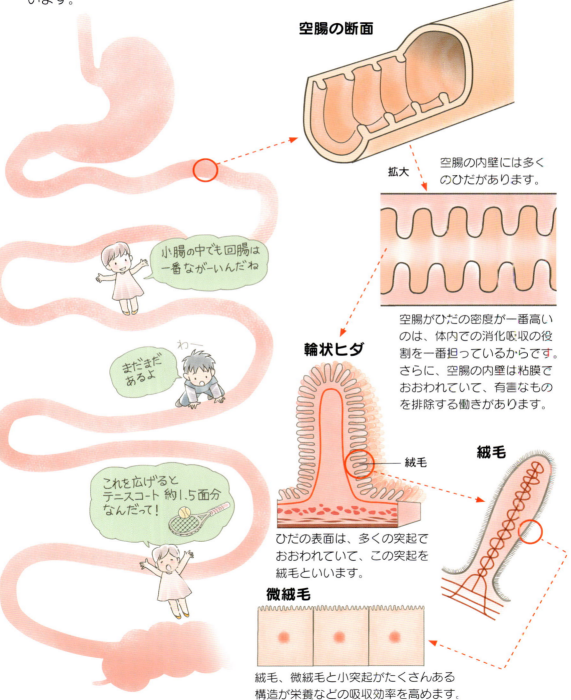

## ■小腸の機能

小腸の機能は大きく分けて2つあります。①消化吸収機能と、②免疫機能です。

### ①消化吸収機能

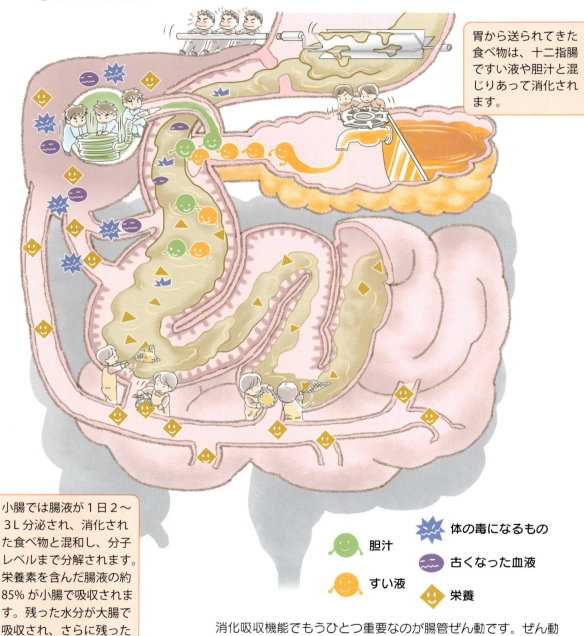

胃から送られてきた食べ物は、十二指腸ですい液や胆汁と混じりあって消化されます。

小腸では腸液が1日2〜3L分泌され、消化された食べ物と混和し、分子レベルまで分解されます。栄養素を含んだ腸液の約85％が小腸で吸収されます。残った水分が大腸で吸収され、さらに残った残渣（ざんさ）が便になります。

- 胆汁
- すい液
- 体の毒になるもの
- 古くなった血液
- 栄養

消化吸収機能でもうひとつ重要なのが腸管ぜん動です。ぜん動運動がなければ食べ物を移動させることができず、消化吸収もできません。腸管は第二の脳といわれるほど神経細胞が多く存在し、腸管の運動を自律神経で調節しています。ぜん動は副交感神経で亢進し、交感神経で抑制されます。

## ②免疫機能

わたしたちの腸管は、いつも大量の異物（自分ではないもの）に接しているため、異物を排除する免疫機能と、必要なものに対しては排除せずに吸収する免疫調節機能を常に働かせて生きています。

> 体外から侵入してきた有害な細菌やウイルスを排除する一般的な免疫機能です。そのほかに腸管には粘液が粘膜の上に産生されていて、粘液やそのなかに含まれる抗体などにより有害なものを洗い流したり、排除したりする機能もあります。

> 食べ物は、自分と違うものですが、体に入ってきた食べ物を消化吸収するために、攻撃しないようにする機能があります。本来は食べ物を異物とみなして攻撃し、排除する免疫機能が働くはずです。しかし、食べ物を排除してしまうと生きていけません。自分にとって必要なものに対して免疫機能が働かなくなる調節機構が存在します。これが経口免疫寛容といわれ、過剰な免疫反応が起こることを抑えるための生体機能といえます。

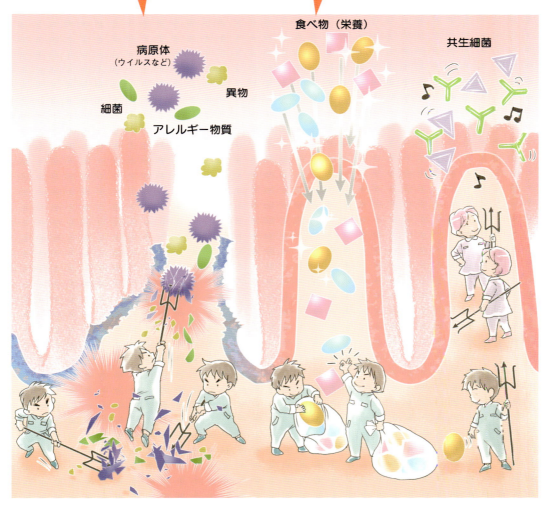

小腸は人体のなかで最大の免疫臓器といわれていて、さまざまな免疫機能を持っています。

# 大腸のしくみと働き

大腸は、盲腸、結腸、直腸からなり、小腸を囲むように位置しています。小腸から送られてきたドロドロの排泄物から水分を吸収し、便を塊にしたり、便をためておいて排便させたりします。

## ■大腸の構造

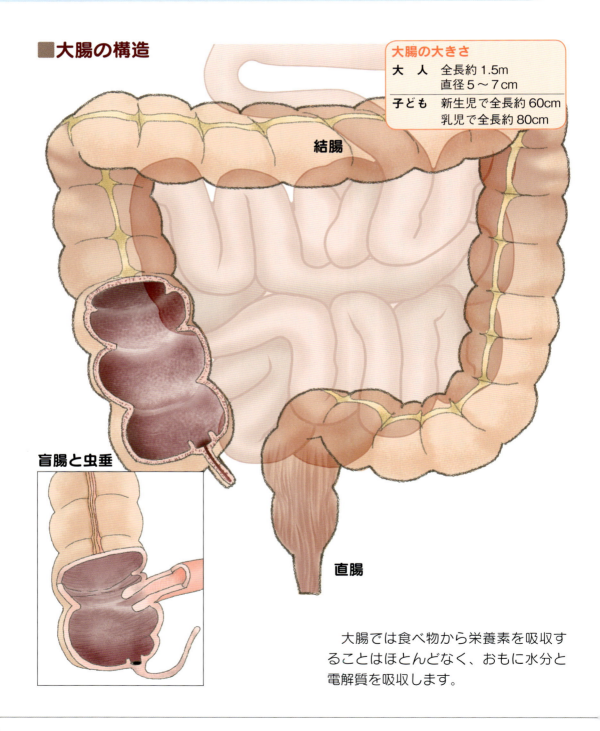

大腸の大きさ
| | |
|---|---|
| 大　人 | 全長約 1.5m<br>直径 5〜7cm |
| 子ども | 新生児で全長約 60cm<br>乳児で全長約 80cm |

結腸

盲腸と虫垂

直腸

大腸では食べ物から栄養素を吸収することはほとんどなく、おもに水分と電解質を吸収します。

## ■便がつくられるまで

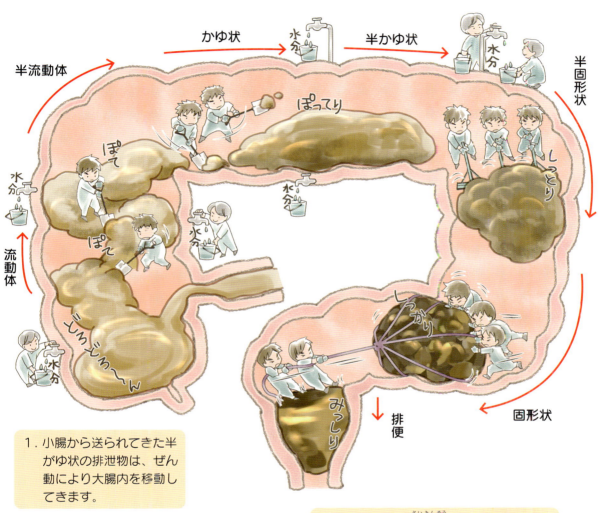

2. ぜん動による移動中に大腸粘膜から水分や電解質を吸収されることで便が徐々に硬くなっていき、塊になります。

1. 小腸から送られてきた半がゆ状の排泄物は、ぜん動により大腸内を移動してきます。

3. 大腸には腸内細菌叢（さいきんそう）があり、ビフィズス菌や大腸菌などが多数存在します。腸内細菌により便が発酵・腐敗していく過程で炭酸ガス、メタン、水素、窒素、硫化水素、アンモニア、酢酸、乳酸、酪酸などが産生され、それがおならの原因にもなります。

## ■便の健康チェック

　便の基準を示すものとして、ブリストルスケールがあります。これは、便の世界的な共通基準として1997年に英国のブリストル大学で開発されたものです。自分でチェックして健康状態を見直すこともできますし、病院で医師に症状を伝えるときにも役立ちます。

### ブリストルスケールによる便性分類

スケール1～2を硬便、スケール4を普通便、スケール6～7を下痢といいます。

**非常に遅い**
（約100時間）

**消化管の通過時間**

**非常に早い**
（約10時間）

| スケール | | | |
|---|---|---|---|
| 1 | コロコロ便 | | 硬くてコロコロのウサギの糞のような便 |
| 2 | 硬い便 | | ソーセージ状であるが硬い便 |
| 3 | やや硬い便 | | 表面にひび割れのあるソーセージ状の便 |
| 4 | 健康 普通便 | | 表面がなめらかで軟らかいソーセージ状、あるいは蛇のようなとぐろを巻く便 |
| 5 | やや軟らかい便 | | はっきりとしたしわのある軟らかい半分固形の便 |
| 6 | 泥状便 | | 境界がほぐれて、ふにゃふにゃの不定形の小片便、泥状の便 |
| 7 | 水様便 | | 水様で、固形物を含まない液体状の便 |

# ■おなら

## おならはどうしてでるの

食べ物は、食道、胃、十二指腸、小腸、大腸を通じて、栄養素に分解、消化、吸収され、その残りかすがうんちになります。同時に、うんちがつくられる過程で食べ物からのガス、腸内細菌の発酵、腐敗によるガスが発生します。これらに、ご飯と一緒に飲み込んだ空気が混ざりあって、おならがつくられます。食物繊維の多いご飯を食べるとおならは多いですが、臭くありません。肉などの動物性たんぱく質を多く食べると臭くなることが多く、おならは食べ物に影響されます。

また、おならがでることは生理現象であり、有毒ガスを体外へ排出することであるため、我慢することは健康にとってよくありません。

## おならの正体

食事のときに一緒に飲み込んだ空気は、酸素、窒素が主です。おならの約70％は、その空気が占めており、消化の過程で発生するガスや腸内細菌が発酵、腐敗させるガス、腸内分泌物が気化したガスなど、メタン、二酸化炭素、水素などの無臭のガスとアンモニア、硫化水素、インドール、スカトール、メルカプタンなどの悪臭のガスなどが残りの成分を占めますが、おならの成分は約400種類もあるといわれています。

### Q&A
**Q どうして臭いおならはよくないの？**

**A** おならが臭いと感じるのは、腸内細菌がうんちを分解して発生する硫化水素、アンモニア、インドールやメルカプタン、スカトールといったガス成分がおならに混じっているからです。これらを産生するのは、腸内細菌でも悪玉菌です。例えば、善玉菌の摂取が少なく悪玉菌が多い腸内環境だと、ガスの量が増えたり、便秘や消化不良などで腸の動きが悪くなったりすると、うんちがおなかにたまって、悪玉菌により異常に発酵、腐敗し、臭いガスが発生します。つまり、臭いおならがよくないのは、腸内環境が乱れている、腸の機能低下、消化不良などが考えられるからです。

# 写真でみる正常な胃腸

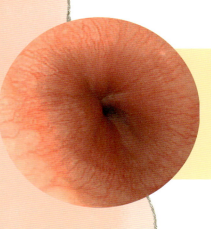

### 噴門
内視鏡で、食道から噴門をみている写真です。食道粘膜がしだいに狭くなり、胃へとつながっていきます。逆流性食道炎では、食道粘膜の発赤やびらんがみられます。

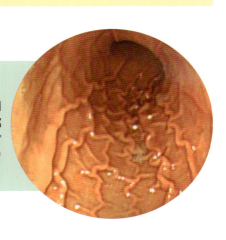

### 胃
内視鏡で胃の入り口（噴門）から出口（幽門）のほうをみている写真です。胃体部のひだがたくさんみられます。粘膜はピンク色で病変はありません。胃潰瘍や胃炎では粘膜の発赤や白苔(はくたい)がみられます。

### 小腸
カプセル内視鏡で小腸（空腸）をみています。水の中でみている状態です。よくみると絨毛（絨毯のような毛羽立ち）がみえます。1つ1つの絨毛の上には微絨毛がたくさんあるはずですが、内視鏡ではみえないくらい、ごく小さなものです。

### 大腸
内視鏡で横行結腸をみています。三角にみえるのは通常です。大腸のひだと粘膜上に血管が透けてみえます。血管がみえる場合は正常で、大腸炎では粘膜浮腫や発赤があるため、血管は透けてみえなくなります。

## 胃腸の主な病気

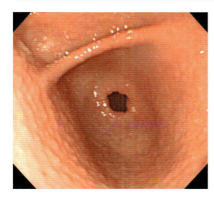

### 慢性胃炎（ピロリ菌）

内視鏡で胃の出口（幽門）を正面にみています。幽門の手前（前庭部）の粘膜がボコボコと凹凸しています。これが子どものピロリ菌感染症に特徴的な結節性胃炎です。凹凸は、ピロリ菌に反応して増大したリンパ濾胞ができています。

### 十二指腸潰瘍

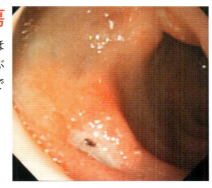

内視鏡で十二指腸の入り口をみています。写真の下のほうに粘膜がはげた潰瘍がみられます。潰瘍の中にかさぶたがあります。潰瘍は、ストレスやピロリ菌が原因でできます。

### クローン病

写真は横行結腸に縦に走る潰瘍性病変です。縦走潰瘍と呼ばれ、潰瘍周囲は正常粘膜であることが多いです。クローン病に特徴的な所見で、病変が飛び飛びになるスキップ病変を示します。潰瘍病変が重症化すると、正常粘膜が島状に残る敷石状になることがあります。

### 若年性ポリープ

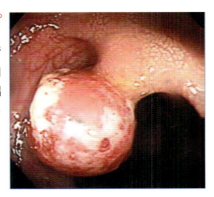

大腸内視鏡でみた、S状結腸にあった若年性ポリープです。大きさが約2cmの丸いポリープと、その表面に白い粘液が付着しています。ここが、うんちですれると出血することもあります。ポリープは、その場で切除することができます。

## 潰瘍性大腸炎

直腸から連続した大腸の炎症が慢性的に持続する病気です。正常のように粘膜内の血管が浮きでておらず、粘膜浮腫、発赤がみられます。重症であれば、持続出血や粘膜脱落もみられることがあります。

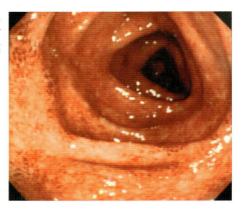

## リンパ濾胞増殖症

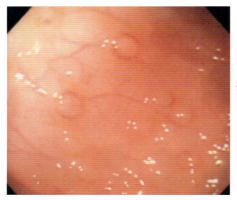

大腸内視鏡でＳ状結腸にみられたリンパ濾胞増殖症です。大腸粘膜に隆起した多数のリンパ濾胞と、その周辺の粘膜発赤がリンパ濾胞増殖症の特徴です。これらは粘膜発赤からの出血なので、便表面に点状や線状の出血が付着するような血便になります。

## 虫垂炎

腹部超音波検査でみえる虫垂炎です。画面の左から中央まで続く腸管が虫垂です。大きさは約1cmで通常より腫れています。まわりの白っぽい部分は炎症により誘導された腸間膜で、破れても被害が少ないように守っています。

（写真提供：順天堂大学小児科　神保圭佑 先生）

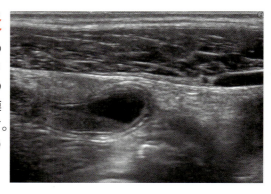

## 腸重積

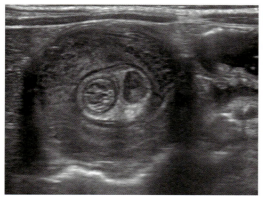

腸管が腸管内に潜り込んでしまう病気です。写真は腹部超音波検査で重積した腸管が見えます。外側の腸管の内部に入り込んだ腸管のまわりに、リンパ節と腸間膜がはまり込んでいます。

（写真提供：順天堂大学小児科　神保圭佑 先生）

第1章

よくみられる

おなかの不調と

その対応

# 腹痛

　子どもの腹痛の自覚症状は、腹部に疼痛として知覚されます。しかし、乳幼児期では腹痛を訴えることができないため、不機嫌という様子になることも多いと考えられます。腹痛を訴えられるのは3歳以降、痛みなどの症状や正確な部位を説明できるのは6歳以降と考えられます。

## ■痛みの種類

　腹痛の原因は多岐に及ぶため、さまざまに分類されます。
　**発生のしくみから**内臓痛、体性痛、関連痛に分けられます。内臓痛は腸管の攣縮(れんしゅく)や急激な伸展・拡張、臓器からの牽引(けんいん)など、さまざまな腹部臓器から起こる疼痛を、体性痛は体表面の皮膚や関節などから発生する疼痛を、関連痛は原因臓器以外の部位から出現する疼痛を指します。また、腹痛の持続時間によって急性と慢性に分けられます。

> **MEMO**
> 痛みは大きく3つに分けられますが、実際にはっきり区別することは難しいです。

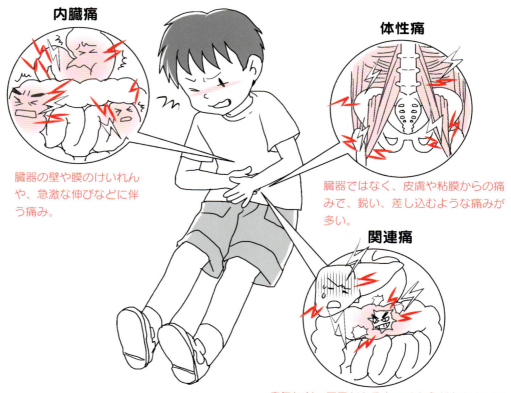

**内臓痛**
臓器の壁や膜のけいれんや、急激な伸びなどに伴う痛み。

**体性痛**
臓器ではなく、皮膚や粘膜からの痛みで、鋭い、差し込むような痛みが多い。

**関連痛**
病気などの原因があるところから離れたところに感じる痛み。例えば腸が原因でも、腸ではなく近くの筋肉などからの痛みなど。

**原因から**の分類では、消化管疾患、消化管外の腹腔内疾患、腹腔外疾患の3つに分類できます。消化管疾患では消化管の炎症やぜん動障害による拡張、腸閉塞などで、虫垂炎以外は間欠的な腹痛になります。消化管外の腹腔内疾患は肝臓、胆のう、すい臓、脾臓、腎臓、膀胱の炎症などで、持続的な腹痛を認めます。腹腔外疾患では肺炎や心臓病、精巣の病気、全身性疾患などがあり、関連がないようでも最初の症状が腹痛であることもあります。

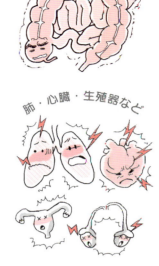

　**腹痛を認めた期間から**の分類では、急性と慢性があります。急性では突然の腹痛になり、1～2時間持続しているようなら緊急の判断が必要ですので病院を受診します。慢性は、一般的に1～2か月以上続く腹痛のことを指します。

腹痛を認めた場合の確認事項

| | |
|---|---|
| 1 | 年齢 |
| 2 | いつからか、また腹痛を認めた期間 |
| 3 | ほかの症状（嘔吐、吐血、下痢、血便、発熱など） |
| 4 | 痛みの程度（歩行可能、歩行できるが響く、うずくまる、冷や汗を伴うなど） |
| 5 | 持続時間（1回何分くらい、ずっと続いているかなど） |
| 6 | 痛みの部位（上腹部、へその周囲、下腹部、左右差など） |
| 7 | 腹痛の経過（疼痛の強弱があるか、夜間にもあるかなど） |
| 8 | 治療歴（鎮痛剤、抗菌薬の使用など） |
| 9 | 発症前2日間ほどの食事内容（生もの、外食、既製品、作り置きした食事など） |
| 10 | 既往歴（腹部の手術歴など） |
| 11 | アレルギー歴 |
| 12 | 家族歴など（家族内、友人内に同様な症状や既往があるか） |

　**腹痛の部位**による分類では、上腹部痛では胃や十二指腸、すい臓などの上腹部にある臓器が、下腹部では便秘を代表とする大腸の病気が、へその周囲では小腸を中心とした病気を考える必要があります。

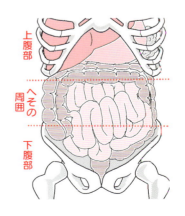

## ■子どもの腹痛

子どもの腹痛は、低年齢であればあるほど判断が難しい反面、早急な判断が求められます。さらに、年齢により訴え方に違いがあります。

### 乳児期

不機嫌、泣きやまない、ぐったりなどの全身症状であることも多くあります。まずはおなかをマッサージして泣きやむか、哺乳してみて、嘔吐がないかを確認します。嘔吐を伴うこと、飲みたがらない、血便を伴うことなどがあれば病院の受診が必要と考えられます。吐物が緑色の場合は緊急に受診します。

### 幼児期

腹痛を訴えることができますが、すべての質問にうなずいたり、押すとすべての場所で痛いと答えたりすることがあるため、そのまま受け取るのが難しい場合があります。また、「痛い」と言ってしまうと怖いことをされると思い込んで、痛いのに「痛くない」と答えることもあります。

### 学童期

成人と同様な病気である可能性が高くなります。食道炎や胃炎・胃潰瘍、炎症性腸疾患などの胃腸の病気である場合は、日中のみでなく夜間にも症状がみられる傾向があります。吐血、嘔吐、夜間の腹痛、下血、タール便を伴う場合には、内視鏡検査などの検査が必要です。また、原因として心理的要因や社会的要因が背景にある可能性も考慮します。

# ■年齢別、腹痛で考えられる病気

| | |
|---|---|
| **乳幼児期** | **消化管疾患**<br>急性胃腸炎・感染性胃腸炎、胃・十二指腸潰瘍、腸重積、腸回転異常症（中腸軸捻転）、アレルギー性胃腸炎、メッケル憩室炎、重複腸管、腸閉塞（イレウス）、空気嚥下症、鼠径ヘルニア（脱腸）、ヘルニア嵌頓、S状結腸軸捻転、ヒルシュスプルング病（先天性巨大結腸症）／類縁疾患、便秘症、腹部外傷<br><br>**腹腔内疾患**<br>胆道拡張症、水腎症、尿路感染症<br><br>**腹腔外疾患**<br>上気道炎、気管支炎、肺炎、気管支ぜんそく発作など |
| **幼児〜学童期** | **消化管疾患**<br>胃食道逆流症、急性胃腸炎・感染性胃腸炎、胃・十二指腸潰瘍、アレルギー性紫斑病、腸重積、急性虫垂炎、メッケル憩室炎、重複腸管、腸閉塞（イレウス）、寄生虫、便秘症、腹部外傷<br><br>**腹腔内疾患**<br>肝炎、胆道拡張症、膵炎、膵損傷、脾損傷、膀胱炎、腸間膜リンパ節炎<br><br>**腹腔外疾患**<br>肺炎、気管支ぜんそく発作、心筋炎、溶血性貧血の溶血発作、精巣捻転、糖尿病性ケトアシドーシス、溶血性尿毒症症候群、間欠性ポルフィリン尿症など |
| **学童期** | **消化管疾患**<br>逆流性食道炎、胃食道逆流症、好酸球性食道炎、急性胃腸炎、感染性胃腸炎、胃・十二指腸潰瘍、急性胃粘膜病変、慢性胃炎、アレルギー性紫斑病、急性虫垂炎、炎症性腸疾患（潰瘍性大腸炎、クローン病）、腸管ベーチェット病、好酸球性胃腸炎、機能性胃腸障害、過敏性腸症候群、腸閉塞（イレウス）、寄生虫、便秘症、腹部外傷<br><br>**腹腔内疾患**<br>肝炎、胆管炎、胆石症、胆嚢炎、胆道拡張症、膵炎、膵嚢胞、腎盂腎炎、尿路結石、膀胱炎、腸間膜リンパ節炎、卵巣嚢腫茎捻転、付属器炎、生理痛、骨盤内炎症性疾患<br><br>**腹腔外疾患**<br>心筋炎、精巣捻転、周期性嘔吐症、てんかん、糖尿病性ケトアシドーシスなど |

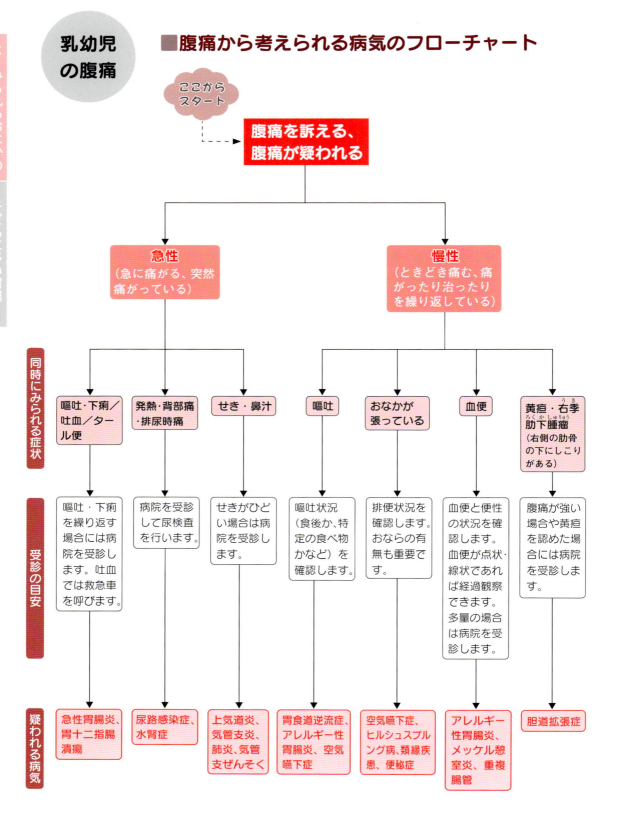

## ■様子や症状から考えられる病気と受診の目安

**泣き方**　乳児は痛みを言葉で伝えられないため、機嫌や泣き方から判断します。例えば、周期的に泣く症状は、腸管のぜん動に起因する症状です。一時的に落ち着いたとしても、繰り返し泣くようであれば、**腸重積**などの可能性を考慮し、病院を受診しましょう。また、泣きやまない場合は腹部だけではない「どこかが痛い」可能性があるため、病院を受診します。

**痛がり方**　幼児期では「痛い」といっても、どこが痛いかはっきりしないことが多いです。したがって、上腹部、おへそ周囲、下腹部などを触ってみて、嫌がる場所が「痛い」と解釈してください。「痛い」と言っていても遊んでいられる場合は経過観察でよいのですが、うずくまる場合や冷や汗を伴う場合には、緊急的に病院の受診が必要です。

**おなかの張り**　**便秘**、**腸閉塞**などの場合には、腹痛とともに「おなかの張り」が強くなります。腹痛とおなかの張りがある場合には、病院を受診しましょう。排便や嘔吐の有無を確認する必要があります。

**便回数・性状**　腹痛とともに下痢がある場合、最も多い病気は**ウイルス性胃腸炎**です。便回数が普段より1日に2〜3回以上増えて便性状がゆるくなった場合を下痢といいます。便性では泥状便、水様便を下痢といいます。**食中毒（細菌性腸炎）**の場合には下痢とともに血便も伴う場合があるため、病院の受診が必要です。**腸重積**でも腹痛と血便がみられます。

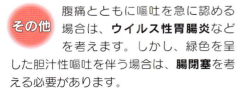

**その他**　腹痛とともに嘔吐を急に認める場合は、**ウイルス性胃腸炎**などを考えます。しかし、緑色を呈した胆汁性嘔吐を伴う場合は、**腸閉塞**を考える必要があります。

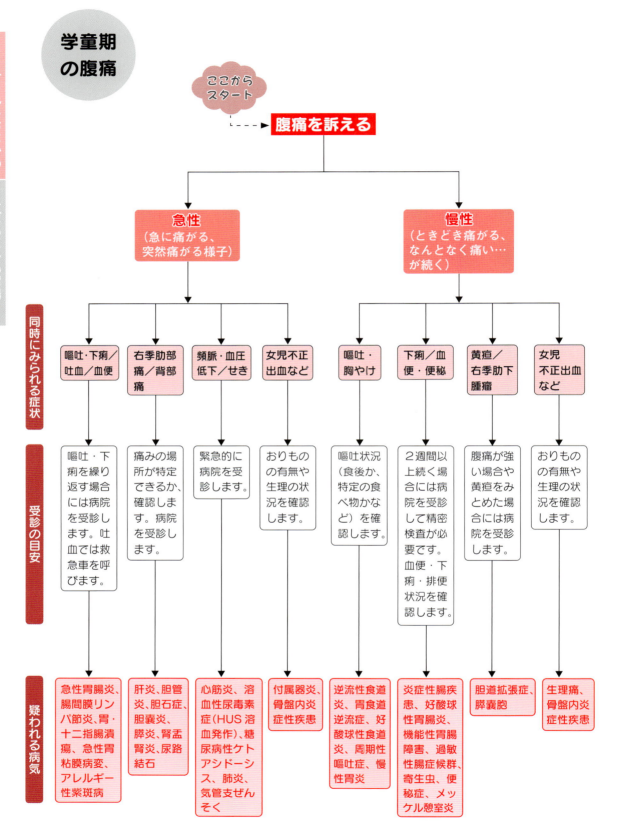

## ■痛む部位から考えられる病気

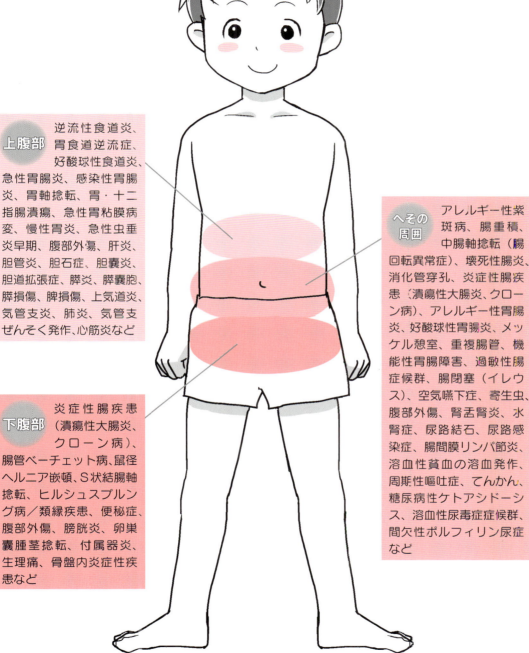

**上腹部**
逆流性食道炎、胃食道逆流症、好酸球性食道炎、急性胃腸炎、感染性胃腸炎、胃軸捻転、胃・十二指腸潰瘍、急性胃粘膜病変、慢性胃炎、急性虫垂炎早期、腹部外傷、肝炎、胆管炎、胆石症、胆嚢炎、胆道拡張症、膵炎、膵嚢胞、膵損傷、脾損傷、上気道炎、気管支炎、肺炎、気管支ぜんそく発作、心筋炎など

**へその周囲**
アレルギー性紫斑病、腸重積、中腸軸捻転（腸回転異常症）、壊死性腸炎、消化管穿孔、炎症性腸疾患（潰瘍性大腸炎、クローン病）、アレルギー性胃腸炎、好酸球性胃腸炎、メッケル憩室、重複腸管、機能性胃腸障害、過敏性腸症候群、腸閉塞（イレウス）、空気嚥下症、寄生虫、腹部外傷、腎盂腎炎、水腎症、尿路結石、尿路感染症、腸間膜リンパ節炎、溶血性貧血の溶血発作、周期性嘔吐症、てんかん、糖尿病性ケトアシドーシス、溶血性尿毒症症候群、間欠性ポルフィリン尿症など

**下腹部**
炎症性腸疾患（潰瘍性大腸炎、クローン病）、腸管ベーチェット病、鼠径ヘルニア嵌頓、S状結腸軸捻転、ヒルシュスプルング病／類縁疾患、便秘症、腹部外傷、膀胱炎、卵巣嚢腫茎捻転、付属器炎、生理痛、骨盤内炎症性疾患など

よくみられるおなかの不調とその対応　子どもに多い胃腸・おなかの病気35

31

## ■腹痛への対応

**乳幼児** 様子を観察して、受診が必要かどうかや、緊急性を判断します。

### 1. いつから腹痛があるか

痛みを伝えられる場合には、いつごろから痛みがあるのかを聞きます。

痛みを伝えられない乳児では、不機嫌な様子などから推測します。

### 2. どこが痛むか

乳幼児に痛む場所を聞いても正確に答えることは難しいので、おなかを触って痛そうな場所を推測します。おなかが非常に硬くなっているようであれば緊急受診します。

### 3. 繰り返す痛みかどうか

腹痛が一時的で軽いものであっても2～3回以上繰り返す場合には受診します。

### 4. 嘔吐を伴うか

嘔吐を伴う場合には、吐物を観察します。腹痛や嘔吐が一時的な様子である場合には、30分ほどたってから水分を少量ずつ摂取して経過観察をします。

### 5. 便の状態はどうか

下痢を伴うか、便回数が何回あるか、便性状が泥状か水様かなどを確認します。感染性の可能性があるため、下痢便の処理には注意が必要です。また、血便を伴う場合には受診します。

## 緊急の見極め

腹痛を認める場合の観察事項は、①どの辺が痛むか、②いつから痛むか、③どの程度痛いか、④断続的か持続的か、⑤嘔吐を伴うか、嘔吐は胆汁を含むか、⑥下痢、血便やタール便があるかなどを、確認します。うずくまる状態や冷や汗を認める腹痛が持続する場合には、緊急的に受診が必要です。

また、嘔吐を繰り返す、胆汁性嘔吐を認める、血便を伴う場合にも緊急受診してください。痛む場所を触って硬くなっている場合にもすぐに受診します。

### 救急車を手配して受診

立ち上がれないくらい激しい痛み、胆汁性嘔吐、吐血、血便・タール便を伴う場合には救急車を呼びます。意識障害やけいれんを起こしている場合も救急車を手配します。

### 受診の目安

痛みとともに嘔吐や下痢を伴う場合には、早めに病院を受診します。ぐったりするようなら緊急受診が必要です。

> 救急隊にも①〜⑥の観察事項を伝えられるようにしておきます。

## すぐに受診をしなくてもよいと思われる場合

### 経過観察とケア

1〜2時間で腹痛がおさまる場合、腹痛があっても遊んだり何かの作業ができたりする場合には、経過を観察します。

注意が必要なのは、腹痛が強くなっていないか、嘔吐などほかの症状を伴っていないかです。腹痛を訴えた後に、食事や水分を与えるときには、少量ずつにして、腸管の負担を軽減します。強い腹痛ではないものの、痛みが持続する場合には、おなかをマッサージをしたり、排便を促したりすると落ち着くこともあります。

うずくまる痛みや嘔吐を伴わない場合には、30分くらい安静にして経過観察をします。

便が出ていないときや、出そうで出ない様子であれば、おなかのマッサージを行います。排便することで腹痛やおなかの張りが改善すれば経過観察をします。

**学童期以上** 様子を観察して、受診が必要かどうかや、緊急性を判断します。

### 1. いつから腹痛があるか

本人にいつから痛むのかを聞きます。

### 2. どこが痛むか、おなかの張りを伴うか

痛む場所を聞きます。腹部全体か上部かおへその周囲かなどを確認します。痛む場所がわかれば触って非常に硬くなっているようであれば緊急受診をします。

### 3. 嘔吐を伴うか

嘔吐や吐き気があるかを確認します。嘔吐したときには嘔吐物を観察します。腹痛や嘔吐が一時的である場合には、水分や食事を少量ずつ摂取して経過を観察します。

### 4. 繰り返す痛みかどうか

腹痛が一時的で軽いものであっても2～3回以上繰り返す場合には受診します。

### 5. 便の状態はどうか

下痢を伴うか、便回数が何回あるか、便性状が泥状か水様かなどを確認します。血便を伴う場合には受診します。

---

**女児の腹痛**

学校での腹痛の原因で多いのは便秘や胃腸炎ですが、学童期の女児では月経に伴う腹痛もみられます。また、年少児であっても卵巣捻転で激しい腹痛が起こることもあります。女性特有の病気にも配慮が必要です。

### 緊急の見極め

　うずくまるほど痛がる状態、冷や汗を認める腹痛が持続する場合には緊急受診が必要です。また、嘔吐を繰り返す、胆汁性嘔吐（嘔吐物が緑色）を認める、血便を伴う場合、痛む場所を触って硬くなっている（医学的に板状硬といいます）場合にも早急に受診します。

#### 救急車を手配して受診

　長い時間うずくまるほどの腹痛、胆汁性嘔吐や血便を伴う腹痛の場合、意識障害やけいれんがみられる場合には救急車を呼びます。

#### 受診の目安

　繰り返す腹痛がある場合、嘔吐を繰り返す、下痢を繰り返す場合。

### 受診時に医師に伝えること

①いつから、②腹痛の場所、③波があるか持続的か、④嘔吐や下痢を伴うか、⑤今までおなかの病気や手術があったかなどを、伝えてください。

### すぐに受診をしなくてもよいと思われる場合
#### 経過観察とケア

　1～2時間で腹痛がおさまる場合、腹痛があっても遊んでいたり、授業に参加できたりする場合などには経過観察をします。注意が必要なのは、腹痛が強くなっていないか、嘔吐などのほかの症状を伴っていないかです。食事や水分をとる場合は、少量ずつにして、腸管の負担を軽減します。強い腹痛ではないものの、痛みが持続する場合には、おなかのマッサージをしたり、排便を促したりすると落ち着くこともあります。

横になるなど、楽な体勢をとります。その間に、排便のきざしがあるかなどを確認します。

おなかのマッサージを行ったり、排便したりすることで腹痛やおなかの張りが改善すれば経過観察をします。

# 嘔吐

嘔吐は、日常の中でしばしばみられ、生理的なものから緊急処置が必要なものまで、さまざまな疾患の症状のひとつです。特に乳児では嘔吐を認めることが多く、幼若なほど緊急処置を要する場合が多くみられます。

## ■嘔吐の原因とメカニズム

嘔吐とは、胃の内容物が食道・口を通って体の外に排出される運動です。本来は、生体に不利益に働く毒素や化学物質などを体の外へ排出するため、また臓器や器官がつまるなどにより生じた圧を軽減させるための防御反応です。

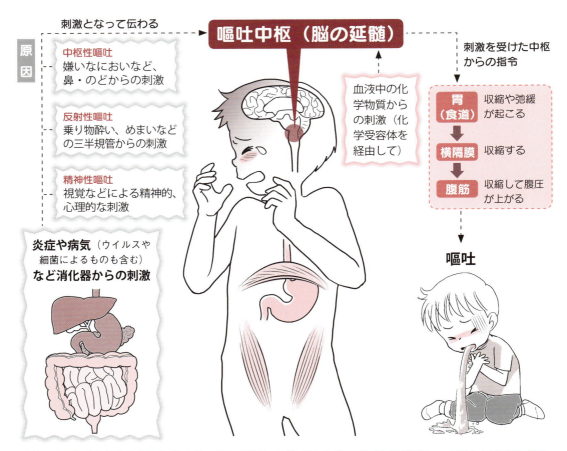

病気の場所（消化管など）から直接、脳の延髄にある嘔吐中枢と呼ばれる場所に、あるいは化学物質などの刺激から化学受容体引金体（CTZ）を経由して嘔吐中枢に異常が伝えられます。次に、嘔吐中枢から胃、食道、横隔膜、腹の筋肉に命令が伝えられ、胃の幽門収縮、食道・胃の噴門弛緩が起こります。そして、横隔膜、腹筋の収縮が起こり、腹圧が高くなって嘔吐が起きます。

## ■胃腸が関係する嘔吐

　胃腸が関係する嘔吐のなかで、最も多いのはウイルス性胃腸炎です。原因ウイルスは、ノロウイルス、ロタウイルス、アデノウイルスなどがあります。冬季に多いのですが、1年中かかる可能性があります。ウイルスは腸管壁に感染することで炎症を起こし、胃腸のむくみ、ぜん動の低下をきたします。ぜん動の低下や、ウイルスを排除しようとする生体反応が働くことで嘔吐症状が起こります。

## ■嘔吐の原因

　嘔吐の原因は、胃腸の病気のほかに、髄膜炎、脳炎・脳症、脳腫瘍などの中枢神経疾患、代謝性疾患、薬物中毒など、多岐にわたります。

嘔吐の原因

| | |
|---|---|
| 消化管疾患 | 空気嚥下、哺乳過誤、初期嘔吐、胃食道逆流現象、食道閉鎖・狭窄症、胃軸捻転、十二指腸閉鎖・狭窄症、上腸間膜動脈症候群、腸回転異常・中腸軸捻転、小腸閉鎖症、壊死性腸炎、ヒルシュスプルング病、胎便性イレウス、腸閉塞、慢性特発性偽性腸閉塞症、鼠径ヘルニア嵌頓、ウイルス性胃腸炎、細菌性腸炎、急性虫垂炎、便秘、肥厚性幽門狭窄症、アレルギー性紫斑病、腸重積、食物アレルギー、腹部外傷、好酸球性胃腸炎、消化管腫瘍・嚢胞 |
| 消化管以外の疾患 | 髄膜炎・脳症・脳炎、敗血症、下気道感染症、中耳炎、尿路感染症、心筋炎・不整脈、急性肝炎、急性胆管炎、急性膵炎、総胆管拡張症、頭部外傷、水頭症・脳奇形、脳腫瘍、片頭痛、被虐待児、薬物中毒・誤嚥、代謝性疾患（先天性副腎過形成、ガラクトース血症、ライ症候群、アセトン血性嘔吐症、ケトン性低血糖症、糖尿病性ケトアシドーシス）、起立性調節障害、神経性食思不振症、過食症、心因性嘔吐、妊娠、アルコール |

### 年齢によってみられる嘔吐の種類

　**新生児期**にみられる嘔吐の多くは、溢乳、哺乳過誤、空気嚥下症などの機能性嘔吐症です。病的な嘔吐の場合は緊急処置を要する疾患が多くあります。
　・空気嚥下症、溢乳、哺乳過誤、胃食道逆流、消化管狭窄症、腸回転異常症

　**乳児〜幼児期**では、溢乳や空気嚥下症などの機能性嘔吐症のほか、器質的疾患など幅広く、軽症から重症までさまざまです。
　・溢乳、空気嚥下症、便秘症、胃食道逆流、肥厚性幽門狭窄症、腸重積症、食物アレルギー、感染性腸炎

　**学童期**は、感染症に伴う嘔吐が多いのですが、急性虫垂炎などの緊急性の高いものもあります。
　・感染性腸炎、急性虫垂炎、肝・胆嚢・膵炎、食物アレルギー

## ■嘔吐への対応

**乳幼児**

### 1. 吐かせる

前かがみの体勢をとらせて、吐きたいだけ吐かせます。やさしく背中をさすると安心感を与えます。

### 2. 口の中の吐物を取り除く

口の中を見て、吐物があれば、やさしく取り除きます。うがいができれば、ブクブクうがいをさせます。

### 3. 口のまわりをきれいにする

湿らせたガーゼなどで口のまわりを拭き、さっぱりさせます。

### 4. 着替えさせる

衣服ににおいがついていると再度嘔吐を誘発するので、汚れていたら着替えます。

### 5. 安静にして様子をみる

続けて嘔吐したときの誤飲を防ぐため、横向きで寝かせる、または上半身を少し起こした楽な姿勢をとらせて安静にします。

落ち着くまで、前かがみの姿勢で様子をみます。首がすわる前の乳児であれば、横向きの体勢に寝かせたり、抱きかかえたりします。

### 緊急の見極め

嘔吐の特徴として、①頻度、②吐物の性状、色、③食事との関連（食前、食後など）、④随伴症状（意識状態、発熱、食欲不振、不機嫌、活気など）を観察します。

**吐物の観察**
- 凝固のない乳汁
- 食物残渣（ざんさ）
- 血液混入
- コーヒーの残りかすのようなもの（黒っぽい）
- 胆汁（緑色）混入

声をかけて、普段の様子との違いをみます。

顔を横向きにして、嘔吐しても誤嚥しないようにします。

### 救急車を手配して受診

意識や反応を見て、呼びかけに反応しない、ぐったりして動けない状態、けいれんを起こしている、顔が青ざめている、冷や汗がでている場合です。頭を低くし横にして、救急車の手配をし、緊急で病院を受診します。

### 受診の目安

- 口から摂取しても頻回の嘔吐が続く
- 口から何も摂取していないのに嘔吐が続く
- 下痢も同時にあり、その頻度が多く尿の回数が減ってきたり目のまわりがくぼんだりしてきた
- 吐物が黄色や赤色やこげ茶

## すぐに受診をしなくてもよいと思われる場合
### 経過観察とケア

嘔吐や嘔気が続くときに、無理に水分摂取するとさらに嘔吐が誘発されますので、何も口にしないで、腸管安静を行うことが重要です。

嘔吐が30分程度おさまったのを確認できれば、乳幼児では下痢があると脱水、電解質異常を伴っている場合があるので、水分補給をします。

---

**MEMO　吐物の処理について**

感染予防として、吐物や汚染物により周囲に感染を広げる可能性があります。特に、ノロウイルスはアルコールが効きませんので、0.02％次亜塩素酸ナトリウム希釈液をつくって、衣類などの消毒のときに使用しましょう。

## ■嘔吐後のケア

### 水分の与え方

1. 水分は、最初は麦茶、水、市販のイオン飲料などでよいので、少量ずつ与えます。

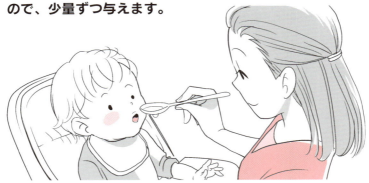

スポイトや小さじで少量ずつ、1回5～20mLを30分おきに与えます。

2. その後は、2～3回与えて嘔吐がなければ、様子をみながら増やして与えます。

無理に与えるのではなく、欲しがる分を飲ませます。

> 麦茶、水や市販のイオン飲料だけでは、電解質異常を起こす可能性があるので、経口補水液をなるべく与えましょう。

### 経口補水液のつくり方

砂糖40g（上白糖大さじ4と1/2）と食塩3g（小さじ1/2）を湯冷まし1000mLによく溶かすと、経口補水液がつくれます。自宅などでも脱水予防が可能となります。さらに、味が気になる場合には、果汁（レモンやグレープフルーツ）などを加えると飲みやすくなり、カリウムの補給にもなります。

## 乳幼児の誤飲が疑われる嘔吐

"はいはい"が始まる年齢から2〜3歳までは、目につくいろいろなものに興味を示し、口でその性質を知ろうとします。例えば、前兆なく急に嘔吐し、近くにあったものがなくなっていたり、まわりに散乱していたり、口のまわりについていた場合には、すぐに誤飲を疑ってください。硬貨、ピン、プラスチック小切などの身近にあるものが多いのですが、以下のようなものは注意が必要です。

誤飲が疑われる場合には、（公財）日本中毒情報センターに連絡をして、対応を相談してください。
- 大阪中毒110番（365日、24時間対応）072-727-2499
- つくば中毒110番（365日、9時〜21時対応）029-852-9999
- たばこ専用電話（365日、24時間対応）072-726-9922（テープ式）

### 救急車を手配して受診

①吐かせない
　ネズミ駆除薬、トイレ用洗剤、苛性ソーダ、ウジ駆除用の殺虫剤（クレゾール）、業務用漂白剤、花火

②その他
　防虫剤、アリ・ウジ駆除用殺虫剤、除草剤、抗うつ薬、脱毛剤・除毛剤、タバコが浸った灰皿の水など

### 自家用車などで受診を勧めるもの

①吐かせない
　灯油、家庭用漂白剤、ベンジン、ライター燃料、マニキュア除光液

②その他
　風呂釜洗浄剤、家具つや出し剤、油性インク、専門家用水彩絵の具、ヘアリンス、日焼け止め化粧品、香水、アルカリ電池、リチウム電池、油絵の具、ポスターカラー、ヘアトニック、ヘアリキッドなど

よくみられるおなかの不調とその対応

子どもに多い胃腸・おなかの病気 35

### 幼児〜学童

**1. 背中をさするなどをして吐かせる**

前かがみの体勢をとらせて、吐きたいだけ吐かせます。やさしく背中をさすると安心感を与えます。

**2. 口をゆすがせる**

落ち着いて、うがいができれば、ブクブクうがいをさせます。

**3. 着替えさせる**

衣服ににおいがついていると再度嘔吐を誘発するので、汚れていたら着替えます。

**4. 安静にさせる**

続けて嘔吐したときの誤飲を防ぐため、横向きで寝かせる、または上半身を少し起こした楽な姿勢をとらせて安静にします。

### 緊急の見極め

嘔吐の特徴として、①頻度、②吐物の性状、色、③食事との関連（食前、食後など）、④随伴症状（意識状態、発熱、食欲不振、不機嫌、活気など）、を観察します。

**吐物の観察**
- 凝固のない乳汁
- 食物残渣
- 血液混入
- コーヒーの残りかすのようなもの（黒っぽい）
- 胆汁（緑色）混入

### 救急車を手配して受診

意識状態や反応を見て、呼びかけに反応しない、ぐったり動けない状態、けいれんを起こしている、顔が青ざめている、冷や汗が出たりしている場合です。

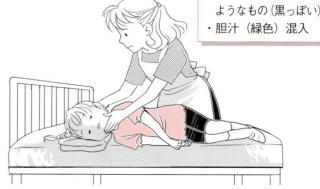

吐いた物が気管に流れないように、寝かせるときには首を横向きにして、救急車の到着を待ちます。

> **受診の目安**
> - 口から摂取しても頻回の嘔吐が続く
> - 口から何も摂取していないのに嘔吐が続く
> - 下痢も同時にあり、その頻度が多く尿の回数が減ってきたり目のまわりがくぼんできたりした
> - 吐物が黄色や赤色やこげ茶
> - 激しい頭痛を訴える
> - 激しい腹痛を訴える

## すぐに受診をしなくてもよいと思われる場合

> **経過観察とケア**

嘔吐や吐き気が続くときに、無理に水分摂取をするとさらに嘔吐が誘発されますので、何も口にしないで胃腸を休めることが重要です。

幼児や学童でも下痢があると脱水、電解質異常を伴っている場合がありますので、嘔吐が30分程度おさまったのを確認してから、水分補給を行います。

痛みがどんどん強くなっていく持続性のもの、右下腹部に限局するものでなければ、様子をみることができます。頭痛を伴うときは、まずは安静にして、改善するかどうかの経過観察をします。

> **受診時に医師に伝えること**
> ①いつから何回嘔吐したか、②吐物が食物残渣か胆汁性か、③腹痛を伴うか、④吐血があるか、⑤下痢や発熱があるか、⑥最終排尿がいつか、⑦嘔吐前の体重、について伝えてください。

ゆっくり飲もうね

## 嘔吐後の水分補給と食事

嘔吐してから30分程度安静にしたあと、まずは水分補給を行い、脱水予防と嘔吐の有無を確認します。少しずつ摂取を開始します。1日当たり、幼児は500〜1000mL、学童は1000〜1500mLの摂取を目標とします。

水分摂取ができ、脱水予防が可能であると判断したら、おかゆなどの消化のよい食事を開始します。脱水が回避されれば、急に栄養失調に進行はしませんので、無理に栄養価の高い食べ物でなくても、水分の多い食べやすいものから食事を始めます。

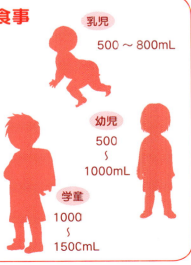

乳児 500〜800mL
幼児 500〜1000mL
学童 1000〜150CmL

よくみられるおなかの不調とその対応　子どもに多い胃腸・おなかの病気 35

## ■食物アレルギーと嘔吐

特定の食べ物を摂取することでアレルギーが誘導され、その症状のひとつとして嘔吐があります。多くは食物を摂取後、数分から2時間以内に症状を発現することが多いです。

また、特定の食べ物を食べるたびに繰り返し嘔吐がある場合には、食物アレルギーの可能性もありますので医師に相談します。

> MEMO
> アナフィラキシーなどの重症なアレルギー反応の場合には、嘔吐は頻回であり、蕁麻疹（じんましん）などの皮膚症状、せきや息苦しさなどの呼吸器症状、顔色が悪くぐったりするなど、ほかの症状も同時に認められた場合には、直ちに病院を受診します。

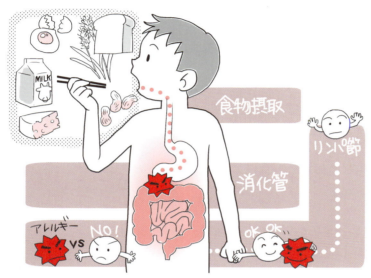

食物アレルギーによる嘔吐は、体を守るため、アレルゲンとなる物質を排除しようとする働きによるものです。

## ■熱中症と嘔吐

熱中症は、Ⅰ度（熱失神、熱けいれん）、Ⅱ度（熱疲労）、Ⅲ度（熱射病）の3つに分類され、嘔吐を認めるのは、Ⅱ度です。脱水症状となったときに嘔吐が起こり、病院での診察が必要です。

体温が高くなることで、体はたくさんの汗をかいて体温を下げようとします。さらに熱を放出しようと皮膚の血管が広がり皮膚の血液量を増やします。しかし、それに伴い消化器など内臓の血液量は減少し、嘔吐が出現します。更に心臓や脳の血液量を保持しようと血管が収縮し、さらに嘔吐が起こります。

子どもは、体内水分量が多く需要が高い（＝脱水に陥りやすい）、発汗機能が不十分、水分摂取が下手などの理由から大人より熱中症になりやすいです。

## ■頭部打撲のあとに起こる嘔吐

子どもは、大人よりも嘔吐を起こしやすく、軽症の頭部打撲でもよく嘔吐します。嘔吐中枢への刺激が加わることなどで、嘔吐が誘発されることが多く、嘔吐したあとは元気になることもあります。

しかし、頭を打ってもすぐに症状がみられるわけではなく、1〜2時間が経過してから症状がでることもあります。頭部打撲のあと24時間以内は、症状の出現に注意が必要です。

嘔吐はありふれた症状ですが、脳挫傷、頭蓋内血腫による嘔吐を見逃してはいけません。

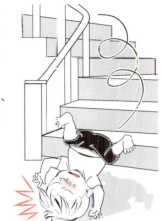

### 受診について

最も重要なことは、意識レベルの評価です。意識障害もしくは意識消失の有無などの確認が重要です。しかしながら、重症の頭部外傷のときには、意識レベルの低下以外にも、けいれん、不機嫌、易興奮性や食欲不振などを認めることもあります。以下の様な場合には受診します。

・意識がはっきりしていない
・泣かないでぐったりしている
・けいれんしている
・頻回な嘔吐がある
・ミルクの飲みが悪い、食欲がない
・苦しそうな様子である
・大きな傷がある、出血している
・鼻や耳から出血もしくは
　液体が出ている

---

### Q&A

**Q 頭をぶつけるとどうして吐くの？**

**A** 頭をぶつけると、脳震盪（のうしんとう）やこぶ（頭皮下血腫）、脳挫傷、頭蓋骨骨折、くも膜下出血、硬膜外血腫などが起こる可能性があります。脳震盪であっても、軽い脳のむくみ（脳浮腫）や出血により、脳を圧迫されることで嘔吐中枢が刺激されて嘔吐を起こします。脳は頭蓋骨による閉鎖空間ですので、少量の出血でも圧迫されて嘔吐症状がでます。嘔吐が多いからといって外傷が重症であるとは限りません。嘔吐のほかに意識障害やけいれん、麻痺（まひ）を伴う場合には緊急で病院を受診します。

## ■ストレスと嘔吐

嘔吐は、外部からのストレスによる防御反応とも考えられています。神経質で繊細な性格に起因する場合や、学校での人間関係、いじめ、トラウマ、転校・引っ越しなどの環境変化、運動会・学芸会・定期試験などのイベントに関連する場合などのさまざまな要因によって起こります。

食事中に起こることが多く、悪心を伴わないこともあります。トイレまで嘔吐を我慢することもできます。心理的要因による辺縁系や大脳からの嘔吐中枢への刺激によって起こる機能的嘔吐であり、子どもは嘔吐中枢が未熟であるため、少しのストレスにより吐き気、嘔吐を起こしやすいのです。

日頃から、保護者や友だちなど周囲の人と話をしたり、一人で考えずに相談したりする環境づくりが重要です。

## ■乗り物酔いによる嘔吐

乗り物酔いは、平衡機能が未熟な0歳から3歳くらいまではほとんどなく、平衡感覚が発達し始める小学生前後（5歳）から中学生（15歳）くらいまでが起こりやすい年齢です。

乗り物の揺れ、特に不規則な加速や減速の反復（航空機、列車、自動車、船舶、回転する遊具など）が内耳の三半規管や前庭を刺激することによって、自律神経系や平衡感覚の乱れを引き起こし、顔面蒼白、冷や汗、吐き気、嘔吐などの症状が出現します。

さらには、視覚や嗅覚への刺激、ストレスや不安による精神的因子なども乗り物酔いに関係しています。これらの刺激が嘔吐中枢を刺激することで、胃、食道、横隔膜、腹の筋肉に命令が伝えられ、胃の幽門収縮、食道・胃の噴門弛緩が起こります。そして、横隔膜、腹筋が収縮して、腹圧が高くなり乗り物酔いによる嘔吐が起きます。

### 乗り物酔いを予防するには

　寝不足、空腹もしくは満腹は乗り物酔いを起こしやすいため、乗り物に乗る前には十分な睡眠をとること、適度な量の食事に気をつけます。

　乗り物に酔いやすい人は、乗る前に酔い止め薬を飲むのも対策のひとつです。薬の効果だけではなく、薬を飲んだ安心感などの心理的な効果も得られます。

　そのほかには、体を締めつける衣類は避けて、ゆったりした衣類を身につける、遠くの景色を眺める、おしゃべりや音楽を聞いて気を紛わせることなども有効です。

睡眠を十分にとる　　　　　乗り物に乗る前には
　　　　　　　　　　　　　適度な量の食事

酔い止め薬を飲む

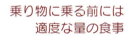

体を締めつけない　　　　　遠くの景色を眺める
服を着る

### 乗り物に酔った場合には

　換気をして外の新鮮な空気で深呼吸します。衣類をゆるめて進行方向と平行に寝かせるなどすると、症状が和らぎます。

　吐き気が強い場合には、我慢せずに吐いたほうが楽になります。吐いた後は、乗り物から降りたり、新鮮な空気を吸ったりして、うがいをして安静にすることが大切です。

---

### 薬の使い方、選び方

〈酔い止め薬の成分〉
① **抗ヒスタミン薬**：ジフェンヒドラミン、塩酸メクリジンなど、
② **副交感神経遮断薬**：臭化水素酸スコポラミンなど
③ **中枢神経興奮成分**：カフェインなどがあります。

〈それぞれの薬の効果〉
① 刺激物質であるヒスタミンの分泌を抑えることで嘔吐中枢への刺激を減らして、嘔吐を抑える
② 視覚と平衡感覚などの乱れを調整することで吐き気やめまいを抑える
③ 中枢神経に働くことで、脳の感覚の混乱を抑えることで、頭痛、吐き気を抑える

　子ども用の市販薬にもこの3つの成分は含まれていますが、含有量が少なくなっています。気分が悪くなってすぐに飲んでも効果はありますが、乗り物に乗る30分から1時間前に飲むと効果的です。

# 吐血

　吐血とは、食道、胃、十二指腸からの出血が口から吐き出される現象で、原因となる病気が進行した状態に認めることがあり、早急な処置を要する場合も多いです。肺や気道からの出血は喀血（かっけつ）と呼ばれ、吐血とは区別されています。

## ■吐血の原因

　子どもの吐血のほとんどは、血液の誤飲です。鼻をほじることや感冒などにより、鼻の粘膜が傷ついて出る鼻血、または、母乳を飲む乳児が、お母さんの乳首の傷からの出血などで血液を飲み込んだことによるものです。そのほか、異物を飲み込んだときの傷による出血などもあります。

　病的な吐血として、**食道からの吐血**の場合、粘膜がただれることにより血管が露出して出血したり、血液がたまる静脈瘤（じょうみゃくりゅう）が徐々に大きくなることで破裂したりして起こります。多量の真っ赤な鮮血がみられます。

　**胃や十二指腸からの吐血**は、胃粘膜が炎症を起こすことで、壁を形成する粘膜から筋層に傷ができて出血し、胃酸の成分と混ざることで変色したこげ茶や黒ずんだ血液が出るのが特徴です。吐き気や嘔吐を伴います。

> **考えられる病気**
> ・食道炎
> ・食道静脈瘤（肝臓の手術後、門脈閉塞症）
> ・胃・十二指腸潰瘍（ピロリ菌感染症）
> ・急性胃粘膜病変
> ・食物アレルギー

## ■子どもの吐血から考えられる病気

吐血を引き起こす疾患の多くは胃潰瘍、十二指腸潰瘍です。黒いタール状の便が血液と一緒に排出されることがあります。胃腸炎などで頻回に吐いたときに、傷がついて出血して吐血することもあります。

また、食道静脈瘤や、非ステロイド性消炎鎮痛薬の服用、過度のストレスなどによって起こる急性の胃粘膜病変でも吐血をすることがあります。

そのほか、肝臓の手術をした場合、門脈閉塞症の病気を持っている場合には、食道静脈瘤からの吐血を起こす可能性があります。

### MEMO

**非ステロイド性抗炎症薬**

非ステロイド性抗炎症薬は、ステロイド以外で炎症を抑える作用のある薬剤です。消炎、鎮痛、解熱の作用があります。この薬剤は、胃粘膜の生理活性物質であるプロスタグランジンなどを抑制する作用があるため、胃酸の分泌増加や胃粘膜血流低下を起こし、胃炎や胃潰瘍の原因になりやすく、嘔吐や吐血がみられる場合があります。

### 吐血が起こりやすい病気

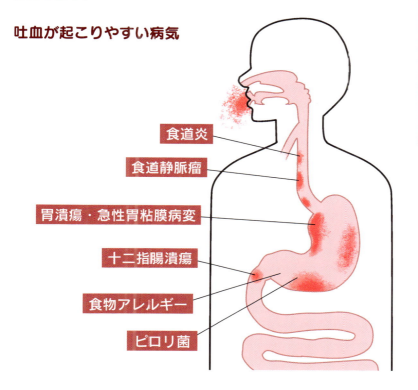

---

### 吐血と喀血

吐血とは、胃腸からの出血を嘔吐することです。血と胃酸が混じり合うと、黒色に変化していくので、コーヒー残渣様の吐物になることが多く、腹痛を伴います。胃腸からの出血だけではなく、飲み込んだ鼻血を嘔吐しても吐血と同じような色になります。一方、喀血は気管や肺からの出血をたんや泡とともに排出することをいいます。喀血は真っ赤な新鮮血の色をしていて、せきや呼吸困難を伴います。

## ■吐血への対応

まずは、血液の量にかかわらず安静にします。横に寝かせるときは、誤嚥を予防するために、顔を横向きにして状態を確認します。

**1. 鼻血が出ていないかどうか**

幼児期は、鼻血が出やすい年齢ですので、鼻の中を観察します。

**2. 異物を誤飲していないかどうか**

異物を口に入れる年齢は、10か月から3歳ぐらいまでで、異物による出血もありますので、誤飲していないかどうかを確認します。

・水分は口にしないようにする
・吐血（出血）が続いているときには、救急車を手配して、胃のまわりに氷嚢などを当てて冷やす

### 緊急の見極め

①吐血の量、②顔色、③意識・反応を確認します。

#### 救急車を手配して受診

多量（手のひら一杯以上）の吐血や顔色が悪い場合、意識障害がある場合には、直ちに病院を受診します。

多量に吐血すると、顔が青ざめて冷や汗が出ます。脈は早く弱くなり、血圧の低下もみられるようになります。この場合は、横にして頭を低くし、救急車で病院を受診します。

#### 受診の目安

・吐物に少量の血が混じっているだけであれば緊急でなくてもよいですが、嘔吐を繰り返しているようなら受診が必要です。

#### 夜間・休日でも受診

・少量以上の出血や腹痛、嘔吐によって水分も摂れないようであれば受診します。

## ■病院での対応と治療

　病院では、出血量がどのくらいか、病的な出血かどうか、持続的なものであるかどうかの判断をします。緊急な状態であれば、輸血をしたり、止血するために内視鏡検査を行ったりすることもあります。

　そのほか、ピロリ菌の除去もとても重要です。定期的にピロリ菌の有無を検査し、除菌することで胃炎や胃潰瘍、十二指腸潰瘍や将来の胃がん予防につながるのはとても大切なことといえます。

## ■日常生活での注意点

　かぜをひいているときや鼻血が出たときには、なるべく鼻をほじらないように注意しましょう。母乳を飲んでいる子どもは、お母さんの乳首が傷ついていないかどうかを観察してケアします。

　学童期では、家族に消化性潰瘍の経験者がいるときには、注意が必要です。子どもでも同様にピロリ菌感染症による消化性潰瘍から吐血を起こす可能性があります。

　胃腸炎にかかったときなどは、消化のよいもの、脂っぽくないものを摂取するようにします。また、普段から腹痛を繰り返したり、家族に消化性潰瘍や、ピロリ菌感染症になった方がいたりするようであれば、病院を受診して予防を心がけます。

### 子どもへの内視鏡検査

　大人でも苦しい内視鏡検査は、子どもには到底我慢できないと思われがちです。でも、子どもの内視鏡検査では、眠くなる薬を注射して寝ている状態にする静脈麻酔か、全身麻酔で鎮静してから検査を始めます。寝ている間に検査が終わるので、痛いこと、苦しいこと、つらいことを覚えていません。鎮静したあとの管理が必要なので、入院して検査することが一般的です。検査時間は、胃カメラでだいたい15分くらい、大腸カメラでは30分〜1時間くらいです。

よくみられるおなかの
不調とその対応

子どもに多い胃腸・
おなかの病気　35

# 下痢

　下痢とは、いつもより便の水分量が多くなり、便が軟らかくなったり、排便回数が増えたりした状態です。一般的に小児では、10mL/kg/日以上とされています。下痢を起こす原因により治療法はさまざまですが、脱水にならないように管理をすることが重要です。

## ■下痢の原因とメカニズム

　下痢は、腸への体液の漏れだし、水分の吸収の減少、腸の動きの異常が主なメカニズムとなります。このような状態は、腸の炎症、細菌による毒素や化学物質、消化管の吸収障害、ストレスなどにより引き起こされます。

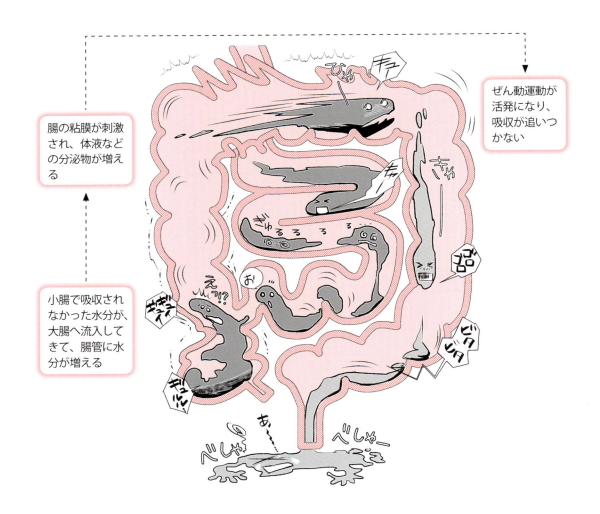

## ■下痢の種類

　下痢の種類は便の形態により分類されます。便の大半が水である水様性、粘液を多く含む粘液性、血液を含む血性もしくは粘血性、膿が含まれている膿性などがあります。

　下痢の原因によりさまざまな種類の便となりますが、場合によってはいろいろな種類の便が混ざっていることもあります。

　また、ロタウイルスが原因で下痢をした場合には、多くは白色便となります。しかし、そのほかにも黄疸の原因となる病気でも白色便となるため、注意が必要です。

## ■下痢の特徴と病気

### 急性下痢症

　日常生活で最も多く経験する急性下痢症は、2週間未満で症状が治ってしまう下痢のことをいいます。

　多くは感染性胃腸炎による下痢症です。特に子どもにおいては、冬季に園や学校で流行するロタウイルスやノロウイルスによる感染症が原因となることもあります。また、乳幼児では、肺炎・気管支炎や中耳炎などでも下痢を起こすことがあります。

### 考えられる病気

**急性**
- 感染性胃腸炎：ロタウイルス、ノロウイルス、サルモネラなど
- 食中毒
- 食物アレルギー
- 薬剤による下痢
- 腸以外の感染症：肺炎、気管支炎、中耳炎など

**慢性**
- 乳糖不耐症
- 過敏性腸症候群
- 腸の免疫の異常：クローン病、潰瘍性大腸炎、免疫不全症など

よくみられるおなかの不調とその対応　子どもに多い胃腸・おなかの病気　35

**慢性下痢症**

　慢性下痢症は、2〜4週間以上続く下痢のことをいいます。慢性下痢症には、さまざまな病気があり、病気によっては手術となることもあります。また、下痢を繰り返すことで脱水症となることもあるため、注意が必要です。

　慢性下痢症の病因と疾患について表に示しました。慢性下痢症の場合は、カメラ検査や入院治療などの医療的介入が必須です。また、病状を診断するためには、カメラ検査などを行って小腸粘膜の状態を把握する必要があります。

　病気ではないものの下痢を起こす原因としては、人工甘味料などの多量摂取があります。

慢性下痢症の原因

| 病因 | 疾患 |
|---|---|
| 1．小腸粘膜の構造または機能異常 | 微絨毛封入体病<br>二糖類分解酵素欠損症<br>先天性クロール下痢症　など |
| 2．感染、炎症、免疫不全 | 消化管感染症（腸炎後腸症）<br>寄生虫症<br>食物アレルギー<br>炎症性腸疾患<br>好酸球性胃腸炎　など |
| 3．解剖学的異常 | ヒルシュスプルング病<br>短腸症候群　など |
| 4．自律神経異常 | 過敏性腸症候群<br>トドラーの下痢症（慢性非特異性下痢症） |
| 5．その他 | 甲状腺機能亢進症<br>膵炎<br>虐待　など |

# ■年代別 下痢 フローチャート
## 乳幼児期・学童期

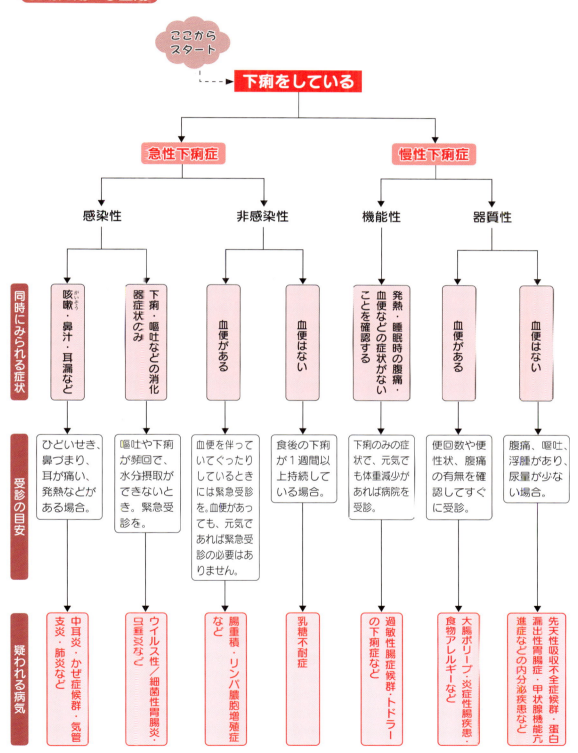

## ■生活習慣の問題が原因で起こる下痢

### 冷え・寝冷え

おなかを冷やすことで、下痢症状がでることはよく経験します。おなかが冷やされると、体は一定の状態を保とうとする働きから、体温を上昇させるために腸の動きを活発にして熱を発生させます。そのほかに、水分を体外に排出することで、体温の調整を行っているなどともいわれていますが、明らかではありません。

**対策**
・室内温度の調節
・腹巻きの着用
・布団、タオルケットの利用

おなかを冷やすことが原因で起こる下痢に対しては、寝ている間などにおなかを冷やさないように体温調節に注意する必要があります。

### 水分の過剰摂取

経口摂取した水分は、食道、胃、小腸、大腸を通過する過程で、大半は吸収され、便の中にはほとんど水分は含まれません。その水分の吸収の大部分を担うのは大腸です。

大腸では、一度に吸収可能な水分量が限られています。吸収できる水分量を超える水分が一気に入ってきた場合には、吸収されずに下痢として排泄されます。つまり、水分のとり過ぎによって下痢になるのはこのためです。

また、冷たい飲み物の摂取は、腸から熱を奪います。熱を産生するために腸が激しく動くことも下痢の原因となります。下痢になってしまった場合には、冷たい飲み物の過剰摂取は控えるようにします。

**対策**
夏の暑い日には、通常よりも過剰に冷たい飲み物を摂取してしまいがちです。脱水にならないように水分を摂取することは重要ですが、一気に大量の水分を飲むのではなく、こまめに水分を摂取するようにします。

## 薬の副作用による下痢

　下痢を起こしている子どもの中には、内服している薬が原因となっていることがあります。特に子どもは、かぜをひきやすく、細菌やウイルスに対して有効な抗菌薬（抗生物質）を処方されることがあります。抗生物質は、菌に対して有効ですが、同時に腸内バランスを崩してしまうことがあります。異常に増えた悪玉菌を排除する働きによって下痢が起こります。そのほかに、便秘に対する内服薬が効き過ぎてしまったために、下痢になることもあります。一般的に内服する頻度は少ないのですが、抗がん剤なども下痢を起こす成分が含まれています。

### 注意すること

　薬を内服したことが下痢の原因であると考えられた場合でも、医師が必要と判断して処方されている薬であるため、保護者の判断で中止せず、処方を受けた病院に相談してください。便秘薬に関しても、症状が改善しないからといって、保護者の判断で過剰内服させないようにします。

## ストレスと下痢

　ストレスに対して過剰に反応すると、腸の動きや知覚が乱れてしまいます。腸の動きが激しくなり、同時に少量の便でも過剰に便意を感じ、下痢となります。この状態を過敏性腸症候群といいます。試験や発表など、緊張する場面になると腹痛や下痢を起こします。排便後は症状が改善します。小児の約10％にみられるといわれており、なかには不登校の原因となることもあります

### ストレスの原因で多いもの

友族関係

友人関係

勉強の悩み

---

**下痢を起こしやすいといわれる薬品名**

・エリスロマイシン
・クラリスロマイシン
・酸化マグネシウム
・ピコスルファートナトリウム
　など

---

よくみられるおなかの不調とその対応

子どもに多い胃腸・おなかの病気　35

---

### 対策

ストレスを感じる状況が分かっている場合（例えば、塾に行くことがストレスである場合）、急に腹痛や下痢が起こっても、すぐにトイレに行けるように、トイレの位置などを事前に確認して準備しておきます。いつでもトイレに行けるという安心感から、過剰な緊張を和らげるとともに腹痛などの症状を軽くすることができます。しかし、症状が強い場合には、内服薬などによるコントロールが必要となるため、病院を受診するようにしてください。

そのほかにカウンセリングにより改善する場合もあります。

## ■下痢への対応

### 乳幼児期

**1. 便色、便量、血便の有無を観察します。**

**2. 脱水症状を起こしていないかを観察します。**

気になる下痢便は、受診時に持参するか、可能であればデジタルカメラなどに記録します。便を処理する際には使い捨てマスクや手袋を使用します。

機嫌や活気、排尿の有無、皮膚の張りを観察します。脱水症が疑われる場合にはすぐに受診します。

### 緊急の見極め

下痢に血液が混ざっている場合には、重篤な病気が隠れていることがあります。特に、イチゴジャムのような血便に、不機嫌で定期的に泣くなどの症状がある場合は、腸重積が疑われますので、すぐに病院を受診します。

### 受診の目安

機嫌がよく、下痢の回数も少なく、飲水・哺乳もでき、排尿がある場合には、様子をみることが可能です。ただし、不機嫌になったり、下痢の回数・量が増えたり、飲水・哺乳ができなくなったりなど、徐々に症状が悪くなってきている場合には、病院を受診します。

### 経過観察とケア

ケアとしては、まず脱水にならないように飲水・哺乳をしっかりと行います。食事ができる子どもには、おかゆやうどんなどの消化のよいものを食べさせるようにします。

---

**MEMO**

乳幼児は、全体重のうち80％以上を水分が占めています。このため、繰り返される下痢により容易に脱水となります。脱水の判断としては、活気の有無、排尿の有無、皮膚の張りの低下などを観察してください。少しでも脱水が疑われる場合には、病院受診が必要となります。

### 水分補給

　乳幼児を対象とした経口補水液（OS－1®など）が、市販されています。経口補水液は糖分が抑えられ、ナトリウムやカリウムなどの電解質が含まれており、下痢に対する水分補給として効果があります。しかし、味があわずに飲めない子どももいますので、その際は子どもが飲めるものを飲ませます。

### 食事について

　下痢をしている間は、高脂肪食・高繊維食は避けるようにしましょう。また、ケーキやお菓子などの高炭水化物食もおなかの動きを激しくしてしまうので避けます。基本的には、おかゆやうどんなどを食べるようにします。下痢がひどい場合には、通常量の半分程度とし、症状がよくなる過程で少しずつ食事の制限を解除します。

### おしりのケア

　乳幼児の皮膚は、大人の皮膚と違い、保湿機能や刺激に対する防御機能が未熟ですので、ちょっとした刺激や乾燥などでも皮膚がただれてしまうことがあります。特に、下痢を繰り返しているときには、長時間便がおしりに付着してしまうため、皮膚炎を起こしてしまいます。また、オムツ内は高温・多湿になりやすく、カンジダが感染しやすい環境となっており、さらに皮膚炎を起こしてしまうと、皮膚の防御機能が破綻してしまい、皮膚感染症を起こしやすくなります。

　対策としては、下痢をしている間はこまめにオムツを交換することと、可能な限りシャワーなどで洗い流して清潔を保つことが必要です。それでも状態が悪くなってしまう場合には、病院を受診します。

> **登園について**
>
> 発熱がなくても、感染性胃腸炎の場合には、周囲への影響もありますので、下痢が続いている間は登園を控えましょう。

### 乳児期の下痢

　乳児の下痢は、年長児や成人と比較して下痢が長引く傾向があります。その原因は、腸の未熟性です。この時期の腸は、食物として運ばれてくる蛋白質に対して、防御機能が弱く、アレルギーを起こしたり、かぜ症状と相まって腸の粘膜にダメージを起こしたりします。これにより、脂肪や糖分などの吸収ができなくなり、腸が回復するまで下痢が長引きます。

　そのほかにも、生まれつき栄養素を吸収できない病気や、免疫の異常により下痢を起こすことがあるため、注意が必要です。

### 学童期

**1. 便色、便量、血便の有無などを観察、もしくは聞き取ります。そのほかに症状がないかも確認します。**

**2. 脱水症を起こしていないかを観察します。**

便の状態や発熱、腹痛などを確認します。気になる便は、よく聞き取り、受診の際に医師に伝えます。

飲水は可能か、排尿があるかなどを確認して、様子をみます。

### 緊急の見極め

便全体に血液が混ざっている場合には、重篤な感染性腸炎や治りにくい病気が隠れている可能性がありますので、病院を受診します。そのほかにも、下痢とともに発熱や強い腹痛があり、歩けなくなってしまう場合には虫垂炎などを疑い、病院へ行きます。

### 受診の目安

下痢による脱水を起こし、尿が出なくなる、活気が低下した状態、便全体に血便が付着している、発熱や持続的な腹痛などの随伴症状がある場合は、病院を受診します。

## すぐに受診をしなくてもよいと思われる場合

### 経過観察のポイント

症状が下痢のみであり、脱水もないと考えられる場合には受診せず、経過観察が可能と考えられます。ただし、経過観察中は下痢の回数や量、血便や腹痛、発熱などの随伴症状の出現、脱水の悪化には十分に注意し、徐々に状態が悪くなるようであれば病院を受診します。

---

**MEMO**

乳幼児ほど脱水になりやすくはありませんが、下痢が続いている場合には脱水の評価が重要となります。口腔内の乾燥や皮膚の張りの低下、排尿がない状態などは脱水がすすんでいる可能性があります。

## ■ 日頃から下痢を繰り返す子ども

　慢性的に下痢症を起こしている子どもの多くは、過敏性腸症候群などの機能性消化管障害を抱えており、周囲の環境（ストレスなど）により下痢を起こしてしまいます。

　このような慢性下痢症は、感染症とは異なることが大半であるため、人にうつるなどで流行することはありません。授業中や試験中などストレスのある環境を含め、いつでもトイレに行ける体制を整えてあげることで、不安を取り除くことができ、また症状の改善にもつながる可能性があります。

　そのほかに、慢性的な下痢症状での考えられる病気では、クローン病、潰瘍性大腸炎などの免疫異常、短腸症候群、リンパ管拡張症などの形態の異常があります。2週間以上続くときには受診します。

授業中など、大きな声でトイレに行くことを伝えられない児童には、あらかじめ合図などの取り決めをしてスムーズにトイレに行ける配慮をしましょう。

### 下痢止め薬の服用について

　急性胃腸炎などの感染症が原因で下痢をしている際に、脱水症が進行する場合には医師の処方で下痢止めを使用することはありますが、基本的には下痢止めを使用せずに加療します。なぜならば、下痢止め薬は、胃腸のぜん動運動を抑える作用によって下痢を減らす薬なのです。胃腸炎の病原体を下痢によって排出するという生体本来の機能を低下させます。つまり、病原体（ウイルスや細菌）の排除を抑制することになり、下痢をかえって長引かせてしまう可能性があるからです。

　市販薬は、個々に応じた内服量ではないため、逆に便秘になることもありますので、注意しながら使用する必要があります。特に原因が特定されていない慢性下痢症に対して、市販薬の内服で対応している場合には、一度病院を受診するようにします。

## ■日常生活での注意点

慢性下痢症の中で最も多いのは過敏性腸症候群で、環境因子（ストレスなど）などが原因となります。症状が持続するなかで、徐々に症状が悪化していくようであれば、病院を受診してコントロールします。

また、高脂肪食の摂取や水分の過剰摂取などによっても下痢を起こすことがあります。暴飲暴食を避け、下痢の際には低脂肪食を心がけます。

## ■園・学校生活において注意すること

下痢をしている子どもが多くなってきた場合には、感染性胃腸炎の流行の可能性があります。保護者や教諭間で情報を共有し、手洗い・うがいなどを行い、感染を予防することが必要となります。

給食などの同じ料理を食べた子どもが同じ時期に下痢を起こした場合などは、食中毒が疑われます。病院を受診して保健所へ届け出る義務があります。

下痢により脱水になった場合には、元気がなくなり、尿が出なくなったり、皮膚に張りがなくなったりします。このようなサインがみられた場合には、すぐに病院を受診します。

## 下痢のときの食事

### 下痢のときの食事

**炭水化物**
おかゆやうどんなどは、消化のよい食事となります。しかし、卵を入れてしまうと脂質が含まれてしまい、おなかに負担となってしまうために注意が必要です。

**脂質**
肉類などの高脂肪食は、おなかにとって負担が大きいため、下痢のときには避けるようにします。症状が改善していくにつれて、少量から摂取するようにします。

**繊維食**
　野菜などの高繊維食は、最終的には吸収されずに便となるため、下痢を悪化させてしまいます。通常は健康を保つために必要な食事ですが、下痢のときにはゴボウやきのこなどの高繊維食は控えるようにします。

**果物**
バナナやリンゴなどの果物は水分を多く含み、またカリウムなどの電解質も含まれているため、細かくして食べるとよいです。

**飲み物**
経口補水液が最も吸収されやすく、電解質のバランスもとれた飲み物となります。味によって飲んでもらえない場合には、水分摂取が一番重要ですので、好きな飲み物で対応します。冷たいものや一気に大量に飲むと、下痢を悪化させてしまうため、少し温めた飲み物を、少量ずつ摂取するのがよいでしょう。

### 下痢を予防するための生活習慣

冷たい飲み物の摂取を控える

高脂肪食や刺激食を控える

おなかを過度に冷やさないようにする

# 便秘

便秘とは、排便回数や便量が減り、排便しにくく排便間隔があいた状態で、さらに硬い便、腹痛、腹部膨満などの便秘による症状を認め、治療を必要とする状態です。新生児や乳幼児期の便秘では、腸管の病気が隠れている可能性があり検査を必要とする場合があります。国際的には、1週間に2回以下の排便回数の場合などを便秘としています。

## ■便秘の原因とメカニズム

正常な排便には、姿勢やいきみ方、消化管生理機能や大脳機能、肛門括約筋機能、食事内容などのさまざまな要素が関連しています。便秘はこれらの要素の不調和が複雑に絡みあって発症するとされます。特に排便習慣が未確立な乳幼児期では、不十分な便排泄に伴う直腸内での過度の便塊貯留（便塞栓）が便意を鈍化させ、排便時の痛みから排便回避につながり、便秘が悪化する悪循環に陥ります。

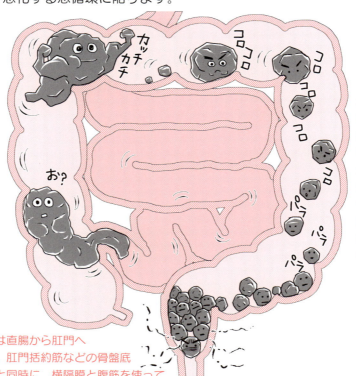

大腸に送られた便はゆっくりと直腸まで送られ、大腸を移動する間に水分は吸収されて、有形の便になります。便が直腸に到達し、直腸が伸びると便意を感じます。

排便時には、便は直腸から肛門へと運搬されます。肛門括約筋などの骨盤底筋群が弛緩すると同時に、横隔膜と腹筋を使って腹圧を上げて"いきむ"ことで便を排泄します。これを排便協調運動といいます。

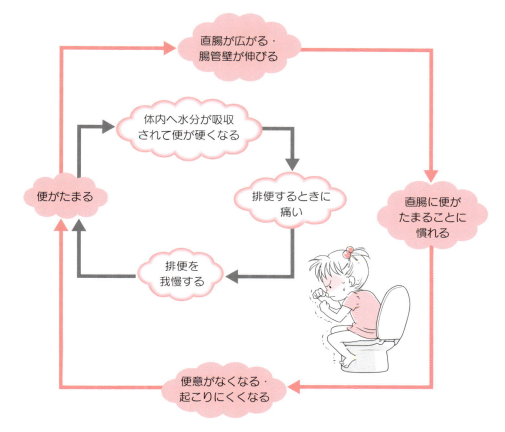

**便秘の悪循環**

## ■便秘のタイプと種類

　便秘のタイプには、①便の大腸通過時間が長いタイプ、②排便協調運動が障害されているタイプ、これらの混合タイプなどがあります。

　①便の大腸通過時間が長いタイプでは、便が直腸まで到達する時間が長いので、排便間隔があきます。また長時間大腸にあるため、便性が硬くなります。しかし、直腸の便塞栓はなく、腹部膨満や排便時の肛門痛は強くありません。

　②排便協調運動が障害されているタイプでは、便が直腸まで到達する時間は長くないので直腸に便がたまってしまいます。したがって、直腸に大きな便の塊ができてしまうことで便塞栓となり、排便時の腹痛や肛門痛、出血をもたらします。

　ほかのタイプとしては、排泄機能が自立している年齢である5歳以降になっても便失禁する「遺糞症」タイプも存在します。この場合、便性は必ずしも硬くないことがあります。

> **MEMO**
> 乳幼児くらいまでは腹圧を上昇させながら骨盤底筋群を弛緩させる排便時の協調運動が完成されていないために、便秘となることがあります。このタイプは、排便の悪循環に陥りやすいと思われます。

## ■便秘への対応

### 乳幼児

乳児期は、自分で排便を調節したり、うまく排便したりすることが難しい年齢です。普段から排便の程度を確認することが重要です。

幼児期では、自分で排便の調節ができるようになってきますが、まだ難しいこともあります。うまく排便できた場合には褒めることで成功体験を重ねていき、排便できる能力を伸ばす年齢でもあります。

### 便秘の乳幼児にみられる様子

・排便のときに肛門が切れて出血したり痛みがでたりする。
・排便を我慢するために足をピンッと突っ張った姿勢になる。
・おなかが張って苦しいので食欲が落ちる。
・立ったまま排便することがある。
・発達遅滞の児は排便を我慢して便秘になることがある。

#### 考えられる病気
・ヒルシュスプルング病
・脊髄髄膜瘤
・過敏性腸症候群
・発達遅滞

便秘症の乳幼児の一部に牛乳アレルギーが関与しているとの報告があります。乳幼児期では便秘の一部に牛乳アレルギーが関係していることもあるようです。

### 手当とケア　基本的なケアは、排便を促すようにすることです。

#### 体を動かす

運動や散歩だけでも腸管運動を刺激することができます。積極的に運動をさせます。

#### トイレに誘う

遊びに夢中で、トイレに行くことを忘れる、遊びを中断するのを嫌がる可能性があります。

#### 水分をとる

水分が不足すると便が硬くなることがあります。水分を多く摂取することで便が少しゆるくなり、便秘の改善につながります。

#### 「の」の字マッサージをする

おなかに「の」の字マッサージを行うことで大腸に刺激が伝わります。

### 受診の目安

排便が1週間に2回以下の場合、便秘の可能性があります。一時的ではなく、1か月以上その状態である場合には治療が必要になることが多いため、病院を受診します。慢性便秘であると治るまで時間がかかることがあります。

### 病院での治療

生活指導として、高繊維食の摂取、適度な運動などの指導をします。便による閉塞がある場合には、まず浣腸や摘便で便塊を取り除きます。また、便を軟らかくする薬や腸ぜん動改善薬、整腸薬などを服用します。

### 薬の使い方と注意すること

排便させるための薬は、即効性のある浣腸か座薬、内服薬としては軟らかい便をつくる酸化マグネシウムなどや排便を促す緩下剤があります。医師からの指示以上の過量の内服をしてしまうと下痢や腹痛の原因になりますので、医師の指示に従います。

園で浣腸や座薬を使用しなければいけない状況は少ないですが、普段から便秘で浣腸を施行している子どもでは、かかりつけ医指導のもと、浣腸などを使用してもよいと考えます。

---

**MEMO**

乳児では、肛門を綿棒で刺激することも排便を手助けする方法です。
1. 綿棒にオイルやワセリンなど潤滑油をつけます。
2. 肛門周囲につつく方法、肛門に綿棒の綿部分を入れて肛門括約筋を刺激します。強い刺激はキズになる可能性もあるため慎重に行います。

---

よくみられるおなかの不調とその対応

子どもに多い胃腸・おなかの病気 35

---

**Q 排便はどのようなしくみで起こるの？**

**A** 排便のしくみはとても複雑で、中枢神経（脳）や末梢神経（自律神経や知覚・運動神経）、排便に関する反射、大腸のぜん動、心因的要素などが関与しています。通常、下行結腸からS状結腸にかけて形になった便がたまっていますが、肛門括約筋が閉じているために排便されません。しかし、朝起きて朝食をとると、起立反射や胃結腸反射などが刺激されて便が直腸に運ばれます。便が直腸に到着すると直腸粘膜を刺激し、便意を感じます。その後、トイレに行って排便できる準備が整うと、脳からの抑制がとれて直腸肛門角が直線に近くなり、肛門が開き、腹圧を上昇させ、直腸が収縮することで排便されます。排便はいろいろな機能の絶妙な調節によりなされる行為なのです。

> 学童期

## ■手当とケア

基本的なケアは、排便を促すようにすることです。

### 体を動かす

運動や散歩などで体を動かすことで、腸管運動を刺激することができます。

### トイレに行くように促す

便秘による腹痛や違和感がある場合には、トイレに行かせて排便するようにします。

### 水分をとる

水分が不足すると便が硬くなるので、水分補給をして便秘の改善につなげます。

### 「の」の字マッサージをする

おなかに「の」の字マッサージを行うことで、大腸に刺激が伝わります。

> 受診の目安

排便が1週間に2回以下の場合、便秘の可能性があります。**一時的ではなく、1か月以上その状態である場合**には、治療が必要になることが多いため、受診します。乳児期より学童期のほうが、慢性便秘になると治るまでに時間がかかることがあります。**便秘によると考えられる腹痛や嘔吐も併発する場合**には、受診が必要です。

## ■学校生活で注意すること

　学校での排便に抵抗を示すようになる年齢です。学校で排便せずに帰宅まで排便を我慢してしまいがちであるため、我慢しなくても排便できるように、排便することは恥ずかしくないことを伝えておく必要があります。友人が来ないトイレなどの安心して排便に集中できる環境があると排便しやすくなります。

　一般的な腹痛については、おなかを温めると腸管のぜん動が促され腹痛が改善することもあるため、保健室で休むときには湯たんぽなどを使用しておなかを温めてみます。

　激しい腹痛が伴う場合には、ほかの病気である可能性を考慮する必要があります。保護者に連絡をして病院の受診を勧めます。

### 子どもが排泄を我慢する原因

- 痛みのある排便
- 肛門裂傷
- 肛門周囲の炎症
- 不適切なトイレトレーニング
- 痔
- 意識的
- 環境の変化（入学・転校、旅行など）
- 情緒障害
- 重症精神障害
- 抑うつ
- 家族のストレス
- 性的虐待

## ■日常生活での工夫

### 1. 食後の排便習慣
　食事を摂取した後に、胃結腸反射によって便意を感じることが多くあります。しかし、トイレに行く時間がなかったりすると排便せずに我慢することになります。排便を我慢することで便秘の悪循環に陥ってしまうため、食後にトイレに行く習慣や時間をつくる工夫が非常に大切です。

### 2. 我慢しない、させない環境づくり
　子どもは、園や学校で排便することを我慢する傾向があるため、特に学童では学校で便意を感じたら我慢せずにトイレに行くように指導します。

### 3. 食事と水分補給
　過剰な水分不足にならないように水分を摂取し、食物繊維の多い食事摂取、食事摂取量の確認、過剰な間食に気をつけます。

### 4. 運動
　運動によって腸管ぜん動が刺激されるため、適度な運動を促すようにします。

**胃結腸反射**
食事がきっかけで大腸がぜん動することで起こる排便のしくみのことです。食べ物で胃が膨らむと、胃から大腸に信号が送られます。その信号によって大腸で反射的にぜん動が促され、便を直腸に送りこむ反射が起こります。したがって、食事を摂ることが排便を促すきっかけとなります。

## 便秘におすすめの食材

　食物繊維の多い食材（植物性食品である海藻類、豆類、野菜類、きのこ類、果実類）、ヨーグルトなどのプロバイオティクスの含まれている食材が便秘の改善や予防につながることがあります。動物性食品である魚介類、卵類、肉類には食物繊維があまり含まれず、便秘になりやすいと考えられます。

　肉類を好きな子どもが多いと思いますが、肉を食べる場合には野菜も一緒に摂取するように指導します。

## Q&A

### Q1 男の子に下痢、女の子に便秘が多いのはどうしてですか？

**A** 女性は女性ホルモンの影響、筋力が弱い、ダイエットによる食事摂取量の不足、トイレを我慢する傾向がある、心理的・社会的ストレスを受けると腸管のぜん動が低下して便秘になりやすいなどがいわれています。一方、男性は水分などを多めに摂取する傾向があること、筋力が強いこと、心理的や社会的なストレスを受けると腸管のぜん動が亢進して下痢になりやすいことなどがいわれています。ただ、一概に女性は便秘、男性は下痢に分けられるわけではなく、体質により人それぞれです。いずれにしろ、規則正しい生活を送り、食事をしっかり摂取し、ストレスをためないように心がけることが大切です。

### Q2 市販されている薬は、積極的に飲んでもよいの？

**A** 市販薬はもちろん効果があります。しかし、市販の薬を内服して病院を受診していないと便秘症という診断も受けていないことになり、ほかの病気でないこともわからない状態になります。また、内服量が徐々に増えていってしまう可能性もあります。1か月以上の長い間、市販薬を内服しなければいけないほどの便秘であれば、病院を受診します。病院で診断を受けた上で、効果のある市販薬を内服することをお勧めします。内服せずに便をためておくよりは、市販薬を内服して定期的に排便するほうがよいです。

### Q3 牛乳を飲むとおなかがゴロゴロするような違和感があるのはどうしてですか？

**A** 牛乳の中に含まれる「乳糖」を消化する乳糖分解酵素が少ない場合に、乳糖を分解・吸収できずに大腸まで到達します。乳糖を含んだ便は浸透圧が高いために、大腸は水分を吸収できなくなります。水分が多いまま便として排泄されるため、下痢が起こります。これを「乳糖不耐症」といいます。日本人は欧米人より乳糖分解酵素が少ない人種といわれていますので、多量の牛乳を飲んだ場合にはゴロゴロして下痢を起こす人が多いのです。乳糖不耐症の対策としては、ゴロゴロしないくらいの量だけ飲む、少しずつ時間をかけて飲む、乳糖を分解してある牛乳を飲む、ヨーグルトやチーズなどの乳製品を摂取するなどがあります。

# 下血（血便）

　下血（血便）は、どの年齢においても認められる症状です。緊急なものから、受診の必要のないものまでさまざまですが、いずれの場合でも、最初は注意深い観察が必要となります。

## ■血便の原因とメカニズム

　下血（血便）とは、鼻腔から肛門までの、気道および消化管のあらゆる部位の出血によって起こります。下血と血便は出血部位により異なり、下血は上部消化管（胃、十二指腸や上部小腸）からの出血、血便は下部消化管（主に大腸）からの出血です。

　下血は、胃や十二指腸から出血が起こり、胃酸により酸化され黒色のタール様あるいは海苔の佃煮様の外観を呈します。一方、血便は出血して酸化を受けずにすぐにでてくるので、鮮血（真っ赤）であることが多いです。

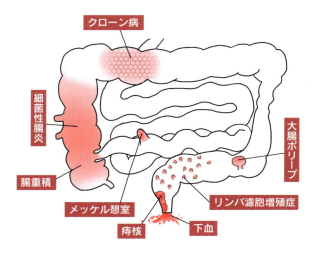

下血が起こりやすい病気：クローン病、細菌性腸炎、腸重積、メッケル憩室、痔核、下血、リンパ濾胞増殖症、大腸ポリープ

## ■下血（血便）の種類と状態

　下血は、胃酸で酸化されると黒色に変化するため、胃、十二指腸、上部小腸からの出血と判断できます。

　血便は、便の中に血液が混入していたり、表面に付着していたり、多量の出血でショックを起こすものまでさまざまです。粘液が混ざったもの（粘血便）かどうかも重要です。大腸の奥から出血するほど、便と混ざり合うことが増えます。腸炎のように病変が広範である場合には、便と混ざる粘血便が多くなります。小児のポリープは、粘液を多く産生し、比較的肛門に近い部位にできやすいため、便の周囲に粘液と血液が付着していることが多いです。裂孔などの肛門周囲は、便と混ざらないで表面に付着したり、紙に付着したりすることが多く、粘液はありません。

### 考えられる病気
**乳幼児期**
黒色便：鼻血、消化性潰瘍、メッケル憩室、消化管重複症
赤色便：肛門裂傷、腸重積症、リンパ濾胞増殖症、食物アレルギー、大腸ポリープ

**学童期**
黒色便：消化性潰瘍、アレルギー性紫斑病、食道静脈瘤
赤色便：肛門裂傷、細菌性腸炎、炎症性腸疾患

## ■下血（血便）の対応

1. 血便の状態を観察します（色、粘液の有無、血のつき方、便の状態など）。
2. 顔色や全身状態が悪くないかどうかを観察します。
3. 短い間に繰り返す痛みを訴える、異常な泣き方で、吐いたりぐったりしていないかどうかの観察をし、気になること、様子があれば病院を受診します。
4. 安静にして様子をみながら経過観察をします。

### 学童期の下血の対応について

学童期に便をみることは少ないので自己申告になることが多いのですが、案外自分自身で便を確認している児童は少ないです。まわりの大人が、便や下血の状況を一度は確認するようにしましょう。

〈確認すること〉

便回数、血便回数、便と血の割合（便のうち半分以上が血だったなど）、夜間の排便（睡眠中に排便のために起きる）など。学童期は排便の記憶があいまいなことが多いので、できれば排便回数や便性状、腹痛の有無などの簡単な日記をつけると受診時に役立ちます。

下血をみつけたら、おむつを持参するか、出来る限り便の写真を撮って診察のときにみせられるようにします。病院では、特に、血液と便が混ざり合っていないかどうかをみます。

### 緊急の見極め

乳児の場合にはおなかの痛みを言葉にできないので、火がついたように泣いたり泣きやんだりを繰り返すような不機嫌な様子がある、ぐったりしている場合には、腸重積の可能性があるので緊急受診が必要です。

### 受診の目安

・おなかを強く痛がって、それが持続する場合
・苦しそうな表情になったり、顔色が悪くなったりした場合
・短時間の繰り返す痛みを訴え、吐いたりぐったりした場合

そのほかに、足のくるぶしからふくらはぎにかけて、発疹（赤いブツブツ）が出てきた場合や、生卵や十分に火を通していない肉類を食べた後に腹痛、下痢、発熱がある場合、状態がよければ緊急受診までは必要ないですが、日中に受診して診察を受けます。また、1か月以上下痢や腹痛が続き、血便が出始めた場合も、日中に受診して診察を受けます。

## ■病院での対応と治療

下血の場合は、出血量の評価として血液検査を行い、貧血の有無を調べます。進行性の貧血でなければ、胃薬や鉄剤などの内服薬で通院となります。貧血が強い場合には、安静のために入院となります。

血便の場合には、腸重積かどうかを調べるために、腹部超音波検査、肛門から造影剤を注入して大腸の形を確認する、注腸検査などを行います。そのほか、便の細菌培養検査、血液検査なども行います。全身状態が良好であれば、入院は必要なく、外来通院となります。

いずれの症状においても、定期的な通院を行い、症状が続く場合には、消化管内視鏡検査が必要となります。

## ■日常生活での注意

下血と紛らわしい便が出るのは、のりを食べたあとや鉄剤を内服したあとなどで、黒色便が出ます。

血便と紛らわしい食物の残渣は、トマト、人参、赤パプリカ（ピーマン）などがあります。内服薬では、抗菌薬のセフジニル：セフゾン®によってレンガ色の紛らわしい便が出ることもあります。

### 感染症と下血

感染性腸炎（病原性大腸菌、サルモネラ、カンピロバクターなど）も下血を起こすことがあります。特に暑い時季に、加熱が不十分な肉類、生卵（半熟卵）などを摂取しないようにします。

### 下血を起こす病気にかかっているとき

慢性炎症性腸疾患（潰瘍性大腸炎、クローン病など）で、血便、下痢などの症状を繰り返す場合は、脂肪分の制限や繊維の少ない低脂肪低残渣食などの対応が必要になったり、栄養剤を飲んだりすることがあるので、子ども、家庭と学校（園）とで協力して、主治医の指示による食生活を心がけます。また、少し調子が悪いときなどにトイレに行く回数が多くなることがあるので、周囲が理解して環境づくりをしてあげます。

---

### 受診時に医師に伝えること

- 血便の状態。血液と便が混ざり合っているなど（イチゴジャム様の血便と表現することが多い）。
- 血便以外の症状：嘔吐、発熱、発疹、下痢の様子など
- 症状が出る前からの様子（生卵や十分に火を通していない肉類を食べた後に腹痛、下痢、発熱がある場合など）
- 1か月以上下痢や腹痛が続き、血便が出始めた場合も日中に受診して診察を受けましょう。

第2章

子どもに多い
胃腸・おなかの
病気 35

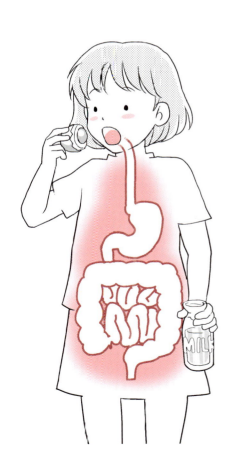

# 胃食道逆流症

　胃に一度入った食べ物やミルクが、食道内に逆流する現象を胃食道逆流現象と呼び、吐き気など何らかの症状や合併症を伴うものを胃食道逆流症といいます。
「げっぷ（噯気）」は、のみ込んだ胃内の空気を吐き出す生理的機構であるため、違うものと考えます。

## ■病気の基礎知識

　胃の内容物が食道に逆流することで吐き気や嘔吐を起こす、乳児に多い病気です。重症な場合には吐血したり、成長に必要な栄養がとれないことから体重が増えなくなったりすることがあります。また、食道内に逆流した胃酸が食道に炎症を起こし、逆流性食道炎、食道潰瘍などを合併することもあります。

　通常は乳児期に起こり、多くは2歳までに消失します。乳児早期では乳幼児突発性危急事態（ALTE）の原因のひとつともいわれますので、苦しそうな呼吸や無呼吸発作などの症状がみられた場合には、受診や精密検査が必要です。2歳以降も症状が続く場合には、精密検査をします。

### 受診の目安
- 嘔吐が通常より多く、繰り返すとき
- 吐き気や嘔吐が続き、食事摂取不良や体重が増えないとき
- 持続するせき、繰り返す喘鳴があるとき
- 苦しそうな呼吸、無呼吸発作がみられる場合

## ■症状

　基本的な症状は吐き気、嘔吐とそれに伴う体重増加不良です。ときに反芻運動（一度飲み込んだ物を、再び口まで戻してモグモグして飲み込むこと）、慢性的なせきや喘鳴、くり返し肺炎にかかる、乳幼児突発性危急事態（ALTE）や無呼吸発作などを起こす場合もあります。

### 乳幼児突発性危急事態（ALTE）とは…
長期間の無呼吸など緊急を要する事態が乳児に突然起こった場合のことをいいます。原因として、胃食道逆流症や髄膜炎などの神経系疾患や感染症などが知られていますが、半数の症例では原因を特定できません。

### 消化器症状
- 嘔吐
- 吐き気
- 吐血
- 下血
- 哺乳不良
- 反芻運動

### 呼吸器症状
- 慢性的なせき
- 繰り返す呼吸器感染症
- 乳幼児突発性危急事態（ALTE）
- 無呼吸発作　・喘鳴

### その他
- 体重増加不良
- 不機嫌
- 胸痛
- 腹痛
- 貧血
- 咽頭痛
- 姿勢異常（首を斜めに傾けたような姿勢をとる）

## ■治療と経過

病院では、逆流の程度をみるための検査を行い、治療しながら診断していきます。治療は生活指導、薬物療法、体位療法などがあり、重症な場合には逆流防止の手術を行うこともあります。

胃食道逆流症の診断・治療

| 第1段階<br>説明および<br>生活指導 | ・病気の概念と治療法および予後の説明<br>・授乳後のおくび（げっぷ）の敢行<br>・便秘の治療を行い、便通を整える<br>・食事直後に体を横にしない<br>・肥満児では減量を行う<br>・刺激物（香辛料やカフェイン）の除去 |
|---|---|
| 第2段階<br>授乳指導 | ・少量頻回の授乳<br>・治療乳（増粘ミルクや増粘物質の添加、アレルギー用ミルク） |
| 第3段階<br>薬物療法 | ・胃酸分泌抑制薬（制酸薬）<br>・消化管機能改善薬 |
| 第4段階<br>体位療法 | ・仰向けにして頭を高くする体勢、立て抱きを継続する<br>・うつぶせは乳児突然死症候群（SIDS）との関連があり勧められない |
| 第5段階<br>外科治療 | ・腹腔鏡／開腹式噴門形成術など |

### MEMO

わが国では、2006年に小児胃食道逆流症診断治療指針が発表されています。診断治療指針では、嘔吐などの症状がある場合に胃食道逆流症を疑って診断と治療を進めていきます。

## ■園・学校生活について

胃食道逆流症の診断を受けている子どもの場合、嘔吐しても、慢性的な疾患のため基本的には緊急性はないと考えます。ただし、嘔吐したときのむせや誤嚥に注意が必要です。頻回に嘔吐するときには脱水症状を伴っていないかを確認し、保護者に連絡の上、必要に応じて病院を受診するようにします。

## ■日常生活の中で気をつけること

哺乳や食事などで1回の量が多いと嘔吐回数が増えることがありますので、少量ずつにします。

予防法はありませんが、哺乳や食事の摂取方法、頭を拳上する体位をとることによって、嘔吐しにくくすることができます。

# 好酸球性食道炎

　好酸球による消化管疾患は、好酸球性食道炎、好酸球性胃腸炎、好酸球性大腸炎などに分類されます。好酸球性食道炎は、食道に好酸球が浸潤することによって炎症などを引き起こす病気です。

## ■病気の基礎知識

　好酸球性食道炎は、本来は食道に存在しない好酸球（白血球の一種）が食道粘膜上皮内に※浸潤して慢性的な炎症と機能障害を起こす病気です。嘔吐、摂食障害、腹痛などの症状があり、炎症が進むと食道狭窄（食道が狭くなる）や食道のぜん動が弱くなることもあります。

　欧米に多く（52人/10万人）、わが国では少ない（17人/10万人）とされ、小児ではさらに少なく症例報告のみですが、食物アレルギー、アトピー性皮膚炎、気管支ぜんそくなどのアレルギー疾患との関与が報告されています。診断には、上部消化管内視鏡検査と粘膜生検による病理検査などがあります。

### 受診の目安
・吐き気、嘔吐、腹痛、つかえ感が続くとき
※子どもの嘔吐にはさまざまな原因が考えられますので、嘔吐が続く場合には早目に受診して検査を受けます。

※浸潤…もともとその組織にない細胞が現れること。

## ■症状

　食道が狭くなることや、食道のぜん動が弱くなることから生じる症状が中心となります。乳幼児では哺乳障害、幼児から学童では吐き気や嘔吐、学童期以降では腹痛、嚥下障害、つかえ感、食べ物がつまるなどが主な症状です。

母乳やミルクが上手に飲めない哺乳障害

吐き気や腹痛、つかえるような感じなど

## ■治療と経過

好酸球性食道炎と診断を受けた場合、治療は、薬物療法（局所ステロイド療法、全身ステロイド療法）と食物除去療法などがあります。

好酸球性食道炎の治療

| 薬物療法<br>（局所ステロイド<br>嚥下療法） | 吸入ステロイドを口腔内に噴霧して嚥下します。食道局所にステロイドを塗布して、炎症を抑える目的で使用します。 |
|---|---|
| 食物除去療法 | 食物アレルギーがある場合には、その原因食物を除去します。また、経験的主要原因食物6種除去（卵、牛乳、小麦、大豆、ピーナッツ／種実類／木の実類、甲殻魚介類／貝類）、成分栄養剤などを行います。 |
| 薬物療法<br>（全身ステロイド<br>療法） | 重症例では全身ステロイド投与を行いますが、副作用が多いため、長期投与を控える必要があります。 |
| 薬物療法<br>（プロトンポンプ<br>阻害薬） | 強力な制酸剤のひとつです。近年、一部の好酸球性食道炎に効果があるとの報告があるため、全身ステロイド療法前に試すことがあります。 |

## ■園・学校生活について

慢性疾患ですので、嘔吐しても、慢性的な疾患のため基本的には緊急性はないと考えます。ただし、嘔吐したときのむせや誤嚥に注意が必要です。頻回に嘔吐するときには脱水症状を伴っていないかを確認し、保護者に連絡の上、必要に応じて病院を受診するようにします。

全身ステロイド療法中で、登園・登校している場合には、感染症にかかりやすくなっていますので、かぜなどへの予防が重要になります。

## ■日常生活の中で気をつけること

哺乳や食事なとは、一度の量が多いと嘔吐回数が増えることがありますので、少量ずつ摂取するようにします。また、食後直後の運動は、嘔吐を誘発することがあるので控えます。

### 診断

好酸球性食道炎は、嘔吐やつかえ感などの消化器症状に加え、末梢血好酸球増多（50%で増多を認めます）、アレルギー検査、上部消化管内視鏡検査の縦走溝、輪状溝、白斑、肥厚粘膜などの所見、食道粘膜生検による好酸球浸潤（15/hpf以上）などの総合評価により診断されます。

# 胃軸捻転

　胃が生理的範囲以上に回転（捻転）してしまうことにより、嘔吐や腹部膨満などの症状が起こる病気です。多くは乳児期に起こり、1歳までに改善することが多いとされています。

## ■病気の基礎知識

　胃につながる靱帯（じんたい）による胃の固定が不十分であることや、排気不良に伴う腸管ガス貯留が胃を上方へ挙上することによって胃がねじれて発症します。

　一般的には繰り返す嘔吐や腹部膨満が主症状ですが、急性型では嘔吐を伴わない腹痛を感じることもあります。重症の場合、上腹部痛、嘔吐を伴わない嘔気、胃拡張から胃穿孔によるショックを起こすこともあり、注意が必要です。

　小児の発症率は約3％とされていますが、乳児期の発生率は13％と高く、年齢とともに低くなります。乳児期の胃軸捻転はほとんどが慢性型であり、急激な発症はまれです。

> **受診の目安**
> ・1か月以上続く嘔吐に伴う哺乳不良や体重増加不良を認める場合
> ・急激な腹痛や嘔吐を伴わない嘔気、上腹部膨満がみられる場合

### 胃軸捻転の分類

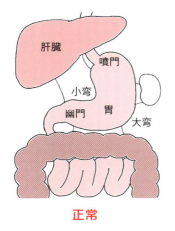

正常

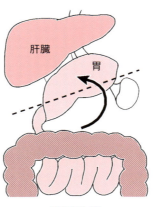

長軸捻転
噴門と幽門を結ぶ線を軸に回転したもの

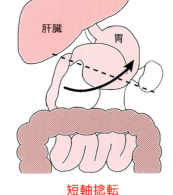

短軸捻転
大弯中心と小弯曲を結ぶ線を軸に回転したもの

## ■症状

慢性型では、捻転が軽度であり、繰り返す嘔吐や腹部膨満が主な症状です。ときに哺乳不良や体重増加不良を認めることがあります。

急性型では、急激な捻転による急性腹症となるもので、嘔吐を伴わない吐き気、上腹部の痛みと膨満などを症状とします。捻転の程度により症状が異なりますが、重症の場合は胃の著明な拡張や穿孔（穴があくこと）からショックを起こすことがあります。

## ■治療と経過

慢性型では、頻回少量哺乳、排気や排ガスを促して腹部膨満を軽減させることで軸捻を改善させることができます。

急性型では、経鼻胃管を挿入することで胃を減圧します。挿入が困難な場合には緊急手術を行い、軸捻の解除とともに胃を腹壁に固定して再び軸捻することを予防します。

## ■園・学校生活について

胃軸捻転の診断を受けている子どもの場合、慢性的な疾患として考え、嘔吐しても緊急的なことはないと考えられますが、むせや誤嚥には注意が必要です。頻回に嘔吐するときには脱水症状を伴っていないかを確認し、保護者に連絡の上、必要に応じて病院を受診するようにします。

しかし、突然の腹痛や嘔吐のない吐き気に加えて、上腹部膨満がみられる場合には、緊急受診が必要です。

## ■日常生活の中で気をつけること

哺乳や食事などで1回の量が多いと嘔吐症状が悪化することがあるので、少量ずつにします。また、食事直後の運動は、嘔吐を誘発することがあるので控えます。

---

**MEMO**

通常は乳児期に起こり、1歳までに改善することが多いとされています。しかし、1歳を過ぎても続く場合には精密検査が必要です。診断は、上部消化管造影検査や造影CT検査を行い、胃の形状の確認などを行います。

---

よくみられるおなかの不調とその対応

子どもに多い胃腸・おなかの病気　35

# 急性胃炎・慢性胃炎

胃炎は、何らかの原因により胃粘膜に炎症が起こる病気です。主な症状は腹痛や吐き気、嘔吐で、重症になると黒っぽい吐血をすることがあります。急性と慢性があり、消化管内視鏡検査や粘膜生検病理検査で診断されます。

## ■病気の基礎知識

胃炎の原因は薬剤、身体的・心理的ストレス、感染症、外傷、刺激性物質など多岐に及びます。

急性胃炎では、胃の粘膜の腫れ、発赤、出血、浅い潰瘍が多発する急性胃粘膜病変（AGML）があり、慢性胃炎は胃の粘膜に持続性の炎症ができていたり、胃炎を繰り返したりしている状態です。

### 受診の目安

- 突然の心窩部痛（胃の上部の痛み）
  - 心窩部
- 吐き気
- 嘔吐
- ぐったりしているとき
- 黒っぽい（コーヒーの残りかすのような）吐血をした場合→**緊急受診を**
- 慢性的な腹痛でも食欲がない、体重が増えないとき

### 胃炎の原因

**薬剤**
アスピリンなどの非ステロイド性抗炎症薬、ステロイド、抗菌薬、抗腫瘍薬など多数

**ストレス**
外傷や熱傷・外科手術などの身体的ストレス、心理的ストレス

**感染症**
ピロリ菌感染症、サイトメガロウイルスなどの細菌やウイルス、真菌の感染症

**刺激性物質**
腐食性物質や薬品、アルコール、胆汁など

**外傷**
嘔吐、経鼻胃管、異物など

**特発性**
原因の特定ができないもの

**アレルギーなどの炎症性疾患**
好酸球性胃腸炎、炎症性腸疾患、自己免疫性胃炎、甲状腺疾患、糖尿病、膠原病、血管炎など

## ■症状

急性胃炎は突然の上腹部痛、嘔気・嘔吐、黒っぽいコーヒーの残りかすのような吐血などの症状があり、一般的に数日の経過で改善します。

## ■治療と経過

急性胃炎の場合には、その原因検索を行います。治療は原因や誘因の除去と、内科的治療として制酸薬や胃粘膜保護薬などで炎症を抑制していきます。症状が重いときには、入院をして絶食などが必要なこともあります。発症後数日は心窩部痛や吐き気が持続しますが、自然経過や適切な治療により軽快、治癒できることが多い病気です。

慢性胃炎になると、将来的に胃潰瘍や胃がんの原因になることがありますので、ピロリ菌感染症などの原因も検査し、必要であれば除菌療法を行います。

## ■園・学校生活について

胃炎の診断を受けている子どもの場合、食事のときには、子どもの様子にあわせて少量を頻回にするなどを配慮します。定期的な水分摂取で脱水を予防することなどにも考慮します。

心理的ストレスに起因しているときには、休息（リラックス）させてあげたり、ストレス対策を講じたりすることなども必要です。

### 痛みなどの症状があるとき

痛むときや食欲がない場合は、無理に食べさせないで量を少なめにします。また、吐き気や嘔吐などを訴えているときには、保護者に伝えて受診を勧めます。

## ■日常生活の中で気をつけること

重症感染症、身体的・心理的ストレスなどの負担をかけすぎないように配慮します。また、小さな子どもの場合、誤飲による胃炎予防のために、腐食性物質や薬剤などを誤って口にしないように設置場所に注意します。

## 診断

消化管内視鏡検査、粘膜生検病理検査を行います。内視鏡検査で炎症があること、病理検査で炎症細胞浸潤があることなどで診断されます。

# 胃・十二指腸潰瘍

　胃・十二指腸潰瘍は、消化性潰瘍のひとつで消化管壁が欠損し、重症では穿孔を起こすことがある病気です。原因は薬剤やストレス、ピロリ菌感染症などが考えられます。一般的に急性が多く、瘢痕化して治癒していきます。

## ■病気の基礎知識

　胃酸や消化酵素の消化作用により、消化管壁の粘膜下層より深く欠損を生じた病態を消化性潰瘍といい、その代表が胃・十二指腸潰瘍です。胃・十二指腸潰瘍の原因はさまざまですが、急性は薬剤や身体的・心理的ストレスなどが原因で、慢性や難治性ではピロリ菌感染症によるものが多く、再発を繰り返すことがあります。

　小児の十二指腸潰瘍の80％、胃潰瘍の40％がピロリ菌感染によるとされています。

　胃・十二指腸潰瘍の原因は薬剤、身体的・心理的ストレス、感染症、刺激性物質、炎症性疾患など多岐に及びます。

### 受診の目安

- 突然の心窩部痛（胃の上部の痛み）
- 吐き気
- 嘔吐
- ぐったりしているとき
- 黒っぽい（コーヒーの残りかすのような）吐血をした場合→緊急受診を
- 慢性的な腹痛でも食欲がない、体重が増えないとき

### 胃・十二指腸潰瘍の原因

**ストレス**
外傷や熱傷・外科手術などの身体的ストレス、心理的ストレス

**薬剤**
非ステロイド性抗炎症薬、ステロイド、抗菌薬、抗腫瘍薬など

**刺激性物質**
腐食性物質や薬品など

**感染症**
ピロリ菌感染症、サイトメガロウイルス感染症など

**アレルギーなどの炎症性疾患**
炎症性腸疾患（クローン病）、自己免疫性胃炎、好酸球性胃腸炎、甲状腺疾患、糖尿病、膠原病、IgA血管炎など

**特発性**
原因の特定ができないもの

## ■症状

急性の消化性潰瘍は突然の上腹部痛、吐き気・嘔吐、コーヒーの残りかすのような吐血、タール便などがあります。

慢性の消化性潰瘍では反復性の心窩部痛や吐き気・嘔吐がみられ、食欲がなかったり、体重が増えなかったりすることがあります。

出血が多い場合や慢性に持続する場合には、貧血による顔面蒼白がみられることもあります。

## ■治療と経過

治療では、原因や誘因の除去と、内科的治療を行います。

内科的治療としては、制酸薬（ヒスタミン$H_2$受容体拮抗薬、プロトンポンプ阻害薬など）や胃粘膜保護薬などを6〜8週間内服して、瘢痕治癒をめざします。消化管出血が多量の場合や続いているときには、消化管内視鏡を使って止血処置をすることもあります。

重症の場合は、入院をして絶食などの処置を行います。また、穿孔による腹膜炎を起こしたときには、外科手術をします。

## ■園・学校生活について

心窩部痛や食欲不振がみられる場合は、食事摂取量を少なめにします。また、吐き気や嘔吐がある場合には、保護者に伝えて病院の受診を勧めます。

原因が心理的ストレスのような場合は、その対策を講じる必要があります。急性では心窩部痛や吐き気が激しいため、早期の受診を勧めてください。

胃・十二指腸潰瘍の診断を受けていて、慢性的な腹痛や吐き気・嘔吐が持続する場合は、食事を少量にし、回数を多くしてあげること、水分を摂取して脱水を予防すること、休息させてあげることなどの配慮が必要です。

## 診断

消化管内視鏡検査や消化管造影検査などを行います。消化性潰瘍がある場合にはその原因を探し、原因が特定できたら除去を検討します。

### MEMO

慢性再発性の胃・十二指腸潰瘍では、ピロリ菌感染症の検索を行い、必要であれば除菌します。

よくみられるおなかの
不調とその対応

子どもに多い胃腸・
おなかの病気　35

# ピロリ菌感染症
(Helicobacter pylori)

　ヒトの胃に感染して慢性胃炎などを引き起こす細菌がピロリ菌（Helicobacter pylori）です。数十年前の日本人では50％が感染しているといわれていましたが、生活環境の変化により現在の子どもの感染率は約5％と報告されています。

## ■病気の基礎知識

　ピロリ菌は、ウレアーゼという物質（酵素）を分泌し、アンモニアを生成して、自らを胃液（強酸性）から守ることで胃の粘液中に感染することができます。胃粘膜の上皮細胞に接着して炎症を起こし、慢性胃炎、胃・十二指腸潰瘍、胃がんなどの原因になる菌です。

　感染は経口摂取によりますが、感染時期として有力なのは乳児期といわれています。

　大人のピロリ菌感染症の慢性胃炎は萎縮性の胃炎を起こしますが、子どもでは感染への反応としてリンパ濾胞を形成して胃炎を起こします。慢性的な胃炎は、数十年という時間の経過とともに細胞の異形成やがん細胞をも引き起こします。子どものピロリ菌は、慢性胃炎のほかに、鉄欠乏性貧血や血小板減少性紫斑病の原因にもなります。

### 受診の目安
・心窩部痛などの症状が続くとき

慢性胃炎、胃・十二指腸潰瘍がある場合には受診してください。症状による精査の結果、Helicobacter pyloriと判明することが多いです。

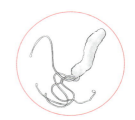

ピロリ菌
（微好気性のグラム陰性らせん形桿菌）

## ■症状

　ピロリ菌感染症の特徴的な症状は、慢性胃炎による心窩部痛や吐き気、嘔吐、食欲不振などです。疲れやすさや紫斑などの症状がみられることもあります。

胃のあたりの痛み

吐き気・嘔吐

食欲がない

## ■治療と経過

ピロリ菌は、除菌療法により除菌することが可能です。ピロリ菌感染症と診断された場合は、適切な抗菌薬で除菌療法を行います。基本的な除菌療法はプロトンポンプ阻害薬と2種類の抗菌薬を7～14日間内服します。

細菌感染症ですので細菌培養、感受性試験を行い、耐性のない抗菌薬を使用して除菌することが望ましいと考えられています。

## ■園・学校生活について

ピロリ菌感染症と診断を受けた子どもがいる場合、心窩部痛があったり、食欲がなかったりしたときは無理に食べさせないようにします。また、吐き気や嘔吐などを訴えているときには、保護者に伝えて受診を勧めます。普段の食事のときにも、子どもの様子にあわせて少量にし、回数を多くするなどの配慮をします。

日中、園や学校で薬を飲む場合には、飲み忘れなどがないよう飲む場所や時間、声かけなどについて、あらかじめ保護者と取り決めをしておきます。

ピロリ菌は経口感染ですが、感染児が嘔吐した場合、吐物内にピロリ菌が存在している可能性があります。吐物処理は慎重に行い、吐物に触れないような対応が必要です。

### ピロリ菌除菌療法に使用する薬剤

| 胃酸の分泌を抑える薬（プロトンポンプ阻害薬） |
|---|
| ランソプラゾール、オメプラゾール、ラベプラゾール |
| **抗菌薬（1次除菌）** |
| アモキシシリン、クラリスロマイシン |
| **抗菌薬（2次除菌）** |
| アモキシシリン、メトロニダゾール |
| **ほかに使用される抗菌薬** |
| レボフロキサシンなど |

### MEMO

ピロリ菌の感染は乳児期に起こるといわれていますが、具体的な経路が不明ですが、感染予防策としては、離乳食を口移しであげたりしないことです。

---

### 園・学校で教職員が配慮すること

**食事について**

食欲がないなど、調子の悪いときには無理に食べさせないようにします。

**薬の服用について**

抗菌薬などは飲み忘れのないように保護者と時間などの取り決めをして、本人への声かけなどを行います。

**嘔吐したとき**

吐物にピロリ菌が存在している可能性があるので、処理をする際の取り扱いに注意します。

# ウイルス性胃腸炎

　ウイルス性胃腸炎は、ウイルスが感染することで起こる急性胃腸炎です。主なウイルスは、ロタウイルス、ノロウイルスなどがあります。園や学校で流行する可能性がありますので、吐物や下痢便の処理について注意が必要な病気です。

## ■病気の基礎知識

　ウイルスに感染してから1～3日の潜伏期間のあとに嘔吐、発熱、腹痛、下痢などの症状がでる病気です。重症になると脱水症を引き起こし、入院加療が必要な場合もあります。
　原因ウイルスは、ロタウイルス、ノロウイルス、サポウイルス、アデノウイルスなどがあります。

主なウイルス性胃腸炎の特徴

| ウイルス | 特徴 | 潜伏期間 |
|---|---|---|
| ロタウイルス | 冬～春、6か月～2歳<br>激しい嘔吐と白色便 | 48～72時間 |
| ノロウイルス | 通年（秋～冬）、乳幼児～成人<br>集団感染でも発生 | 18～48時間 |
| 腸管アデノウイルス | 通年（夏＞冬）、6か月～2歳 | 3～10日 |
| サポウイルス | 通年（冬季）、乳幼児 | 18～48時間 |
| アストロウイルス | 通年（夏＜冬）、乳児～2歳 | 1～4日 |

### 受診の目安
・嘔吐や下痢が連続して数回以上続くとき
・便が白い（ロタウイルスの可能性）
・脱水症がみられるとき

脱水症状の目安：尿量が減る、尿の色が濃くなる、目がくぼむ、皮膚のしわが増えるなど。また、5％以上の体重減少があった場合には脱水症を疑います。例えば、体重10kgの子どもが9.5kg未満に減少してしまった場合は緊急に受診します。

## ■症状

　胃腸炎のウイルスは、小腸上皮に感染すると炎症を起こし浮腫や消化吸収障害となります。嘔吐と水っぽい下痢が主な症状です。ほかに発熱、腹痛、食欲不振などがあります。嘔吐や食欲不振、下痢から容易に脱水症を起こすことがあるので、注意が必要です。
　ロタウイルス胃腸炎の合併症として、まれに「胃腸炎関連けいれん」があります。嘔吐や下痢の胃腸炎症状がみられているときに、突然数分の全身性けいれんを何回も繰り返すことがあります。翌日にはけいれんはなくなり、後遺症は残さないといわれています。

## ■治療と経過

ウイルス性胃腸炎は一般的には嘔吐症状から始まり、その後に水っぽい下痢がみられます。対症療法で、1週間程度で軽快していきます。血便はみられません。

下痢が持続している場合には、経口補水液を摂取して脱水を予防していくことが重要です。なかでもロタウイルスは、嘔吐、脱水が最も重症といわれていますが、どのウイルスでも基本的な対処法は同じで、経口補水液を使用して脱水を予防します。

乳幼児では、下痢が2週間以上続くと、腸炎後症候群といわれる、二次性の乳糖不耐症や二次的に食物アレルギーを併発している可能性があります。

乳児では、おむついっぱいに下痢便が出ることがあります。

## ■園・学校生活について

嘔吐の症状から始まることが多いため、嘔吐する子どもがみられたら、ウイルス性胃腸炎を念頭に対処する必要があります。吐物や下痢便の処理をする場合には、使い捨て手袋やマスクをして処理し、処理のあとには十分な手洗いを行います。吐物などで汚染した床は、次亜塩素酸水で消毒をします。

園や学校で、子どもが嘔吐や下痢を起こした場合には、保護者に引き取りの連絡をします。保護者に引き渡すまでは、経口補水液を摂取させるなど、脱水症に注意し、保護者に病院の受診を勧めます。

ウイルス性胃腸炎の原因ウイルスは伝染力が非常に強いため、まとまって発生した場合は、園や学校内での二次感染対策（学級閉鎖など）が集団予防となります。

集団で発症した場合には、保健所への通報も必要です。

## ■日常生活の中で気をつけること

ウイルス感染症であるため、ウイルスに接触しないことが一番の予防です。周囲で流行しているかどうかを日ごろから確認しておき、流行している時期には、手洗い・うがいなどの予防策を念入りに行いましょう。また、嘔吐や下痢の症状がでている人と接触しないこと。接触した場合には十分な手洗いを行います。

> **MEMO**
> ロタウイルスでは、安全で有効なワクチンが導入されています（摂取可能期間は生後2か月から6か月の間）。

# 細菌性腸炎

細菌性腸炎は、細菌に汚染された飲食物を摂取することで発症する急性腸炎です。原因細菌はカンピロバクター、サルモネラ、病原性大腸菌などがあります。園や学校で集団発生してしまう可能性があり注意が必要です。

### ■病気の基礎知識

細菌性腸炎は夏季に多く、細菌に汚染された飲食物から感染して1～7日の潜伏期間のあとに嘔吐、発熱、腹痛、下痢、血便などを起こす病気です。集団発生した場合は細菌性食中毒といいます。サルモネラとカンピロバクターの頻度が高く、菌血症の合併にも注意が必要です。

**受診の目安**
・嘔吐
・腹痛
・下痢
・血便を数回以上繰り返す
・脱水症がみられるとき（おしっこの量が減った、おしっこの色が濃い、眼がくぼんでいる、皮膚のしわが増えた、ぐったりしているなど）

### ■症状

嘔吐、発熱、腹痛、血便などがあります。脱水症を伴うと、尿量低下、皮膚のたるみ、口の中の乾燥などがみられます。ベロ毒素陽性腸管出血性大腸菌感染症に溶血性尿毒症症候群を合併した場合は血尿、浮腫、紫斑などを起こすことがあります。

細菌性腸炎の特徴

|  |  | 主な特徴 | 潜伏期 |
|---|---|---|---|
| 病原性大腸菌 | 感染型 | 原因は主に肉類。牛肉の感染が多く報告されている。ベロ毒素が陽性のものを腸管出血性大腸菌感染症という。溶血性尿毒症症候群、血栓性血小板減少性紫斑病、脳症を合併 | 3～4日 |
| サルモネラ | | 原因は生卵など 5～10%に菌血症を合併 | 8～72時間 |
| カンピロバクター | | 原因は鶏肉、豚肉など 細菌性下痢症で最も多く、菌血症を合併 | 1～7日 |
| エルシニア | | Yersinia pseudotuberculosis感染症（仮性結核）では川崎病の類似症状を呈する | 1～10日 |
| 赤痢菌 | | 夏季に多い、輸入感染症 | 12時間～数日 |
| ボツリヌス菌 | 毒素型 | 原因ははちみつなど | 1～3時間 |
| 黄色ブドウ球菌 | | 原因はおにぎりなど | 12～36時間 |

## ■治療と経過

　細菌に汚染された飲食物を摂取し、数時間〜10日の潜伏期間のあと、嘔吐、腹痛、下痢、重症な場合は血便などがみられます。細菌性腸炎が疑われた場合には便培養を行い、原因菌の特定に努めます。原因菌、または病状によって抗菌薬を投与する除菌治療と、整腸剤を投与して排菌する治療を行います。

　カンピロバクター腸炎ではギランバレー症候群、ベロ毒素陽性腸管出血性大腸菌感染症では溶血性尿毒症症候群、サルモネラでは敗血症や脳症を合併することがあります。細菌性腸炎でもウイルス性胃腸炎と同様に、経口補水液を摂取して脱水を予防していくことが大切です。

## ■園・学校生活について

　細菌性腸炎が疑われる症状がみられた場合には、まわりの子どもにも同様の症状がないかを確認します。

　吐物や下痢便の処理をする場合には、使い捨て手袋やマスクをして処理すること、処理のあとには十分な手洗いを行います。ウイルス性胃腸炎より伝染力は強くありませんが、集団発症の可能性があります。園や学校内での二次感染予防を行う必要があります。吐物などに汚染した床にはアルコールなどで消毒を行います。

　保護者への連絡後、引き渡しまでは、脱水症に注意しながら必要に応じて経口補水液を摂取して待ち、保護者に病院への受診を勧めます。

　集団で発症した場合には、保健所への通報も必要です。

## ■日常生活の中で気をつけること

　生の食肉や作り置きした食物などに病原菌が付着している可能性がありますので、子どもは摂取を避けるようにします。

　嘔吐や下痢の症状がある人とは接触しないなど、二次感染を予防します。万が一接触した場合には、十分な手洗いを行うことなどで細菌が伝播しないようにします。

---

**MEMO**

汚染食物で腸管感染する感染型（サルモネラ、カンピロバクター、エルシニアなど）、食物に付着した細菌が増殖して産生した毒素を摂取して発症する毒素型（ブドウ球菌、セレウス菌、ボツリヌス菌など）、腸管内で増殖した細菌の産生する毒素による生体内毒素型（腸管出血性大腸菌など）に分類されます。ベロ毒素陽性腸管出血性大腸菌感染症では溶血性尿毒症症候群を合併することがあるため、慎重な経過観察が必要です。

---

よくみられるおなかの不調とその対応

子どもに多い胃腸・おなかの病気 35

# 寄生虫

寄生虫はヒトの体内に寄生して生活する生物のことです。以前は多くの感染がみられましたが、最近は生活環境の向上とともに減少しています。

## ■病気の基礎知識

寄生虫は、ノミやダニのように体表面に寄生する外部寄生虫と、生体内部に寄生する内部寄生虫に分けられます。

一般的な寄生虫は内部寄生虫を指します。内部寄生虫のうち、原虫は単細胞のなかに摂食・運動・代謝・生殖などの機能を持った生物で、蠕虫類（ぜんちゅう）は多細胞の生物です。

### 受診の目安
- 肛門周囲がかゆい
- 常に肛門周囲をいじっているとき
- 腹痛
- 長引く下痢
- 便の異常（虫体の存在が確認できるなど）

## ■症状

感染した寄生虫にもよりますが、腹痛や下痢といった症状を起こします（下記参照）。

### 代表的な寄生虫の特徴

| 種類 | 寄生虫名 | 特徴と症状／診断と経過 |
|---|---|---|
| 原虫 | 赤痢アメーバ | 経口感染で大腸に寄生し、多発潰瘍を生じることで腹痛、血便などを起こします。<br>便検査で診断し、抗菌薬で駆除します。〔アメーバー赤痢〕 |
| 原虫 | ランブル鞭毛虫 | 経口感染で主に小腸に寄生します。腹痛や下痢を起こします。<br>便検査で診断し、抗菌薬で駆除します。〔ジアルジア症〕 |
| 蠕虫類 | アニサキス | 幼虫が寄生しているサバやイカなどの魚介類を生食すると、数時間後から強い腹痛を認めます。<br>内視鏡検査で虫体を確認し診断します。できるだけ摘出して治療します。〔アニサキス症〕 |
| 蠕虫類 | 蟯虫 | 虫卵を経口摂取して感染します。ヒトの盲腸部に寄生しますが、夜間眠っている間に肛門周囲の皮膚に卵を産みつけるため、かゆみがあります。<br>肛門周囲のテープで検査して診断します。駆虫薬で駆除します。家族や保育園で一斉に駆除することが望ましいです。〔蟯虫症〕 |
| 蠕虫類 | 条虫類 | いわゆるサナダムシです。幼虫のいるマスやサケなどを生食することで感染します。無症状か軽度の腹痛と下痢を呈するのみですが、排便時に長い虫体が肛門から垂れさがることで気づきます。<br>診断は排出された虫体で行います。駆除薬や下剤などで駆除しますが、虫体の頭が排出されたことを確認します。〔条虫症〕 |

## ■治療と経過

抗菌薬や下剤などを使用して駆除することで治癒します。しっかり駆除できたかどうかを確認するため、1～2か月の期間をあけて便検査を受けます。

## ■園・学校生活について

園・学校で蟯虫の発生、発見に気づくことが多いと思われます。肛門周辺をかゆがったり、常にいじったりしているなど、気になる場合には保護者に伝え、受診を勧めます。同時に、肛門周囲にかゆみや違和感がある子どもには、伝播させないように肛門部を触ってしまった手でほかのものを触らないような指導をします。

寄生虫が複数の子どもに検出された場合には、同時に駆除しないと繰り返し感染してしまう可能性があります。園や学校、家庭も含めた感染の検索、一斉駆除を促す情報の開示（おたよりのプリント配布や掲示など）を行います。

## ■日常生活の中で気をつけること

肉・魚介類などの生食を避けるようにすること、おむつがえなどで便に接触したあとには十分な手洗いが必要です。

> **MEMO**
> 平成26年4月30日付けで、学校保健安全法施行規則の一部改正が行われ、平成28年度より蟯虫検査が必須項目から削除されましたが、寄生虫卵検査の検出率には地域性があり、一定数の陽性者が存在する地域においては、平成28年度以降も必要に応じて寄生虫対応に取り組む地域もあります。

**Q1 食中毒や寄生虫などの感染症予防のために、気をつけるべき食品を教えてください。**

**A** 細菌も寄生虫も、汚染された食べ物を摂取することで感染します。たとえば、生の肉（鶏肉、豚肉、牛肉）、魚（サバ、サケ、タラ、イカなど）、野菜（無農薬や有機物を肥料にした場合）などです。また、食中毒では調理後数時間放置したおにぎりなどの中で細菌が増殖することが原因になることもあります。

特に、気温が高い時期のバーベキューや釣り、海水浴場などで、肉や魚を食べるときには、しっかり火が通ったことを確認して摂取する、生ものを手で触った場合には、こまめに手洗いをすることをお勧めします。

# 腸閉塞（イレウス）

腸閉塞（別名：イレウス）とは、腸管が内容物を通せないくらいに狭くなったり閉塞したりする病気です。腸閉塞の一部では腸管への血流障害が生じ、緊急手術が必要になる場合があります

## ■病気の基礎知識

腸の中にある内容物の通過障害を腸閉塞といいます。腸管内外の器質的な閉塞を機械的イレウス、腸管のぜん動障害による腸管内容物の通過障害を機能的イレウスと分類します。

### 受診の目安
- 激しい腹痛がある
- 胆汁性嘔吐を認めた場合（経過観察をせず、すぐに受診）
- 腹部の手術歴がある子どもが突然、激しい腹痛を訴えたとき
- 嘔吐したものが緑色のとき（胆汁を含んだもの）

腸閉塞の分類と特徴

|  |  | 特徴 |
|---|---|---|
| 機械的イレウス | 単純性 | 腸管が何らかの原因によって狭窄・閉塞している状態です。腸の中が渋滞してつまってしまうことで腹痛や胆汁性の嘔吐を認めます。おなかの手術の後に合併することがあるため、再発が多いです。内科的治療で改善することもありますが、手術が必要な場合もあります。 |
| 機械的イレウス | 絞扼性（こうやくせい） | 単純性イレウスに血流障害を伴ったものです。進行した場合は、壊死（腸管が死んでしまう）、穿孔（穴があくこと）や腹膜炎を併発します。緊急的な手術が必要で、場合によっては腸管を大量に切除しなくてはなりません。 |
| 機能的イレウス |  | 感染性胃腸炎や手術直後に腸管のぜん動が悪くなることで腸閉塞状態になったもので、麻痺性イレウスといいます。緊急手術の必要性はないですが、イレウス管というチューブを鼻から腸まで入れて減圧したり、ぜん動を促す内服薬を服用したりします。 |

## ■症状

突然の腹痛、腹部膨満、胆汁性嘔吐があります。ほかに排便の消失、脱水症などの症状がみられます。重症ではおなかが痛すぎて苦しくもだえるような表情、腸管穿孔による腹膜炎やショック状態になることがあります。

## ■治療と経過

腸閉塞の診断は、腹部X線検査、超音波検査、CT検査などで行われます。腸管の状態、閉塞機転、腸管壁血流の有無を確認し、治療方針を検討します。治療の最初は絶飲食と持続点滴を行います。単純性イレウスの場合は、イレウス管を鼻から小腸まで挿入して腸管内を減圧する治療を行います。

減圧により症状が改善するようであれば、水分補給から再開していきます。ただし、単純性イレウスでは再発率が高いと考えられます。単純性イレウスでもイレウス管の保存的治療でも改善しない場合は、手術による治療となります。絞扼性イレウスでは腸管血流が低下しているため、緊急手術を行って解除する必要があります。血行障害が強い場合には、腸管切除も行うことがあります。

## ■園・学校生活について

突然の激しい腹痛と吐物が緑色である胆汁性嘔吐を認めた場合には、緊急に病院の受診が必要です。その場合には、腸閉塞の既往、腹部の手術歴、排便があるか、排尿があるか、意識障害がないかなどを確認する必要があります。腸閉塞が考えられる場合には、園・学校で経過観察をせずに緊急受診します。

## ■日常生活の中で気をつけること

腸閉塞の既往や腹部の手術歴がある場合には、常に腸閉塞を発症する可能性を考えます。日常生活では暴飲暴食など、腸管に一気に負担をかけるような食事摂取を避けます。

---

**MEMO**

絞扼性イレウスの場合には、血流障害から広範囲腸管切除になり得るため、早期受診が望まれます。

よくみられるおなかの不調とその対応

子どもに多い胃腸・おなかの病気 35

# 機能性消化管障害（FGIDs）

　機能性消化管障害は、腸管の器質的疾患がなく、腸管のぜん動障害が起こることによって腹痛や下痢などの症状がみられる病気です。発症には心理的背景が関与していると考えられます。ROMEⅢという国際診断基準によって診断され、治療が行われます。

## ■病気の基礎知識

　機能性消化管障害は症状の違いにより、過敏性腸症候群、機能性ディスペプシア、機能性腹痛、機能性便秘症、腹部片頭痛などに分類されます。発症に自律神経の働きによる脳腸相関が関与しているため、心身的ストレスが原因であると考えられています。また、感染性腸炎のあとに過敏性腸症候群を発症することがあり、病態の一部は消化管炎症が神経系を刺激して発症する可能性も考えられています。

　症状が持続する場合や、頭痛や四肢の痛みなどのほかの症状も併発する場合には、抑うつ、不安、不登校、引きこもり、虐待、学習障害、自閉症スペクトラム、統合失調症などが合併していることもあるため、児童精神科の受診も必要になります。

> **受診の目安**
> ・繰り返す腹痛
> ・しつこい便秘
> ・突然の頻回下痢
> ・トイレ時間が長いことで学校に遅刻するなど、気になることがあり、1～2か月以上続いている場合

腹痛

下痢

便秘

頭痛や吐き気など

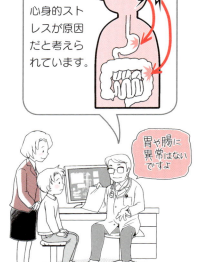

心身的ストレスが原因だと考えられています。

胃や腸に異常はないですよ

病院の検査などでは目に見える異常はありません。

ROMEⅢによる代表的な小児機能性消化管障害の分類と診断基準

| | 特　徴 |
|---|---|
| 小児の過敏性腸症候群 | 便秘型と下痢型、混合型に分類されます。腹痛や腹部不快感、便意の切迫やトイレ時間が長いなどを伴います。症状は排便によって改善されます。睡眠中の排便はありません。 |
| 小児の機能性ディスペプシア | 反復性または持続的な上腹部の疼痛や不快感があります。排便によって改善されません。睡眠中の腹痛は基本的にありません。 |

**MEMO**

Romeとは、機能性消化管障害の診断において国際的に共通の認識をもつための会で、診断基準などの定期的な見直しをしています。現在日本でも使用されているものが最新版のRomeⅢです。

## ■症状

機能性消化管障害に共通している点は、胃腸に潰瘍や炎症などの目に見える器質的疾患がないことです。そのほかにも、消化管出血がない、睡眠中には腹痛がないことや、排便によって覚醒しない、夜より朝に症状が強い傾向がある、成長障害がないことなどが特徴としてみられます。

### 過敏性腸症候群

硬便になる便秘、水様便になる下痢、その両者を繰り返す症状があります。また、排便で軽快する腹痛、便意切迫、トイレに長時間こもるなどの症状も多くみられます。

### 機能性ディスペプシア

上腹部を中心とした腹痛や腹部不快感、嘔気などがあり、反復性または持続的な腹痛があります。

下痢、便秘を繰り返す。

トイレに入るとなかなか出てこない。

おなかの痛みを訴える。

朝になるとおなかが痛くなる。

夜はぐっすり眠れている。
（痛みを感じない）

## ■治療と経過

　機能性消化管障害の診断基準を満たす症状がある場合には、まず警告徴候がないかを確認します。警告徴候がなければ機能性消化管障害の治療を開始します。

　治療前か治療に反応がない場合（薬を服用しても、腹痛などの症状がよくならないとき）には、カメラ検査などを行って器質的疾患がないかを調べます。

　消化管のぜん動障害であること、生活の乱れ、家族や学校での人間関係などが要因になっている可能性があること、すぐに症状を改善させることは難しいこと、腹痛や排便障害をコントロールしながら日常生活を送ることを目標とする、などを説明します。

　薬剤は対症療法が基本です。整腸剤や消化管ぜん動改善薬などの内服で症状を軽減できることもあります。

### MEMO

器質的疾患を示唆する「警告徴候」がみられた場合には、器質的疾患を診断するための精密検査が必要です。下に警告徴候を示します。

**警告徴候**

- ・消化管出血
- ・肛門周囲病変
- ・持続する右上腹部痛または右下腹部痛
- ・持続性嘔吐
- ・睡眠中の腹痛、下痢
- ・体重減少、成長障害
- ・原因不明の発熱
- ・思春期遅発
- ・関節炎
- ・消化管疾患の家族歴
- ・嚥下困難
- ・免疫不全症・小児がんの既往歴

機能性消化管障害の診断基準

| | 診断基準 |
|---|---|
| 小児の過敏性腸症候群 | 以下のすべてを満たすこと<br>1. 腹部不快感または腹痛を繰り返し、以下の項目のうち2つ以上を少なくても25%の割合で伴う。<br>　a. 排便により軽減<br>　b. 排便頻度の変化に始まる<br>　c. 便性状の変化に始まる<br>2. 症状を説明できるような炎症性、形態的、代謝性、腫瘍性病変を認めない。<br>1週間に1回、2か月間にわたって満たしていること。 |
| 小児の機能性ディスペプシア | 以下のすべてを満たすこと<br>1. 持続性または反復性の上腹部の疼痛または不快感<br>2. 過敏性腸症候群のように、排便で軽減したり便性状や便回数の変化で始まったりすることがない。<br>3. 症状を説明できるような炎症性、形態的、代謝性、腫瘍性病変を認めない。<br>1週間に1回、2か月間にわたって満たしていること。 |

## ■園・学校生活について

園や学校で心理的ストレスがかかるようなことを避ける対策が必要です。先生から受ける恐怖心、ストレスとなる友人関係の解消が症状の改善につながることがあります。家族や先生が、患児の訴える消化器症状を心理的なもの・詐病として軽く受け止めて取り合わない場合には、症状の改善がみられないこともあります。家族、学校、医療者の理解と協力が治療の大前提にあるという認識が必要です。

友だちの理解

先生の理解

家族の理解

## ■日常生活の中で気をつけること

規則正しい生活を送ること、食事は脂肪分や刺激物などは控え、腹痛や下痢が起こりにくいものを摂取します。心理的アプローチとしては、症状の誘因があるようなら問題解決にあたり、病状を理解して対応することが重要です。家族、学校、医療者の理解と協力が治療の大前提にあるという認識が必要です。

食事への配慮

早起き早寝

運動などでのストレス解消

# 過敏性腸症候群（IBS）

過敏性腸症候群（別名：IBS）は、さまざまな原因により引き起こされる繰り返す腹痛または腹部不快感に下痢や便秘などの便通の異常はあるけれども、症状の原因となる病気がない機能性消化管障害（FGIDs：functional GastroIntestinal Disorders）のひとつです。

## ■病気の基礎知識

自律神経を介する脳腸相関（消化管運動機能異常－内臓知覚過敏）が関与した病態です。遺伝的素因、炎症、ストレス、消化管ホルモン、腸内細菌、心理的状態など多くのリスク要因によって、腸の運動が不安定になり、痛みを感じやすくなったり、下痢になったり便秘になったりします。

小児の6〜14％が過敏性腸症候群と診断されます。好発年齢は、思春期から若年成人です。

## ■症状

基本的には、腹痛、下痢もしくは便秘などの便通異常に加え、切迫した便意やトイレが長いなどの症状があります。

便通異常には、便秘型、下痢型、混合（下痢＋便秘）型に分類されます。さらには、不安、不登校、引きこもり、学習障害などの合併を引き起こすこともあります。

> **受診の目安**
> ・2か月以上にわたり、週1回以上の頻度で、下痢や繰り返す腹痛が続くとき
> ・不登校や引きこもり傾向などがある場合（児童精神科や心療内科などの受診も）

便通異常

便意を感じることが多い

腹痛

## ■治療と経過

まずは、器質的疾患を除外して、機能性の腹痛であることを患者、家族に伝えます。主治医と良好な関係を確立し、原因をみつけていきます。

機能性腹痛ではありますが、養護教諭だけでなく、学校の先生、家族は痛みがあることを理解します。治療として症状をなくすことは難しいので、症状をどのようにコントロールして日常生活を送っていくかを話しあうことが重要です。学校の協力が得られるようなら、学校、家族、主治医と協力し、原因となることの解決および治療を進める必要があります。

異常がなくても家族や周囲の人に理解してもらうことが予防、治療となります。

## ■園・学校生活について

急にトイレに行きたくなる場合に、トイレに行けない環境はストレスとなり、悪化の原因となるので、トイレを利用しやすい環境を整えます。

腹痛のために、遅刻したり、早退したりする場合があることを理解して、病院、家族だけではなく、学校も一緒に原因や治療を考えるように配慮します。食事や運動により症状が誘発されることがありますので、本人の体調にあわせて、刺激物を控えたり、見学したりするなどの対応をしてください。体調が悪い場合には、すぐに自宅に戻さずに、保健室などで休憩するなど、本人が安心できる環境も確保しましょう。

## ■日常生活の中で気をつけること

規則正しい生活を心がけます。特に朝、決まった時間に起床することや、外出して体内リズムを安定させることは重要です。症状の誘因となる刺激物や炭酸水などの摂取は控えます。

家庭では、怠けているのではないことをきちんと理解し、話を十分に聞いて、症状を受け止めます。家庭環境も含め、家族全体が治療の対象であることを理解してます。

また、生活リズムを崩さないように規則正しい生活をしましょう。

---

**過敏性腸症候群の診断基準**

診断前少なくとも2か月間にわたり、週1回以上基準を満たしていること。以下の両方の項目があること。

1. 下記の2項目以上と関連のある腹部の不快感*や疼痛を少なくとも25％以上に伴う
   a. 排便によって改善する
   b. 発症時に排便頻度の変化がある
   c. 発症時に便形状（外観）の変化がある
2. 症状の原因となるような炎症性、形態的、代謝性、腫瘍性病変がない

＊不快感とは、痛みとはいえない不快な気分を指します。

# 周期性嘔吐症

　周期性嘔吐症は、1～3日間持続する嘔吐の発作を周期的に繰り返す症候群であり、間欠期には全くの正常で数年の経過により自然軽快していく特徴がある病気です。

## ■病気の基礎知識

　周期性嘔吐症は、周期的に嘔吐発作を繰り返す病気です。心理的または身体的なストレスや緊張状態によって、脳と消化器系が過剰に反応することで全く症状がない元気なときと、嘔吐などの発作とを、繰り返すと考えられています。

　発作が出ない期間は全く症状がありません。アセトン血性嘔吐症、自家中毒症などといわれることもあります。

　片頭痛の家族歴があること、嘔吐発作は突然に発症し突然に回復すること、成人期に片頭痛に移行することがあること、頭痛の随伴症状が多いこと、片頭痛の治療薬が有効な場合があることなどから、周期性嘔吐症は、小児の片頭痛のひとつと位置づけられています

**受診の目安**
・嘔吐を繰り返した場合

周期性嘔吐症と診断されている子どもでは、突然に起こる嘔気、嘔吐がみられた場合には発作と考えます。

## ■症状

発作的に起こる繰り返す嘔気、嘔吐が主症状で、発作がないときは全くの無症状であることが特徴です。嘔吐の発作中は自律神経系のなかで交感神経系が過剰興奮状態であるため、頻脈、蒼白、ぐったり、※傾眠傾向などが起こります。

## ■治療と経過

治療は、嘔吐発作時の治療と発作予防に分けて考えます。嘔吐発作時の治療は、基本的に対症療法です。制吐薬の投与や脱水症の合併時には点滴を行います。発作予防は、発作の誘因となるものを除去することです。心理的、身体的ストレスが誘因であれば、心理的カウンセリングが発作回数の減少に有効であるといわれています。

発作予防のための内服薬は、1か月に1回以上の発作、または症状が重症で発作時に入院加療を必要とする場合に行います。

発症後2〜5年程度で自然軽快することが多く、予後は良好な病気ですが、まれに成人期まで症状が持続する場合や、片頭痛に移行する場合もあるため、長期にわたる経過観察が必要となります。

## ■園・学校生活について

周期性嘔吐症と診断されている子どもが、吐き気や嘔吐をした場合には、保護者に連絡をして病院の受診を勧めます。また、心理的ストレスが誘因になることが多いため、年間行事などの直前に嘔吐発作が起こる可能性があります。

## ■日常生活の中で気をつけること

突然の嘔吐発作に注意が必要です。発作を起こした場合には受診します。また、心理的ストレスを強く受けないような対処も必要です。

※**傾眠**…意識がなくなっていく、睡眠中のような状態。

### 診 断

診断の決め手となる検査はありませんが、臨床経過と嘔吐発作の特徴、器質的疾患を除外した後に診断されます。

### MEMO

片頭痛の家族歴がある場合には発症の可能性を考えます。発作予防には内服薬や心理カウンセリングなどが有効です。

# 好酸球性消化管疾患

好酸球が消化管の粘膜に入り込み、免疫反応により炎症を起こして、繰り返す腹痛や血便などのさまざまな症状を起こします。原因となる食べ物がわかった場合には、除去をするとよくなることもあります。

## ■病気の基礎知識

食べ物などの何らかの原因により、IgE（免疫ブログリンE）を介した免疫機序に加え、好酸球が食道、胃、腸に浸潤し、好酸球に関連した免疫機序により浸潤した臓器に炎症が誘導され、さまざまな症状が出現します。

基本的には、食物アレルギーやアトピー性皮膚炎などのアレルギー疾患を持っている人に多く認められ、ほかの消化管疾患や好酸球が増加する病気を除外する必要があります。

## ■症状

食道に好酸球が多数浸潤した"好酸球性食道炎"では、乳幼児では哺乳障害、幼児から学童では嘔吐や吐き気、学童期以降では、腹痛、嚥下障害、つかえ感などが主な症状です。

胃や腸に好酸球が多数浸潤した"好酸球性胃腸炎"では、嘔吐、下痢、腹痛、吸収不全による低蛋白血症や貧血などが認められます。治療に反応性が良好のものもあれば、再燃を繰り返し、慢性の経過を示すものもあります。

### 受診の目安

- 2か月以上にわたり、週1回以上の頻度で、下痢や繰り返す腹痛が続くとき
- 強いアレルギー疾患を持っていて、下痢や繰り返す腹痛が続くとき
- 家族に好酸球性消化管疾患の方がいて、気になる下痢や繰り返す腹痛がある
- 嘔吐や吐き気などの症状が長く続いて、ほかの薬を飲んでもよくならない場合

嘔吐や吐き気

つかえ感など

## ■治療と経過

血液検査をすると、好酸球が増えていることが多いです。しかし、必ずしもそうとは限らずアレルギー検査によってわかる場合もあり、そうでない場合もあります。最終的には、内視鏡検査を行い、消化管の組織に好酸球が浸潤しているのを確認することで確定診断となります。

治療は、原因となる食物の除去が基本ですが、原因が不明な場合には、ステロイド薬を使用することもあります。治療に反応性が良好のものもあれば、再燃を繰り返し、慢性の経過となる場合もあります。

## ■園・学校生活について

主治医の指示に従って原因となる食べ物の除去食を行うことです。アナフィラキシーほどの重篤な症状はありませんが、腹痛や嘔吐・下痢などがみられる可能性があるので、誤食に注意します。万一、食べてしまった場合には、家族に連絡して、体調の変化に注意します。

## ■日常生活の中で気をつけること

この病気は食物中のアレルゲンが原因となって起こることが多いのですが、原因食品を食べてすぐに症状が起こるわけではないので、原因食材がよくわからない場合が大半です。しかし、ときには牛乳や卵など決まった食品を食べて調子が悪くなりやすいことによって気づくこともあります。気になることがあれば、かかりつけ医に相談します。

また、症状が季節によって出現したり悪くなったりすることもあります。症状と食物や環境の変化との関連は、治療法の選択に重要な場合があります。

---

**MEMO**

海外では卵、牛乳、小麦、大豆、ナッツ類、海産物の6つが原因として考えられ、除去することで症状が改善するという報告があります。これらのうちアレルギーが疑われたものは、摂取を控えるようにしましょう。

---

よくみられるおなかの不調とその対応

子どもに多い胃腸・おなかの病気　35

# 消化管アレルギー

特定の食べ物などを摂取したときに、消化管粘膜の免疫学的機序を介して体に不利益な反応が起こることを食物アレルギーといいます。1歳未満に多く起こり、年齢を重ねると減っていきますが、どの年齢でも起こり得ます。除去が必要なものをきちんと判断し、不必要な制限を行わないことが重要です。

## ■病気の基礎知識

いろいろな免疫学的機序が関与して起こります。多くは食物を摂取して、30分から1時間すると蕁麻疹や腹痛・嘔吐などの症状が出現する「即時型」ですが、細胞性免疫を介した反応として、数時間経過したあとに下痢などが出現する「遅延型」があります。

特に、問題になるのは即時型のなかでも「アナフィラキシーショック」であり、生死に関わる重篤な反応が出現することがあります。鶏卵、乳製品、小麦が主な原因ですが、3歳までに50％、学童までに80〜90％が摂取可能となります。

### 受診の目安
蕁麻疹や嘔吐、下痢などのアレルギーが疑われる症状があった場合（原因となる食物の判断のためすぐに受診。専門医の受診が望ましい）

### 皮膚症状
・掻痒（そうよう）
・蕁麻疹（じんましん）
・湿疹など

### 消化管症状
・腹痛
・嘔吐
・下痢
・血便

### 粘膜症状
眼…結膜充血や浮腫、流涙、眼瞼（がんけん）浮腫
鼻…くしゃみ、鼻汁
口・咽頭…違和感、イガイガ感、かゆみなど

### 呼吸器症状
・苦しさ
・のどのはれや違和感
・せき
・嗄声（させい）や喘鳴
・呼吸困難など

### アナフィラキシー
・頻脈
・ぐったりする
・血圧低下
・意識障害など

## ■症状

皮膚症状、目や鼻などの粘膜症状のほかに消化管症状、呼吸器症状と、症状はさまざまです（p.106 参照）。そのほかにひどくなると、アナフィラキシーもみられ、多臓器症状に加え、頻脈、ぐったり、血圧低下、意識障害などが認められます。

## ■治療と経過

原因が不明な場合は、血液検査などで原因を判断し、原因と判断された食べ物を除去します。①少しでも食べると症状がでる食べ物の除去、②原因食物であっても、症状がでない範囲までは食べられる、と必要最小限の除去を行いましょう。念のためなどといって、必要以上に除去する食べ物を増やさないこと、食べられる範囲までは積極的に食べるようにしていくことが大切です。

## ■園・学校生活について

アレルギー疾患用の生活管理指導表を確認し、必要な食物除去の確認、発現症状などが個人によって異なることを十分に把握しておき、誤食に注意することが重要です。

基本的には主治医からの指示に従いますが、症状出現時は、せき込みなどの軽度の呼吸器症状や、単発の嘔吐などに対しては経口ステロイドや抗ヒスタミン薬などの内服をします。繰り返す嘔吐や喘鳴、ぐったりしてきてアナフィラキシーが疑われる場合には、自己注射薬エピペン®を投与し、救急要請をして、医療機関を受診しましょう。

自己注射薬エピペン®の管理、使用方法・手技、使用タイミングは主治医の指示とともに園・学校でも対応できるように準備をしましょう。また、園・学校において緊急の場に居合わせた関係者が、エピペン®を使用できない状況にある本人に代わりに注射することは医師法違反とはなりません。エピペン®の使用を迷うときには、ためらわず、使用する選択をします。

## ■日常生活の中で気をつけること

誤食を避けます。食品表示からアレルギーの原因食物の有無を確認します。

---

### MEMO

医療用医薬品にも鶏卵成分や牛乳成分が使用されている場合があるので、注意が必要です。

よくみられるおなかの不調とその対応

子どもに多い胃腸・おなかの病気　35

# アレルギー性紫斑病
(IgA血管炎)

足を中心に、小さな出血斑やいぼ（紫斑）ができて、人によっては、関節が腫れたり、おなかが痛くなったりするのを繰り返す病気です。その後、尿に血が混ざることがあるので、定期的な外来通院が必要です。

### ■病気の基礎知識

明らかな原因は不明ですが、免疫グロブリンA（IgA）が関与していると考えられており、溶連菌などの先行感染症の後に起こることが多い病気です。そのほか、ワクチンなどが関与することもあります。

IgAという抗体の免疫反応によって、毛細血管などの小さな血管に炎症（血管炎）が起こり、皮膚、消化管、関節、腎臓などが高率に侵されます。肝臓、胆嚢（たんのう）、すい臓、心臓、精巣などが侵される場合もあります。3〜10歳に多く発症し、男女差はありません。

### ■症状

皮膚症状は必ずみられ、下肢、おしり、腕、耳などに点状出血（紫斑）ができ、蕁麻疹や赤い発疹のようなこともあります。紫斑は、手で押しても消えません。皮膚のかゆみはありません。関節症状は、膝や足の関節が腫れて痛み、消化管症状は腹痛が多く、嘔吐、下痢、血便などがでることもあります。

10〜20％は、皮膚症状より先行して消化管症状がでることもあり、その場合には、診断が難しいこともあります。また、腸重積を合併したり、大量の消化管出血、腸閉塞や消化管穿孔を起こしたりすることもあります。

> **受診の目安**
> ・手足に点状の出血（紫斑）がある
> ・関節症状（腫れ）が強くて歩けない
> ・我慢できない腹痛を繰り返す
> ・便に血が混ざる（緊急で受診）
> ・紫斑が消えた後に、まぶたが腫れたり、靴が履きにくくなったりなど、むくみがある
> ・尿に血が混ざる

紫斑は手よりも足に多くみられ、かゆみはありません。

## ■治療と経過

　紫斑だけの場合には、無治療か自宅安静にします。紫斑が増えるようなら運動を控えたり、関節症状が強い場合には、痛み止めを飲んだりします。消化管症状がある場合には、ステロイドを使用します。血便があったり、腹痛が続いたりする場合には、入院治療となります。一時的に症状がよくなっても、数か月間繰り返す場合があるので、注意が必要です。血尿がある場合には、腎症の合併に注意して専門の施設を受診し、定期的な検査が必要になります。

## ■園・学校生活について

　激しい運動により、紫斑が増えたり、関節症状が出現したりすることがあるので、体育を休んで見学するなど、安静が必要です。

　関節症状の増悪がある場合には、病院の受診を勧め、自宅安静が必要です。消化管症状がある場合には、急激に悪くなることがあるので、自宅で安静にします。

　園や学校で腹痛が出現した場合には、血便の有無などを聞いて、すぐに病院を受診するようにします。

## ■日常生活の中で気をつけること

　消化管症状が一番つらい症状ですので、消化のよいものを食べ、刺激物は食べないようにしましょう。血便が出たら、すぐに病院を受診します。腎炎を合併した場合には、日常生活の管理について主治医の指示に従います。

　病因は不明ですが、感染症を契機に起こることが多いので、予防として普段からの手洗い、うがいなどを心がけます。

---

**MEMO**

発症から4週間ぐらいすると血尿や蛋白尿などの症状が出て、腎症を合併することが約30%にあります。

---

よくみられるおなかの不調とその対応

子どもに多い胃腸・おなかの病気　35

# クローン病

どの年齢においても起こりうる慢性の炎症性腸疾患のひとつで、指定難病（医療費助成対象疾病）です。繰り返す腹痛や口内炎、長引く下痢、原因不明の発熱、肛門周囲膿瘍、成長障害、体重減少や貧血がある場合にはクローン病が疑われます。

## ■病気の基礎知識

原因不明の慢性炎症性腸疾患で、口から肛門までのすべての消化管の粘膜に炎症や潰瘍を起こす難治な病気で、小腸末端部分から大腸に病変が多くに認められます。どの年齢でも起こりますが、特に若年者（10代〜20代）に多く認められ、やや男性が多く、子どもの場合は成長や二次性徴に関わるので、専門の病院での消化管内視鏡検査を含めた詳しい検査や治療が必要です。

## ■症状

最も多いのは腹痛（95％）で、右下腹部痛が多いです。次いで体重減少（80％）、下痢（77％）、血便（60％）、成長障害（30％）が多く認められます。そのほかには、繰り返す口内炎、肛門周囲のいぼ、潰瘍や膿み（肛門周囲膿瘍）などの肛門病変、腹部不快感、かぜ症状がないのに繰り返す発熱（不明熱）、腸閉塞、易疲労感、栄養失調、貧血、二次性徴の遅れなどです。まれに痛みを伴う発赤（結節性紅斑）や関節の腫脹などの関節炎を起こすこともあります。これらの症状の進行はゆっくりであることが多いので、すぐにわかることは難しいです。

### 受診の目安

・2〜4週間以上腹痛などの症状が続く場合
・夜間に腹痛や排便のために目覚めることを繰り返す
・腹部症状に加えて、母子手帳や成長の記録などから背の伸びが悪くなっているのがわかったとき（専門医の受診が望ましい）

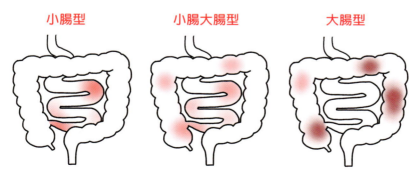

クローン病のタイプは、病変がある部位によって3つの型があります。

## ■治療と経過

専門の病院でくわしい検査や治療を行う必要があります。難治性ですので、よくなったり（寛解）悪くなったり（再燃）を繰り返すため、主治医への定期受診が必要です。

## ■園・学校生活について

クローン病と診断を受けている子どもがいる場合には、主治医の指示に従って、保護者との取り決めをしっかり行い、食べていけないものを摂らない、飲み薬を忘れないようにサポートします。数時間単位で急激に悪化することはありません。

## ■日常生活の中で気をつけること

食事療法では、動物性脂肪を制限する低脂肪食が基本ですので、どの程度制限するのかは主治医の指示に従います。また、栄養療法として、栄養剤を併用して飲む場合があるので、主治医の指示を聞いて、濃度や量の調整を行います。栄養剤はにおいや味がよくないため、まわりへの配慮が必要です。

かぜをひいたとき、市販薬は多くの成分が混ざっているので、できるだけかかりつけ医を受診して薬を処方してもらいます。

感染症にかかると長引くことがあります。周囲で感染症が流行している場合には、手洗い、うがいなどを徹底して、マスクを使用するなどの予防をします。

> **MEMO**
>
> 主な治療は、腸の炎症を抑えるために、①栄養療法と食事療法、②内科治療として、副腎皮質ステロイド薬、免疫調整薬などの内服薬管理、生物学的製剤投与など点滴や皮下注射管理が行われることが多く、まれに③外科治療があります。

---

### クローン病の食事療法

クローン病は寛解（症状のよい状態）を維持するために栄養療法が重要です。栄養療法は大きく2つあります。1つは成分栄養剤の摂取で、1日摂取カロリーの半分以上を栄養剤にすることで再燃（症状の悪化した状態）しにくくなります。2つ目は食事療法です。脂肪制限食（1日摂取脂肪量は10～20gほど）、食物繊維の少ない食べ物が基本となります。そのほか、蛋白質を摂取する場合には肉よりは魚のほうがよく、総合すると、洋食ではなく和食を中心とした食事がよいとされています。また、とうもろこし、ゴマ、海藻、キノコのようにそのままの形で便にでてくるものは、腸の負担になるので控えましょう。

# 潰瘍性大腸炎

　原因不明の慢性の炎症性腸疾患のひとつで、指定難病（医療費助成対象疾病）です。大腸全域に炎症や潰瘍を起こす病気で、持続する腹痛、下痢、血便がある場合には、専門病院などでの検査が必要です。

## ■病気の基礎知識

　原因不明の慢性炎症性腸疾患で、直腸から連続的に広がり、消化管粘膜に炎症や潰瘍を起こします。直腸だけの場合、大腸の左側だけの場合、大腸全域の場合と大きく3つに分類されます。男女差はなく、20歳代に多くみられますが、どの年齢でも起こります。

### 受診の目安
- 2〜4週間以上下痢、腹痛などの症状が続く場合
- 下痢の回数が増えて、さらに便が水っぽくなったり粘液が混ざっているとき
- 夜間に腹痛や排便のため目覚めることを繰り返す（専門医の受診が望ましい）
- 血便の頻度、量が増えてくる場合

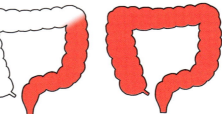

直腸炎型　　左側大腸炎型　　全大腸炎型

## ■症状

　下痢が最も多く認められ、血便、腹痛を伴うことがほとんどです。徐々に便回数が増えて重症になると、10回以上も下痢があったり、体重減少、発熱、貧血などが起こったりします。成長障害は起こしにくいといわれています。まれに痛みを伴う発赤（結節性紅斑）や関節の腫脹などの関節炎を起こすこともあります。

潰瘍性大腸炎の重症度の目安

|  | 重症 | 軽症 |
| --- | --- | --- |
| 1日の排便 | 6回以上 | 4回未満 |
| 血　便 | 多量 | 少量 |
| 体　温 | 37.5℃以上 | 37.5℃未満 |
| 脈　拍 | 90回／分以上 | 90回／分未満 |

## ■治療と経過

専門の病院で消化管内視鏡検査などのくわしい検査や治療を行う必要があります。内科治療としては、腸の炎症抑制薬、副腎皮質ステロイド薬、免疫調整薬などの内服薬管理が行われます。血球除去療法、生物学的製剤投与などの点滴や皮下注射管理が行われることもあります。活動期には、食事療法を行うこともあります。また、まれに外科治療が行われることもあります。難治性ですので、よくなったり（寛解）悪くなったり（再燃）を繰り返すため、主治医の先生の定期受診が重要です。

## ■園・学校生活について

園や学校では今まで通りの生活で問題ありません。ときどき、食事療法として動物性脂肪を制限する場合があるので、どの程度制限するのかは保護者との話し合いの上、主治医の指示に従います。

急激な腹痛、下痢や血便により病状が進行することがあり、トイレに行く機会が増えるかもしれませんので、園・学校側は病気に対する理解と、トイレに行きやすい環境づくりや工夫が必要です。

## ■日常生活の中で気をつけること

疲れたら、十分な睡眠をとって体を休めます。心理的ストレス、肉体ストレスは最大の敵ですので、無理をしないようにします。

かぜをひいたときは、市販薬は多くの成分が混ざっているので、できるだけかかりつけ医を受診して薬を処方してもらいます。

---

**MEMO**

原因が不明で、病気が起こることは予防できませんが、悪くなる（再燃する）原因にはストレスが強く関係しているので、ストレスや疲労をためないような生活環境を心がけましょう。

---

よくみられるおなかの
不調とその対応

子どもに多い胃腸・
おなかの病気 35

# 吸収不良症候群

　何らかの原因により摂取した栄養素の吸収障害が起こり、欠乏した栄養素によるさまざまな臨床症状、体重増加不良、便通異常などを認める症候群です。難治性下痢症や蛋白漏出性胃腸症などと併発することもあります。

## ■病気の基礎知識

　食べ物から摂取した栄養素は、消化管内で消化酵素により消化・分解されて、多くは小腸内で吸収されます。そのほかにリンパ管や血管を通り、肝臓などで代謝されます。

　各栄養素により吸収される場所が異なるため、病気がある部位により吸収障害が起こります。大きく分けると、1）管腔内消化障害型、2）腸粘膜消化吸収型、3）輸送経路障害型があります。

## ■症状

　多くは乳幼児に起こり、症状もさまざまです。2週間以上長く続く下痢や便に脂肪が混ざる状態が多くみられます。しかし、下痢がないから吸収不良がないとはいえず、吸収不良により成長障害を起こすかどうかが重要です。

　難治性下痢の経過と同様で、感染性腸炎後に粘膜が傷んで、乳糖が分解できずに下痢をします。その後、乳糖が吸収されずに腸に残ると細菌が増え、さらにほかの栄養素の吸収障害を引き起こし、悪循環に陥ります。そして、栄養素が吸収されない状態が続くことにより、粘膜の傷の治癒が遅れ、吸収障害は続き、成長障害を起こします。また、粘膜の傷が長引くと、食物アレルギー反応が引き起こされ、更なる悪循環となります。

### 受診の目安
- 下痢が2週間以上続く場合
- 体重増加不良や体重が減ってきた

体重減少が続いたあとに、身長の伸びの低下が出現した場合には、吸収不良が長引いていると考えられます。また、頭囲と発達とは正の相関があるので、頭囲測定も重要です。

脂肪便　　　長く続く下痢

成長障害
（体重が増えない、身長が伸びないなど）

## ■治療と経過

　原因によって、治療経過や治療法が異なります。多くは脱水症を認めるため、脱水の改善を行います。その後、吸収が障害されている栄養素に対して補充療法を行います。栄養管理として、除去が必要なものは除去食を行い、消化のよい食べ物や栄養剤などを使用してゆっくり栄養素を補充します。

　重症の場合には、点滴による補充を行うことも必要です。原因となる疾患がある場合には、その治療とコントロールも重要です。下痢の回数が増える、活気が低下する、悪化がないかなどに注意します。

## ■園・学校生活について

　成長の記録を観察して、成長が悪い場合や下痢を繰り返している場合には、病院を受診します。

　除去食や制限が必要な場合があります。保護者とよく連携をとり主治医の指示に従って、食事を調整します。

## ■日常生活の中で気をつけること

　普段から手洗い、うがいなどによる感染症の予防をします。

　乳酸菌・ビフィズス菌やオリゴ糖などを摂取して腸内細菌を整えるのも重要です。

---

### 栄養素が吸収されるところ

十二指腸で糖類、小腸で蛋白質、脂肪、ビタミン、大腸で残りの水分と電解質を吸収します。

| 小腸 | | | | | | | | | | | | | | | | | | | 大腸 |
|---|---|---|---|---|---|---|---|---|---|---|---|---|---|---|---|---|---|---|---|
| 十二指腸～回腸 | | | | | | | | | | | | | | | | | 回腸の末端部分 | 胆汁酸 | 残りの水分と電解質 |
| 水分（全体の80～90％） | 電解質 | | | | | | 糖質 | たんぱく質 | 脂質 | 脂溶性ビタミン | | | | 水溶性ビタミン | | | | 葉酸 | ビタミンB₁₂ | | |
| | ナトリウム | カリウム | カルシウム | マグネシウム | リン | 鉄 | | | | A | D | E | K | B₁ | B₂ | B₆ | ニコチン酸 | C | | |

# 難治性下痢症

さまざまな原因によって起こる長引く下痢症です。下痢だけですが、長引くことにより栄養障害を引き起こし、成長や発達へと影響してくるので、注意が必要です。

## ■病気の基礎知識

以前は"生後3か月以内に発症した原因が特定されない2週間以上続く下痢"といわれていましたが、現在では"2週間以上遷延する原因不明の下痢症"と定義されています。

分泌性、浸透圧性、腸管運動性、炎症・免疫機能性、消化酵素異常によるもの、吸収面積減少に伴うものなど、原因はさまざまです。

診断技術の進歩により原因が特定がされるようになっているものの、原因不明のまま難治な経過をたどることもあります。最も頻度が多いのは腸炎後症候群で、感染性腸炎後に続発することが多く、乳糖などの分解、吸収不良により下痢が長引きます。

### 受診の目安

- 2週間以上経過しても下痢が改善しない場合
- 尿の回数が減ったり、尿が濃くなるなど脱水の症状がある場合
- 体重増加不良や体重減少がある場合

## ■症状

生後すぐからの下痢の場合、突然の下痢から始まる場合など、経過はさまざまです。慢性であったり、長引くと2週間以上下痢が続いたりします。多くは脱水症を併発しており、そのほかに体重増加不良または体重減少、栄養障害も併発します。原因によっては、貧血、微量元素やビタミンなどの不足が起こったり、電解質異常が著明に認められたりすることもあります。腸炎後症候群では、乳糖摂取後に腹痛、腹鳴、腹部膨満などの症状が起こります。

### 腸炎後症候群とは

腸炎後症候群とは、急性胃腸炎のあとに下痢が長く続くことで2次性の乳糖不耐症や食物アレルギーを引き起こし、さらに下痢が長引く病気です。整腸薬を内服し、脂肪の多い食事を控え、おなかへの負担を少なくするようにします。また、感染性胃腸炎後に過敏性腸症候群を引き起こすこともあるといわれています。

## ■治療と経過

経過、治療は原因によってさまざまです。まずは、※腸管安静によって下痢の頻度が改善するかどうかが重要です。腸管安静によっても下痢が改善しない場合には、分泌性下痢症や高度の粘膜障害が考えられます。頻度の多い、腸炎の後の長引く下痢（腸炎後症候群）では、乳糖除去ミルクや乳糖分解酵素薬の内服により改善することがほとんどです。

難治性の場合には、二次的に食物アレルギーを併発していることもあり、食物抗原となる牛乳蛋白を一時的に制限する必要があることや牛乳蛋白加水分解乳へ変更することもあります。

## ■園・学校生活について

原因によって対応が異なりますので、主治医の指示に従います。腸炎後症候群のように乳糖や牛乳蛋白により下痢が誘発される場合があるので、一時的に制限されることがあったり、牛乳蛋白加水分解乳や乳糖除去乳の摂取が必要となったりすることがあります。

## ■日常生活の中で気をつけること

下痢が続く場合には、主治医の指示に従って、刺激物や脂肪分の多い食事などは控えましょう。よく噛んで食べることも消化を助けるので重要です。

普段からの手洗い、うがいなどによる感染予防や、乳酸菌やオリゴ糖の摂取により腸内細菌を整えるのも重要です。

---

**MEMO**

下痢とは、乳児および小児では、体重1kgあたり10gの1日排便量または、成人における極限量200gを超える1日排便量にあたるといわれています。

※**腸管安静**…飲み物や食べ物を摂取せずに、胃腸に負担をかけないようにすることです。自宅では難しく、入院して点滴治療を行いながら胃腸を休めます。

---

よくみられるおなかの不調とその対応

子どもに多い胃腸・おなかの病気 35

# 蛋白漏出性胃腸症

　いろいろなことが原因で、腸から蛋白が漏れ出し、体の中の蛋白量が減少し、むくんだり、低栄養状態になったり、下痢、腹痛、嘔吐などの症状がみられたりします。原因を検索して、栄養状態を改善していきます。

## ■病気の基礎知識

　腸の炎症や潰瘍による[※1]腸管粘膜の障害や、リンパ管圧の上昇などの[※2]リンパ系の障害、血管炎などによる血管の透過性の亢進（例えば、感染症や膠原病）などが原因で、消化管内にアルブミンなどの蛋白が漏出して起こる病気です。そのほか、リンパ液、微量ミネラルなども漏出します。これらは、単独あるいは複数の機序が関与することもあり、原因不明のこともあります。

## ■症状

　蛋白が消化管内に漏れ出すことによる低蛋白血症が主症状となり、全身や局所のむくみ（浮腫）・体重増加が起こります。下痢（脂肪便）、嘔吐、腹痛や食思不振などの消化器症状に加え、胸水による呼吸障害や腹水による腹部膨満、免疫グロブリンの喪失やリンパ液の漏出による易感染性などが認められます。長期になると、低栄養や成長障害などを合併します。

### 受診の目安
・下痢が長引く場合
・体重の増加が悪かったり、体重減少があったりする場合
・顔や足がむくんでいるとき

※1　腸管粘膜の障害：例えば、アレルギー、感染症や炎症性腸疾患など

※2　リンパ系の障害：例えば、リンパ管拡張症や心臓手術：Fontan術後など

下痢

むくみ

体重増加

## ■治療と経過

原因が多いため、その原因検索が重要です。血液検査で、低蛋白血症、低アルブミン血症が判明したら、尿検査を行い、尿中に蛋白が漏出していないことを確認し、便検査で便中蛋白成分の検査、※3シンチグラフィーなどを行います。超音波検査、腹部CT検査、リンパ管造影、内視鏡検査、病理検査により原因検索が必要な場合もあります。

治療は、低脂肪・高蛋白食が基本です。低蛋白の程度が強い場合には、アルブミンやガンマグロブリンなどの補充を行うこともあります。そのほか、ステロイド、ヘパリン（抗凝固薬）、抗プラスミン薬（止血薬）、免疫調整薬などの使用や、原因の病気が判明した場合には、その治療を優先します。

## ■園・学校生活について

顔や下肢のむくみが目立つようになったら、病院受診を勧めます。

感染症にかかりやすいので、季節で流行している病気がある場合には保護者に伝えます。

治療が長期になる場合は、食事療法（低脂肪・高蛋白食）や薬物療法が必要となりますので、園・学校・家庭との連携のもとで、主治医の指示に従います。

## ■日常生活の中で気をつけること

感染症にかかりやすいときもありますので、手洗い、うがいによる予防を行います。

再燃を繰り返す場合がありますので、むくみ、腹痛、下痢、嘔吐などの症状があれば、病院を受診します。

---

**MEMO**

原因により、治療法は異なります。基礎疾患がある場合には、基礎疾患の治療が優先です。

※3　シンチグラフィー：各種臓器の機能診断に使われる画像診断法のひとつ。

---

よくみられるおなかの不調とその対応

子どもに多い胃腸・おなかの病気　35

# 腸回転異常症

　胎児期に起こる腸の回転、固定の過程が障害されることにより発症し、哺乳が悪くなる、吐く、おなかが張る、便に血が混ざるなどの症状がみられます。急激に症状を認める場合には、緊急手術が必要になることがあります。

## ■病気の基礎知識

　腸は、おなかの中に納まるために、胎児期の腸の発生過程において、回転、固定が起こり、それによって十二指腸・小腸と大腸の位置が固定されます。この過程が障害されると、うまく回転せず、また、腸が固定されないまま、さまざまないびつな形で腸がおなかの中に納まってしまいます。うまく固定されていない腸は、突然捻じれて血行が悪く、腸管壊死（えし）になる中腸軸捻転を起こすことがあります。

### 受診の目安

・生後早期に緑色の胆汁性の嘔吐がある場合
・緑色ではないけれど嘔吐を繰り返し、急にミルクを飲めなくなった場合
・おしっこの量が減って、ぐったりするような場合
・血液が混ざるものを吐いた場合
・急な腹痛で顔色が悪くなった場合

### 正常腸管と腸回転異常での腸管の位置の違い

**正常腸管**
小腸はカーテンレールのように長い範囲で固定されている。

**腸回転異常症**
扇の要のように腸管が収束した場所に固定されている。

## ■症状

　生後1週間以内に約50%、1か月以内に約80%の患者さんに症状が出現します。男児に多いといわれています。

　急にミルクの飲みが悪くなったり、繰り返し吐いたりする症状から始まります。嘔吐するものは、消化液（胆汁）が混ざることが多く、緑色のものを吐きます。徐々におなかが張ってきて、便に血が混ざることもあります。嘔吐を繰り返すことで、脱水症を起こし、体重減少を認めます。急激に進行する場合には、胆汁性のものに加え血性のものを嘔吐し、ぐったりして全身状態が急に悪化し、直ちに治療が必要になることもあります。

　一方で、年長児になって腹痛、間欠的な嘔吐、栄養障害や下痢ではじめてわかることもまれにあります。

## ■治療と経過

　腹部超音波検査、消化管造影検査や腹部CT検査を行い、腸の走行や固定を確認することで、確定診断できます。腸閉塞症状であれば、点滴などで脱水の補正や鼻から胃まで管を入れて、それ以上腸に負担がかからないように管理しながら、早期の手術が行われます。

　しかし、腸がねじれている状態の合併などの急激な症状の進行がある場合には、すべての検査を行わず、速やかな手術が必要な場合もあります。腸管壊死の場合には、その部分を切除します。腸管壊死が広範に及ぶほど、生命に関わる危険な状態となります。

## ■園・学校生活について

　多くは新生児早期であるため、保育園、幼稚園、学校に行く年齢の子どもの頻度はかなり低いです。嘔吐を繰り返す子どもがいる場合には、一度、病院の受診を勧めてくわしい検査へとつなげます。

## ■日常生活の中で気をつけること

　出生後早期に症状が出現することが多いのですが、産院を退院してから、急激に症状が出現することがあります。嘔吐や機嫌など普段の様子と異なるようなら、経過をみないで直ちに病院を受診します。

# メッケル憩室

本来なら胎児期の間になくなっていく腸管の一部が、そのまま残った状態となります。そこに炎症が起こり、痛みが出現したり、下血したりする病気です。

### ■病気の基礎知識

胎児期のごく初期に卵黄腸管という管がへその緒と小腸の間に一時的に発生しますが、これはまもなく消えます。しかし、これが消えずに残った状態のものの約90％がメッケル憩室といわれています。

メッケル憩室にはさまざまな形態がありますが、小腸の終わり（回腸末端）から30〜40cm程度のところの壁の外側に袋状の突起物として残っていることが多く、半数に胃粘膜（異所性胃粘膜）や膵組織が入り込んでいる（迷入）ことがあります。何も症状がなく経過することのほうが多いですが、メッケル憩室を持った人の20％程度に症状がでるとされています。症状がでる場合の多くは2歳以下に認められます。また、若干、男児に多い傾向があるとされています。

> **受診の目安**
> ・前触れも痛みも伴わずに急に大量の出血を起こし下血を認める場合
> ・大量下血ではないが、痛みを伴わない下血を繰り返す
> ・繰り返す腹痛や嘔吐がある

**メッケル憩室**

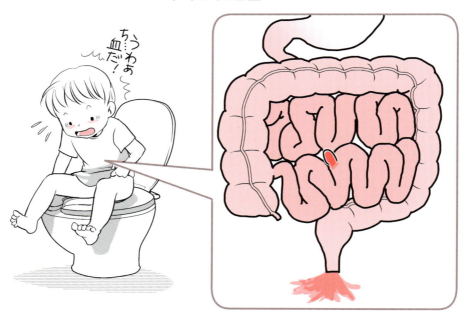

## ■症状

　基本的には無症状であることの方が多いです。異所性胃粘膜による潰瘍形成により、下血を認めたり、急性の大量出血を起こしたりすることがあります。出血の量にもよりますが、ブルーベリージャム様の血便を認めたり、鮮血便、レンガ色便を認めたりすることもあります。腹痛が必ずしもあるわけではありません。また、慢性貧血の原因になることもあります。

　まれに、メッケル憩室が先端となり、腸重積を起こしたり、索状物が原因となって腸が捻転し、腸閉塞を起こすこともあります。そのほかにも、メッケル憩室の炎症によって憩室炎を起こすこともあり、急性虫垂炎との鑑別が必要になることがあります。

## ■治療と経過

　消化管造影検査、超音波検査、腹部 CT 検査、シンチグラフィーなどの検査があり、シンチグラフィーが有用であるとされていますが、感度は 80% 以下であり、確定診断することは難しい場合もあり、腹腔鏡により診断されることもあります。

　無症状のメッケル憩室には、治療の適応はありませんが、出血などを起こすなどの症状があるものに対しては、外科的に切除が必要です。

## ■園・学校生活について

　腹痛や下血を繰り返す場合には、メッケル憩室の可能性があります。緊急性はありませんが、腹痛で保健室によく訪れる子どもに対しては下血などがないかを確認し、病院を受診して精密検査を受けるように促します。

## ■日常生活の中で気をつけること

　痛みなどの前触れのない下血で発症することがあります。痛みがなく比較的全身状態が良好なこともありますが、貧血が進行することもあるので、病院へ行きます。

　憩室炎の場合には、強い腹痛があります。我慢させないでためらわずに病院を受診します。

　下血により貧血が進行する場合がありますので、下血を認めた場合には、すぐにかかりつけ医を受診します。

---

**MEMO**

生まれつきの憩室ですが、一生知らずに過ごす人もいます。

よくみられるおなかの不調とその対応

子どもに多い胃腸・おなかの病気　35

# 腸重積

多くは6か月から3歳までに起こり、腸の中に腸がはまり込み、突然の不機嫌、腹痛、嘔吐、血便が出現します。直ちに治療が必要な緊急性の高い要注意疾患です。

### ■病気の基礎知識

何らかの原因で、口側の腸が肛門側の腸にはまり込んでいく病気です。原因としては、感染性腸炎などにより腸のまわりのリンパ節が腫れて、それが誘因になると考えられています。6か月から3歳までがほとんどです。小腸の終わりの部分（回腸末端）が大腸の中にはまり込んでいくタイプが最も多く、放置しておくと、腸が壊死を起こしてしまうので、大急ぎで診断を受けて治療を開始する必要があります。

### ■症状

突然の不機嫌から始まり、その後は痛くなったり痛くなくなったりを繰り返す症状（間欠的な腹痛）を訴えます。その後、嘔吐が出現し、はまり込んだ腸から出血が起き始めると便に血が混ざります。鼻水のような粘液と血と便が混ざったイチゴジャム様粘血便が特徴です。放置すると腸に血が流れずに壊死を起こして、穿孔（穴があくこと）が起こります。

> **受診の目安**
> ・間欠的腹痛が出現し、火がついたように泣く
> ・痛いときの顔色が明らかに悪い
> ・間欠的腹痛に加え、嘔吐する
> ・粘液を伴う便に血液が混ざっている
> ・急に不機嫌になり、その後ぐったりした場合

激しく泣いたり、泣き止んだりを繰り返します（啼泣）。

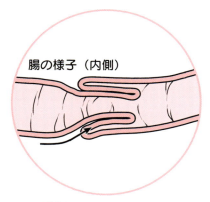

腸の様子（内側）

腸が腸の中に入り込んでしまっている状態です。

## ■治療と経過

　最初の症状（間欠的な腹痛や啼泣<sup>ていきゅう</sup>）がいつ始まったかの判断は、難しいですが大切です。一般的に、症状出現から24時間以内に内科的治療を行う必要があります。24時間を過ぎた場合には、穿孔の危険性が高くなるので、手術など外科的治療が選択される可能性があります。内科的治療は、高圧浣腸による整復です。おしりからチューブを入れて、そこから造影剤や生理食塩水や空気を入れることで圧をかけて、はまり込んだ腸を押し出します。その際に、レントゲン撮影や超音波検査で評価します。

　外科的治療は、おなかをあけて腸を直接押し出しますが、それでも治らなければ、腸を切除します。

## ■園・学校生活について

　繰り返す不機嫌や痛みを訴える場合には、腸重積を念頭に注意深く観察します。嘔吐が起こった場合には、病院への受診が必要であると思われますので、最初の症状がいつ頃からあったのかを保護者に伝えて受診へつなげます。

## ■日常生活の中で気をつけること

　まれに繰り返し起こることがあるので、同様の症状が出現したら受診します。その際には詳しい検査が必要になることもあります。

---

**MEMO**

ロタウイルスワクチンは、決められた期間で接種しましょう。推奨期間外のロタワクチン接種により腸重積のリスクが上がると考えられています。

---

よくみられるおなかの不調とその対応

子どもに多い胃腸・おなかの病気　35

# 虫垂炎

子どもの外科的治療を要する疾患の中で最も多く、心窩部から右下腹部へ移動する腹痛が特徴です。血液検査や超音波検査、CT検査により診断され、治療には抗菌薬治療や手術があります。腹膜炎を起こすこともあるため、注意が必要な病気です。

## ■病気の基礎知識

発症率は1～1.5/1000人で、10代の子どもに最も多く、5歳未満はまれとされています。糞石（ふんせき）などにより虫垂の閉塞を起こし、虫垂内の内圧の上昇や細菌感染を発症することが原因と考えられています。心窩部から右下腹部に移動し、限局する腹痛が起こりますが、小児では腸管の発達が未熟なため、虫垂壁に穿孔しやすく、腹膜炎を起こしやすいという特徴があります。

## ■症状

急性虫垂炎の症状は、右下腹部痛、発熱、吐き気などですが、5歳以下の子どもでは、下痢、嘔吐、食欲不振などの急性腸炎と同様の症状であることが多いといわれています。病態が進行し、腹膜刺激徴候が存在している状況下では、右下腹部痛により、患児の脊柱が右側へ傾き、右下腹部を押さえるようにして歩行することがあります。また、咳嗽による腹痛の増強やホッピングサイン（右片足でのホッピングで右下腹部痛が増強）が陽性であれば急性虫垂炎の可能性が考えられます。

### 受診の目安

虫垂炎を疑う下記の症状がある場合は受診します。
- 腹痛が心窩部で始まり右下腹部へ移動する場合
- 右下腹部に限局する腹痛
- 腹膜刺激徴候がある場合

※腹膜刺激徴候とは、腹膜に炎症がひろがった場合に起こります。腹部が板状に硬くなり（筋性防御）、腹部を圧迫したあと、一気に圧迫を解除した際に疼痛（反跳痛）が出現することです。

小さな子どもでは嘔吐、下痢のほかに食欲がなくなることも。

腹痛では特に右下側の痛みなどがあります。

ジャンプなどをして、少しでも腹膜に刺激があると右下腹部に激痛が起こります。

## ■治療と経過

問診、診察、血液検査や画像検査（超音波、CT など）によって診断します。病気の進行の程度により、治療方針は決定されます。治療法には、保存的療法と外科的切除があります。

保存的療法では、入院の上、禁食と同時に抗菌薬治療を7日間行います。抗菌薬治療による改善が認められない場合や悪化した場合、一度改善した後に再燃した場合には、手術が適応となります。

外科的切除には、開腹手術と腹腔鏡下手術があり、状態によりどちらかを選択します。手術後も数日間抗菌薬投与を行います。

## ■園・学校生活について

心窩部痛から始まり、右下腹部に移動する限局的な腹痛を認めた場合には、飲水・食事をせずに病院を受診します。

### 抗菌薬治療後の対応

くり返す可能性があるため、前回と同じ右下腹部に限局する腹痛が出現した場合には、虫垂炎の再発を考慮し、病院を受診します。

### 外科的切除後の対応

虫垂炎を再発することはありませんが、術後合併症といった腹腔内の膿瘍の形成や、腸閉塞を発症する場合がありますので、頻回の嘔吐、腹痛が出現した場合には、病院への受診を考えます。

## ■日常生活の中で気をつけること

子どもの場合は、発熱、嘔吐、食欲不振、下痢で発症することも多いため、急性腸炎と間違われることがあり、病院受診が遅れてしまうこともあります。胃腸炎が流行しているからといって、胃腸炎と決めつけずに、全身状態、右下腹部に限局する腹痛があるときは、虫垂炎を疑い、病院を受診します。

いったん、虫垂炎となり抗菌薬治療を行った場合には、再発する可能性があります。虫垂炎発症時と同じ症状が出現しないか注意が必要です。また、手術後も術後合併症を発症することがあるため、嘔吐、腹痛などの症状にはいつも以上に注意が必要です。

# 消化管ポリープ

　消化管ポリープとは、消化管の内側に突出する隆起性病変の形態を表した総称です。症状は、血便や肛門からのポリープの脱出などを起こし、確定診断と治療は内視鏡により行われ、大きさや種類によっては手術となります。以下は、頻度の最も多い若年性ポリープに関して説明します。

## ■病気の基礎知識

　小児期に診断されるポリープで最も多いのが、若年性ポリープです。頻度は不明ですが、子どもの場合、そのほとんどが良性疾患といわれています。そのほかに、まれではありますが、ポリポーシス（ポリープが多発する病気）を起こすPeutz-Jeghers（ポイツ・ジェガーズ）症候群などや腫瘍性のものまで、その種類は多岐にわたります。

　ポリープを発症する原因は不明ですが、好発年齢は2〜6歳であり、成人にも認められます。全大腸に発生しますが、70％は直腸からS状結腸に発生します。

> **受診の目安**
> ・血便が出た
> ・ふらつきなどの貧血症状がある
> ・急激な腹痛がある

## ■症状

　痛みを伴わない直腸出血や便への血液の付着、肛門からのポリープの脱出などがみられ、血便が初発症状であることが多いです。ときに、ポリープが先進部となり、腸重積（P.124参照）を起こすこともあり、その際には急激な腹痛や粘血便が出現します。腸重積は、早期発見・治療が必要な疾患であるため、症状の変化に注意が必要です。

便の表面に赤いきれいな血液がついていることで発見されます。

## ■治療と経過

　診断は、超音波検査や消化管造影検査、内視鏡検査によるポリープの観察で行われ、同時に内視鏡的に切除されます。ときに内視鏡では、切除が難しい場合は、手術となることがあります。ポリープの種類に関しては、切除したポリープの組織学的検査により行われます。ポリープ切除後は、一時禁食となりますが、状態が安定していればすぐに通常の生活に戻れます。

　一般的に若年性ポリープは、再発することは少なく、ポリープ切除後の内視鏡検査は不要といわれています。

## ■園・学校生活について

　ポリープを切除した後の食事や生活上の制限は必要ありませんが、切除直後の大量の血便を認めた場合には、保護者に連絡の上、病院を受診します。

**Q　子どもの消化管ポリープは、大人でよく聞く"腸ポリープ"と違いはありますか？**

**A**　子どものポリープで最も多いものは、若年性ポリープです。病理検査で過誤腫性ポリープとされ、1つのみの場合はがん化することはなく、切除してしまえば再発もまれです。一方、大人の大腸ポリープは、病理検査で一般的に前がん病変である腺腫が多いです。腺腫はがん化する可能性が高いため、ポリープの確認のために定期的な内視鏡検査が必要になります。

　子どもと大人のポリープで最も違うのは、悪性化する可能性があるかどうかの病理検査によることになります。また、子どもであってもポリポーシスといってポリープが多発する体質がありますので、ポリープが1つかどうか、その病理検査の結果がどうかをよく確認することが重要です。

# リンパ濾胞増殖症

　リンパ濾胞増殖症とは、粘膜下の正常リンパ濾胞に由来するリンパ組織の増殖で、発生原因としては、炎症、あるいはその隆起により繰り返される機械的刺激が考えられます。ときに、腸重積（P.124参照）の原因となることもあり、反復性腹痛を認めた場合には注意が必要です。

### ■病気の基礎知識

　無症状の子どもでも、正常粘膜下でリンパ組織の腫大は認められます。リンパ濾胞増殖症は、乳児期から20歳代の若年者まで認められますが、特に3歳までの乳幼児に多く認められます。

　ウイルス感染症などの刺激が、リンパ組織の非特異的な腫大と関連しているとも考えられていますが、明らかな原因は不明です。

### ■症状

　一般的な症状としては、下痢、血便、腹痛、発熱などがあげられ、血便は、線状または点状に血液が付着する鮮血便が特徴です。さらに、リンパ濾胞増殖症は腸重積を合併するともいわれており、反復性腹痛や粘血便がみられることもあります。

> **受診の目安**
> ・血便を認めた場合
> ・ふらつきなどの貧血症状を認めた場合
> ・反復性腹痛を認めた場合

リンパ濾胞増殖症の内視鏡写真

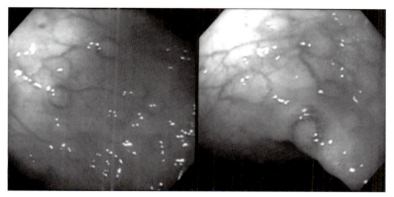

多数あるリンパ濾胞部位が隆起し、その周辺に発赤がみられます。

## ■治療と経過

　診断には、消化管造影や内視鏡検査による観察が必要となります。腸粘膜面にほぼ円形で直径数mm程度のなだらかな隆起性病変を認め、多くは隆起の頂部に陥凹を伴います。一般的には、自然経過においても数週間から数か月の経過で軽快します。しかし、腸重積を合併した場合には、腸重積の治療が必要であり、症状が重い例では、ステロイド剤を使用した報告もあります。

## ■園・学校生活について

　リンパ濾胞増殖症と診断を受けた子どもが、腹痛や血便がみられる場合には保護者に連絡をします。引き渡すまでは、絶飲食として経過観察をし、病院の受診を勧めます。

## ■日常生活の中で気をつけること

　リンパ濾胞増殖症で最も注意しなければいけない状態は、腸重積を合併することです。反復性腹痛や血便の悪化などを認めた場合には、すぐに病院を受診します。

# 便秘症

便秘とは、排便回数や便量の減少や、排便がしにくい状態とされ、便秘症とは、便秘による症状が出現し、診療や治療を必要とする状態です。新生児や乳児期早期の便秘症には、基礎疾患が隠れている可能性があるので注意が必要です。

## ■病気の基礎知識

正常の排便回数は、年齢により異なり、生後1か月までは4回／日、2歳までは1～2回／日、4歳までに1回／日程度となります。1歳までは、意識的に排便を抑制できませんが、2歳を過ぎるころからは排便の調節が可能となります。

慢性便秘症を発症している人は、5～30％といわれ、原因は消化管の閉塞や消化管運動の調節異常、排便反射の異常、排便に必要となる筋力の低下など、さまざまなものがあり、原因にあわせた治療を必要とします。国際的な基準では、1週間に2回以下の排便回数の場合に便秘症といいます。

## ■症状

便秘症の症状は、排便回数の減少、硬便の増加、排便時痛、出血、腹痛、腹部膨満、食欲不振がみられます。少量の軟便が何度も漏れ出るのも症状のひとつと考えられます。また、肛門部に直腸脱や見張りいぼ、裂肛、肛門周囲の軟便付着や皮膚炎なども便秘の症状としてみられます。

排便時痛が出現すると、排便しないように肛門をしめるしぐさ（足をクロスするなど）をみせるようになり、この徴候も積極的な治療が必要なサインと考えられます。

### 受診の目安
・排便回数が1週間に2回以下のとき
・便秘による腹痛などの症状がある場合

また、便秘と同時に下記の徴候があるときには、何かの病気にかかっていることが考えられるので、病院を受診します。
・成長障害、体重減少
・反復する嘔吐
・血便・下痢
・腹部膨満・腹部腫瘤
・肛門の位置や形の異常
・仙骨部の皮膚所見の異常

ROME III による機能性便秘症の診断基準（4歳未満）

| 4歳未満の小児では、以下の項目の少なくとも2つが1か月以上あること |
|---|
| 1. 1週間に2回以下の排便 |
| 2. トイレでの排便を習得した後、少なくとも週に1回の便失禁 |
| 3. 過度の便の貯留の既往 |
| 4. 痛みを伴う、あるいは硬い便通の既往 |
| 5. 直腸に大きな便塊の存在 |
| 6. トイレが詰まるくらい大きな便の既往 |
| ・随伴症状として、易刺激性、食欲低下、早期満腹感などがある。大きな便の排便後、随伴症状はすぐに消失する |
| ・乳児では、排便が週2回以下、あるいは硬くて痛みを伴う排便で、かつ診断基準の少なくとも1つがある場合、便秘だとみなされる |

## ■治療と経過

　診察や検査の上、基礎疾患を認めた場合は、それぞれの病気にあわせた治療を行います。

　基礎疾患のない慢性便秘症の場合は、まず生活指導として、高繊維食（豆類、海藻など）の摂取、適度な運動などの指導をします。便による閉塞がある場合には、まず浣腸を行い、その後、維持療法へ移ります。それぞれの状態にあわせて、便を軟らかくする薬や腸ぜん動改善薬、整腸剤などの治療薬を選択します。便秘でない状態を長期間維持することが必要であり、治療には数か月から数年かかります。

## ■園・学校生活について

　便秘による腹痛が出現した場合には、トイレでの排便を促します。排便できない場合や、排便後も症状が続くときには病院の受診を勧めます。

### 環境づくり

　自宅以外のトイレが使用ができない子もいますので、安心してトイレを使用できる環境をつくれるようにします。

### 保護者と先生が確認しておくこと

　排便がコントロールできているかを確認するため、自宅・園や学校での排便の有無を確認してください。安定した、定期的排便が確認できてからトイレットトレーニングを開始します。不安定のときに始めると、失敗し、便秘の状態に戻ってしまうことがあります。

## ■日常生活の中で気をつけること

　新生児期・乳児期早期の便秘症には、基礎疾患が隠れている可能性がありますので、早めに病院を受診します。便秘予防として、規則正しい生活や高繊維食の食事、適度な運動、水分摂取は重要です。

# ヒルシュスプルング病
(Hirshsprung)

ヒルシュスプルング（Hirshsprung）病とは、腸管にある神経節細胞が生まれつきないために、便がたまることから起こる病気です。多くは、新生児期の胎便排泄遅延や、乳児期の頑固な便秘などで発見されます。

## ■病気の基礎知識

出生児5000人に1人の割合で発症し、男女比は3：1と男児に多くみられます。原因は不明ですが、血流障害や遺伝的素因により、胎児期の6～12週ごろに食道から腸管へ徐々に延びていく神経が途中で途絶して発生します。

神経節細胞がないために便を送り出すことができなくなることから便秘になります。

## ■症状

生後24時間以内に認められる胎便の排泄の遅延、新生児期から腹部膨満、胆汁性嘔吐（緑色調の吐物）などの症状を繰り返します。また、乳児期以降でも持続する頑固な便秘を呈することで発見されます。

### 受診の目安

- 新生児、乳児期早期の治りにくい便秘
- 綿棒浣腸による噴射状の排ガス・排便
- 腹部膨満
- 胆汁性嘔吐（緑色のような吐物）
- 便の異臭や灰緑色調の便
- 発熱を伴う活気低下

※ヒルシュスプルング病は手術を必要とする疾患であり、本疾患を疑う場合には病院受診を勧めます。上記の症状を認めた場合には本疾患を疑うため、病院を受診してください。

### ヒルシュスプルング病の病型

**短域型**

直腸まで

S状結腸まで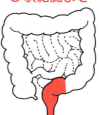

**長域型**

S状結腸を超える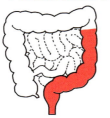

全結腸型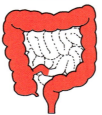

小腸型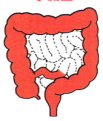

病型として短域型、長域型、全結腸型、小腸型に分類され、それぞれ症状や治療方針が異なります。

そのほかに、便臭の異常や灰緑色便、浣腸による噴射状の排便・排ガスが認められます。ひどい便秘により、おなかの張りが悪化すると哺乳力低下により、体重増加不良となることもあります。重篤な症状として注意したいのは、腸管に便が貯留し、細菌が異常増殖して、重い腸炎、さらには細菌が血流にのって全身へ広がる敗血症を起こすことです。

## ■治療と経過

問診、診察のあと、腹部単純X線、消化管造影、直腸肛門内圧検査、直腸粘膜生検を行って診断します。

治療は、開腹手術による根治術を標準とし、腹腔鏡による非開腹手術も行われています。

手術後は、頻回便に対するスキンケアや、便貯留に対しての定期的な浣腸が必要となりますが、術後5年で90%以上が正常な排便状態となります。病気の範囲によって切除腸管が長くなった場合には死亡率が高くなりますが、一般的には生命の危険はなく、予後は良好です。

## ■園・学校生活について

手術後管理を適切に行えるように先生と保護者との間で情報を共有することが必要です。例えば、手術後排便回数が多くなることがあり、脱水になりやすいので水分摂取を促すなどの配慮が必要です。

適宜おしりのスキンケアが必要で、腹部膨満が強いときには、浣腸の処置が必要となることがあります。保育園での対応が難しい場合には、保護者に連絡して病院を受診します。

**保護者と先生が確認しておくこと**

手術後に習慣性排便を獲得するまで、定期的に浣腸をすることが必要になるため、通園する前に浣腸をしているのかどうかや、排便状況（排便回数・いつ排便したか）の情報を共有し、子どもの状況にあわせて対応することが必要です。

## ■日常生活の中で気をつけること

便回数が減少して腹部膨満になると、腸閉塞状態で嘔吐を繰り返します。また、手術のあとは下痢傾向な子どももいるので、便回数の増加や脱水症に注意する必要があります。いずれにしても、便回数や便性を確認することが重要です。

---

**MEMO**

直腸肛門内圧検査とは、肛門内にバルーンを挿入し反射をみる検査です。
直腸粘膜生検とは、肛門から少し入った部位の腸管の粘膜を少量採取し、顕微鏡で観察する検査です。

よくみられるおなかの不調とその対応

子どもに多い胃腸・おなかの病気 35

135

# 臍ヘルニア・鼠径ヘルニア

臍ヘルニアは、臍が形成される過程で筋膜が閉鎖せず、内臓が臍の皮膚を押し上げている状態、鼠径ヘルニアとは、鼠径部に内臓が脱出した状態で、多くは1歳未満で発症します。また、ヘルニア嵌頓になると、腸閉塞になる危険性が高く、早期の手術が勧められます。

## ■病気の基礎知識

### 臍ヘルニア
新生児の約4％に認められます。生後2～3か月まで増大し、以降縮小傾向となり、2歳までに約95％が自然治癒します。原因は臍の筋膜の閉鎖不全が原因で発症しますが、なぜ臍の筋膜の閉鎖不全を起こすのかは不明です。

### 鼠径ヘルニア
小児の3.5～5％にみられ、やや男児に多く、30～40％が1歳未満で発症します。鼠径部に突出した膜が、内臓が脱出して発症します。脱出する臓器は、腸管が多いですが、女児では卵巣が脱出することも多くみられます。

### 受診の目安

**臍ヘルニア**
- 強い疼痛や嘔吐、不機嫌なとき
- 病変部を圧迫しても脱出臓器がもとに戻らない場合

**鼠径ヘルニア**
- 強い疼痛や嘔吐、不機嫌などを呈した場合
- 病変部を圧迫しても脱出臓器がもとに戻らない場合

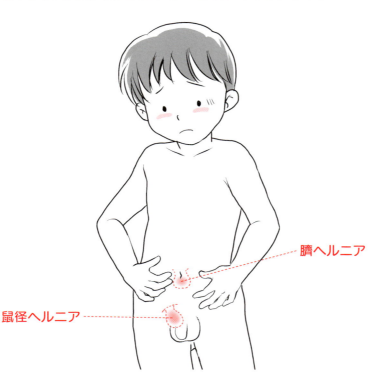

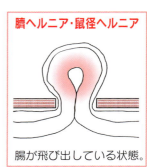

腸が飛び出している状態。

## ■症状
### 臍ヘルニア
　おへその膨らみがみられます。膨らんでいる部分は、腸管などの腹腔内臓器であり、患部を圧迫すると容易に内臓がもとに戻ります。まれではありますが、臓器がもとに戻らなくなる"ヘルニア嵌頓"になると、嘔吐や腹部が膨らんで緊急の治療を要することがあります。また巨大な臍ヘルニアの場合、治癒後も皮膚のゆるみにより、いわゆる"出べそ"となることがあります。

### 鼠径ヘルニア
　腹圧上昇に伴い鼠径部が膨隆して発見されます。多くの場合は、自然にもとに戻りますが、6〜18％がもとに戻らず、脱出臓器の血流障害を起こすヘルニア嵌頓の状態となり、激しい痛みや嘔吐などの症状がみられます。また、脱出臓器が卵巣であった場合、卵巣捻転となる危険性が高く、急激な腹痛、嘔吐などを起こします。

## ■治療と経過
### 臍ヘルニア
　臍ヘルニアは、2歳までに95％が自然治癒します。ただし、巨大な臍ヘルニアの場合は、綿球などを使用して、膨隆部を圧迫し、皮膚のゆるみを抑えることもあります。また、自然治癒が認められない場合には、手術を行います。予後は良好です。

### 鼠径ヘルニア
　手術が原則です。特に1歳未満の乳児では、ヘルニア嵌頓を起こしても、気づかれない場合もあるため、早期の手術が勧められます。術後の再発率は0.1〜0.5％と非常に低く、予後は良好です。

## ■園・学校生活について
　臍ヘルニアと鼠径ヘルニアはともに、脱出臓器を圧迫することで容易にもとに戻りますが、ときにヘルニア嵌頓を起こし、緊急の治療を要することがあります。
　ヘルニアが出現した場合には、軽く圧迫してもとに戻るかを確認します。嵌頓しているようであれば、すぐに病院を受診します。

**MEMO**
臍ヘルニアは、2歳を過ぎても治癒しない場合は、手術の適応となります。

**ヘルニア嵌頓**

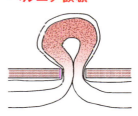

飛び出した腸の血液が悪くなっている。

# 肛門周囲膿瘍・痔瘻(じろう)

　肛門周囲膿瘍は歯状線(肛門と腸管の境界部)上の腺管を通って細菌感染し、膿瘍を形成したものです。痔瘻は、肛門周囲膿瘍が肛門部や腸管へ瘻孔(通り道)を形成したものです。ともに肛門周囲の発赤・腫脹・疼痛を伴い、1歳頃までに約90%が自然治癒します。

## ■病気の基礎知識

　肛門周囲膿瘍と痔瘻はともに、生後6か月未満に発症することが多く、男児に多くみられます。1歳以降に発症した場合や再発を繰り返す場合は、クローン病の一症状である可能性も考えられます。発症部位は肛門部の前側を0時とすると、3時と9時方向に多くみられ、複数存在することもあります。

## ■症状

　肛門周囲の発赤・腫れ、痛み、発赤部からうみがでたり、出血したりします。下痢便により増悪・再発します。

### 受診の目安
・排便時や肛門清拭時にする啼泣(ていきゅう)する場合
・肛門周囲に発赤・腫脹を伴う腫瘤を触知した場合
・肛門皮膚の小孔から排膿や出血を認める場合
・下痢に伴い、上記症状が発症・増悪する場合

肛門周囲膿瘍と痔瘻を認めた場合は、手術を必要とすることもあるため、病院を受診します。

**肛門周囲膿瘍**

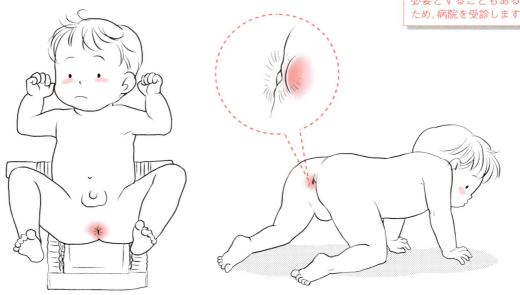

肛門周囲の発赤部から膿が出てくることもあります。

## ■治療と経過

　診断は、視診と触診で行われます。そのほかに、病変の大きさや存在部位、膿瘍や痔瘻形成の有無を調べるために、超音波検査や瘻孔造影検査、CT、MRI検査などが行われます。

　治療は、創部の清潔を保ち、排膿している場合には、病変部を圧迫して、1日2回程度排膿を促してください。保存的治療は病態にあわせて行われ、漢方薬や抗菌薬などが使用されますが、切開などの手術が基本となります。

　術後も排膿を促し、清潔を保ってください。再発の可能性もあるため、注意深い経過観察が必要となります。

## ■園・学校生活について

　排便後は、おむつ交換や創部の清拭などが大切です。できるだけ早く清潔を保つようにします。

### 保護者と教職員が確認しておくこと

　排膿が持続している場合は、家で保護者が創部の圧迫による排膿を2回／日行います。いったん改善した後も、しこりがある場合は再発の可能性があり、創部の注意深い観察が必要です。適宜肛門部の観察をして、膿がないか、腫れがないかを確認してください。

## ■日常生活の中で気をつけること

　両疾患ともに肛門部の観察が早期発見につながるため、注意深い経過観察が必要となります。創部を清潔に保つことで、再発・悪化のリスクを低下させます。おむつ交換や創部の清拭はこまめに行います。また、いったん改善した後も下痢などを誘因として再発する可能性があります。便秘や下痢に注意すること、日ごろからおしりを清潔にしておくことが大切です。

### 手術後の管理

　創部からの出血などがなければ、適宜創部の洗浄を行います（手術後1〜2か月くらい）。洗浄などの処置により出血して、止血困難な場合は、病院を受診します。

# 消化管異物

　消化管異物とは、異物が食道・胃・小腸・大腸の中に停滞した状態のことです。生後5か月を過ぎると、何でも口に入れたがるため、食べ物でないものを誤ってのみ込むことがあります。のみ込んだものや異物の停滞部位などにより治療が異なるため、病院受診が必要です。

## ■病気の基礎知識

　生後5か月から3歳までが、消化管異物を起こしやすい年齢です。床や高さの低いテーブルの上に、子どもの口に入りやすいサイズの日用品などが置いてあると、目を離した隙に誤飲してしまうことがあります。

　誤飲したものが、針などの鋭利な物、消化管に詰まる大きさのもの、ボタン電池などの溶けるもので消化管に穴があく（消化管穿孔）可能性があるものなどは、緊急に摘出しなければなりません。また、コインやパチンコ玉などは、胃を通過すれば、自然に排泄されるのを待ちます。

## ■症状

　症状は、誤飲したものや誤飲後の時間などによりさまざまです。異物を誤飲しただけでは、症状が出現することはあまりありません。針や乾電池などによって消化管穿孔を起こした場合は、腹痛や腹部膨満などがみられ、消化管閉塞を起こした場合は、嘔吐や腹部膨満がみられます。

　食道に長く停滞した場合には、食道に隣接する気管との間に瘻孔（交通する穴）ができ、呼吸障害となることもあります。

---

### 受診の目安

異物を誤飲した可能性がある場合は、病院を受診します。病院を受診する際は、誤飲したものと同じものやその説明文書を持参します。

特に緊急を要するものを下記に示します。
- 針、PTP包装された薬剤、硝子片などの鋭的物の誤飲
- ビニール袋などの消化管に詰まる可能性のあるものの誤飲
- 乾電池などの毒性物質の誤飲

## ■治療と経過

いつ、何を、どのくらい誤飲したか、という情報をもとに、金属類であればレントゲン撮影で撮影時の異物の場所を評価できます。同時に、消化管穿孔や消化管閉塞を起こしていないかといった評価にもなります。

治療は、誤飲したものによりさまざまで、自然に便中に排泄されることを待つ方法、胃・大腸カメラにて摘出する方法、バルーンや磁石で拾い上げてくる方法などを検討します。消化管穿孔や消化管閉塞を起こした場合は、緊急手術が必要となります。

## ■園・学校生活について

園で誤飲した場合、いつ・何を、どのくらい誤飲したかを確認し、誤飲したものと同じものを持参して、病院を受診します。

5か月を過ぎた子どもは、何でも口に入れて確認するため、誤飲するリスクが高いことを認識し、子どもの手の届くところに、口に入りやすいサイズの物を置かないようにします。基本的には、子どもが口に入りやすいサイズのもので遊んでいる場合には、目を離さないようにします。

## ■日常生活の中で気をつけること

生後5か月から3歳までの間は、異物誤飲が多い年齢ですので、床の上や高さの低いテーブルなど、子どもの手の届くところに、誤飲の原因になる物を置かないように気をつけます。特にピアスや針などの鋭利な物や乾電池などの消化管穿孔を起こすもの、薬品類などには十分に注意します。

> **MEMO**
> 園での誤飲で注意したいもの
> ・ボタン
> ・ペンなどのキャップ
> ・小さなクレヨンなど
> ・おもちゃ（破片も）
> ・画びょう
> ・スーパーボール
> ・マグネット
> ・石
> ・保護者の落とし物（イヤリング、ピアス、ヘアピン、安全ピン、イヤホンパーツ、キーホルダー類）
> ・薬剤など

### 誤飲事故を未然に防ぐために

誤嚥防止のために、子どもの口のサイズに入る大きさのものを計測できる器具が市販されていますので、利用して誤飲事故の予防に活用してください。

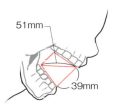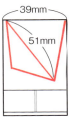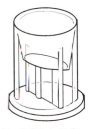

3歳児が口を最大に開けたときに入るサイズのものを調べることができます。

# 黄疸

血液中のビリルビンという物質が増加し、眼球結膜（しろめ）や皮膚が黄色くなる状態です。カロチンを過剰摂取すると黄疸と似た状態になりますが、黄疸の原因には、重篤な疾患も含めてさまざまな疾患があり、注意が必要です。

## ■病気の基礎知識

血液疾患、先天性代謝疾患、肝胆道系疾患など、さまざまな疾患で黄疸を発症します。疾患によって好発年齢が異なり、新生児期から成人まで黄疸を発症することがあります。

新生児期には、母乳性黄疸などの生理的な黄疸もありますが、このような黄疸のときの皮膚色は明るい黄色です。それとは対照的に肝胆道系疾患などによる黄疸は、くすんだ黄緑色となります。

新生児期や乳児期早期に白色（またはクリーム色）便となった場合は、重篤な疾患の可能性があり、注意が必要です。

## ■症状

軽度の黄疸は気づかれないことがあります。黄疸は、眼球結膜から顔、体幹、四肢の皮膚に順に広がっていきます。そのほかに、茶褐色尿や白色（クリーム色）便となることもあります。褐色尿は黄疸の前に生じますので、早期診断の手助けとなります。白色（クリーム色）便は、判断が難しいこともありますので、母子健康手帳の便カラーカードを使用してください（次ページ）。便カラーカードはもともと生後2か月以内に胆道閉鎖症を発見するためのカードであり、生後2か月以降の便には当てはまらないことも多くあるため、注意が必要です。

疾患によって症状は異なりますが、右肋骨下に肝臓、左肋骨下に脾臓を大きく触れたり、高度の貧血（顔面蒼白など）、出血斑などの黄疸以外の症状がみられたりした場合には、注意が必要です。

---

**受診の目安**

・眼球結膜や皮膚が黄色
・茶褐色尿
・便が白色またはクリーム色
・腹部腫瘤などの黄疸以外の症状を伴う場合

原因の病気により、内科的、外科的治療が必要なこともあるので、生理的黄疸や母乳性黄疸が明らかな原因と判断されていない場合には、病院を受診してください。

## ■治療と経過

問診、診察を行い、必要に応じて、血液検査や尿検査、超音波検査、X線検査、CT検査を追加します。外来検査で診断が困難な場合には、入院をして精密検査を行います。黄疸となる原因により、治療法や経過は異なります。光線療法や交換輸血、内服薬、点滴治療などの内科的治療や手術が必要となることもあります。

## ■園・学校生活について

新生児期・乳児期早期の黄疸では、褐色尿や白色便がないかを確認します。少しでも白色またはクリーム色便を疑う便であった場合、母子健康手帳の便カラーカードで確認するようにします。1～3番の便の場合は、早めに病院を受診します。また、乳児期以降の黄疸は、ほとんどが病的黄疸です。この時期に黄疸が疑われる場合には、病院の受診につなげます。

## ■日常生活の中で気をつけること

新生児期や乳児期には、母乳性黄疸などの生理的黄疸の場合もありますが、その中に重篤な疾患が隠れていることがあります。黄疸の色が、明るい黄色なのか、くすんだ黄緑色なのか、便色が白色ではないか、腹部膨満がないかなど、ほかの症状にも注意します。

### 便カラーカードについて

便色カードは、胆道閉鎖症などを早期発見するために、母子保健法施行規則の一部を改正する省令（平成23年12月28日厚生労働省令第158号）により、母子健康手帳に掲載することが義務づけられたものです。生後、便色の異常がみられたときに、病気の早期発見・早期治療による予後改善が期待されています。

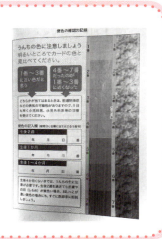

# 急性・慢性肝炎

　A、B、C型肝炎ウイルスなどのウイルスに感染して、肝障害を起こします。一過性感染による急性肝炎と持続感染による慢性肝炎があります。急性肝炎は通常2〜3か月で治癒しますが、慢性肝炎では、肝硬変や肝がんとなることもり、長期的な診療が必要となります。

## ■病気の基礎知識

　A〜E型肝炎ウイルス、ヘルペスウイルス、サイトメガロウイルスなどのウイルス感染や薬剤性（抗菌薬、解熱・鎮痛薬、抗てんかん薬が多い）などが原因となります。

　A型及びE型肝炎は汚染された水やカキなどの貝類の経口摂取、B型肝炎は主に血液や唾液などの体液、C型肝炎は血液を介して感染します。D型肝炎はB型肝炎患者のみに感染します。

## ■症状

　急性肝炎の初期症状は、発熱、全身倦怠感、食欲不振などのかぜをひいたときのような症状です。小児では成人と比べると症状が軽く、自覚症状がないこともあります。黄疸は、肝不全の徴候であるため、すぐに病院を受診する必要があります。A型肝炎では、そのほかに吐き気・嘔吐、腹痛、下痢などの消化器症状を伴うことがあります。

　慢性肝炎は、無症状のことが多く、血液検査などで偶然発見されます。慢性肝炎の一部は、将来的に肝硬変や肝がんへ進展するため、長期的な受診が必要となります。

### 受診の目安
・カキなどの貝類を摂取してから1か月くらい続くかぜのような症状があるとき
・機嫌が悪くだるそうにしている
・黄疸がある、茶褐色尿、白色便を認めた場合
・肝炎ウイルス感染者の血液などに接触した場合

肝臓は、胃の横にあります。十二指腸、胆嚢と接しています。

## ■治療と経過

### 急性肝炎

全身倦怠感などの症状がある場合は、安静とし、状態によっては、入院して点滴補液を行います。また、高蛋白、低脂肪食による食事療法を行います。通常は2～3か月で治癒します。原因が薬剤の場合は、使用を中止します。

### 慢性肝炎

B型肝炎では、肝硬変や肝がんを発症することがあるので、長期的な受診が必要となります。

C型肝炎では、約30％が3～4歳までに自然治癒します。進行はゆっくりで、治療にはインターフェロンの皮下注射と抗ウイルス薬の内服を行います。

## ■園・学校生活について

肝炎ウイルスに感染している子どもを把握しておきます。また、B型肝炎ワクチンを接種している子どもに関しても把握しておくようにします。情報を共有することで、迅速な対応が可能となります。

#### 肝炎に感染している子どもがいる場合

特別な配慮は必要ありません。ほかの子どもと同じように接します。ただし、発熱、黄疸や白色便などの症状がでたときには、すぐに保護者に連絡をして、病院を受診するように勧めます。

肝炎ウイルスの感染は、主に血液を介して感染します。B型・C型肝炎の子どもがけがをした場合には、手袋などを着用して傷の手当をするようにします。

## ■日常生活の中で気をつけること

A型及びE型肝炎ウイルスは、汚染した水や生ガキなどの貝類の経口摂取により感染しますので、カキなどの貝類を摂取する場合には、85℃より高温で1分以上の加熱を行うなどの注意が必要です。

肝炎ウイルス保因者の血液やその他の体液を触れる際には手袋などを着用し、直接触れないように注意します。

---

**MEMO**

B型肝炎に対しては、日本ではワクチン接種が任意摂取であり、未接種の子どもが多くいます。B型肝炎ウイルス感染を予防するために、B型肝炎ワクチン接種が必要です。

---

よくみられるおなかの不調とその対応

子どもに多い胃腸・おなかの病気　35

# 急性・慢性膵炎

　すい臓は、アミラーゼやリパーゼなどの消化酵素を分泌する臓器です。急性膵炎とは、膵酵素がすい臓自体を消化することで生じます。慢性膵炎は、持続する炎症によりすい臓に変化が生じ、機能が低下した病態です。治療には、絶食と点滴治療が必要となることもあります。

## ■病気の基礎知識

　膵炎の原因は、成人では飲酒や膵石が大部分を占めますが、小児では、薬剤（抗がん剤、免疫抑制剤、抗てんかん薬など）、感染症（おたふくかぜ、インフルエンザ、マイコプラズマなど）、腹部外傷（上腹部を強く打ったとき）、先天性の異常（すい臓の構造異常など）、そのほか（遺伝性膵炎、全身性疾患に伴う膵炎など）があげられます。ほとんどの子どもが上腹部痛を訴えるため、上記原因を伴った子どもが上腹部痛を訴えたときには注意が必要です。

**受診の目安**
・膵炎にかかったことがある
・突然の激しい上腹部痛などがある場合

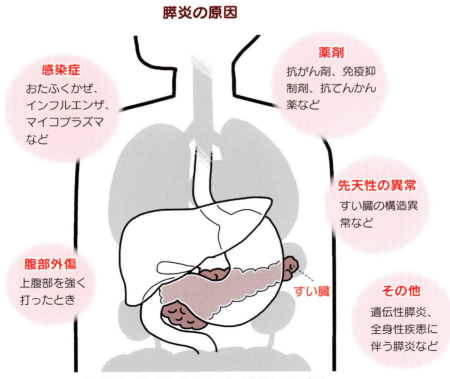

膵炎の原因

**感染症** おたふくかぜ、インフルエンザ、マイコプラズマなど

**薬剤** 抗がん剤、免疫抑制剤、抗てんかん薬など

**先天性の異常** すい臓の構造異常など

**腹部外傷** 上腹部を強く打ったとき

**その他** 遺伝性膵炎、全身性疾患に伴う膵炎など

すい臓は、胃の裏にあり十二指腸と接しています。

## ■症状

　炎症の程度にもよりますが、年長児では、激しい上腹部痛で発症することが多く、年少児では、吐き気・嘔吐が重要な症状となります。そのほかに、黄疸、発熱、下痢、背部痛、不機嫌、不活発（元気がない）などが症状としてみられます。

　乳幼児では、不機嫌、不活発で発症することもあり、膵炎に特徴的な症状ではないため、注意が必要です。また、重症化した場合には、呼吸困難や尿量の減少、出血傾向、意識障害などのショック症状がみられることがあります。

## ■治療と経過

　すい臓の負担を軽減するため、絶食をして、点滴で水分補給を行います。そのほかにすい臓の炎症を抑える薬や、痛み止めを使用します。膵炎を生じた原因が先天性の異常の場合は、手術が必要なこともあります。症状や血液・尿検査の結果がよくなってきたら、徐々に水分・食事摂取を開始していきます。

## ■園・学校生活について

　先天性の異常や、遺伝性膵炎などの膵炎を繰り返し起こす疾患を持っている子どもの場合は、膵炎発症時の症状がどういったものなのかなどを、先生と保護者とで確認しておく必要があります。

　膵炎の状況により、食事制限が必要な場合もあり、子どもが制限食以外の食べ物を摂取しないように注意してください。

## ■日常生活の中で気をつけること

　原因となる薬剤内服中や、感染症、腹部外傷時などに、上腹部に強い腹痛を訴えた場合には、膵炎の可能性があるため、病院を受診します。

　また、遺伝性膵炎などの膵炎を繰り返す疾患を持っている子どもの場合、膵炎を疑わせる症状を認めたときには、水分や食事摂取を中止して、病院を受診します。

## 診断

膵炎を疑った場合には、血液検査や尿検査、超音波検査を行います。必要があればCTやMRI検査、内視鏡検査などを追加し、診断します。

## Q&A

**Q1** ある日突然、難病と診断を受けた子どもがいます。保護者もショックを受けている様子です。子ども本人と保護者へどのように関わっていけばよいのでしょうか？

**A** 難病にかかってしまうことはショックなことです。しかし、難病によってすべてが失われるわけではありません。内服薬などの治療によって症状を安定させていれば、通常の生活が可能であることが多いのです。できるだけ通常の生活、クラスのみんなと同じ生活ができるような環境づくりが、園・学校の役割として重要な課題だと考えられます。また、病気のこと、悪化する場合の症状、内服薬、食事や運動の制限、感染症への注意などの情報をできる限り教職員内で共有する必要があります。病気についての過度な心配は、本人が特別扱いされているようにうつってしまうため、本人にもまわりの生徒にもよくないことがあります。

**Q2** "トイレに行きやすい環境づくり"の具体的な方法があれば教えてください。

**A** トイレに行くことは生理的なことですので、何も恥ずかしいことではありません。ですので、子どもたちみんながトイレに行く（ウンチをする）ことが通常の生活になるような配慮があるとよいです。まずは、先生自身が休み時間などに「先生、トイレに行ってくる」などと公言をしたり、子どもたちには我慢させないでトイレに行かせたりすることを促すとよいかもしれません。トイレが通常の生活なら、トイレに行くことは苦痛でも恥ずかしくもありません。

### 環境つくり案

職員用のトイレの使用ができるようにします（全教職員の理解も得る）。

トイレに行くところを、友だちに見られないように先生が注意をひき、その間に行かせます。

座席を出入り口の近くにして、授業中でもトイレに行きやすいようにします。

**Q3** 常に腹痛を訴えて、保健室へ来室してくる機能性消化管障害であろう子どもがいます。保護者に小児科の受診を促し、受診した後「異常なし」ということで、保護者もあまり心配をする様子がないのですが、普段の様子から見て、児童精神科への受診を勧めたいです。どのようなことを伝えて、児童精神科へつなげればよいのでしょうか？

**A** 器質的疾患はなく、機能性消化管障害である場合には、心理的背景を検討し対処していく必要がでてきます。機能性消化管障害によって保健室登校が多い場合には、「なぜ腹痛が出現するのか、どんなときに腹痛が治まるのか、何が原因なのかを本人、先生、家族のみんなで考えましょう。そのために、まずは学校のカウンセリングを受けてみると前述の疑問が少しわかるかもしれません。理由がわかると腹痛への対応もわかるかもしれません。カウンセリングを受けても腹痛に変化がない場合には、心療科や児童精神科の先生も相談に乗ってくれることもあります。」などと、治すために腹痛の原因を考えていくというような主旨で促すとよいかもしれません。本人の自覚はなくても、痛みを傾聴して丁寧に対応することで、自分を理解してくれた大人がいるという安心感から症状が改善することもあります。

**Q4** ゲップが突然に多くなりました。どんな病気が考えられるの？

**A** 水分や食事、唾液を飲み込むのに伴ってヒトは必ず空気も飲み込んでいます。したがって、胃の中には常に空気が少したまっている状態になっています。ゲップをすることで胃の中にある空気を出してあげるようにできます。

乳児期の胃食道逆流症の子どもは、ゲップとともに嘔吐します。胃軸捻の子どもでは、胃がねじれていることで胃から空気が抜けず、ゲップが出にくく、その空気が腸管に入りすぎておなかがパンパンになってしまうことがあります。

学童期では、学校での緊張などから繰り返し生唾を飲むように唾とともに空気も飲み込んでしまいます。それが多くなってくると、常にゲップをしている状態になることがあります。学童期でゲップが多いときには、基本的に呑気症（空気嚥下症ともいい、空気をのみこんでいること）であることが多く、心理的な緊張などが背景にあることが考えられます。ゲップを指摘してしまうとよけいに悪化することがあるため、できるだけ気にしないようにすることが対処のひとつとして大切です。また、緊張の原因について心理的背景などがないかを家族や学校の先生で相談することも大切です。

## ■園・学校での対応チェック
## 腹痛を訴える子どもに対して

### ●対応とケア
☐ 観察
- ・体温
- ・症状の程度
- ・症状の変化（いつからか）
- ・緊急性の有無

☐観察事項
- ・腹痛持続時間（　　分間）
- ・嘔吐回数（　　回）
- ・下痢回数（　　回）
- ・血便回数（　　回）
- ・発熱（体温　　℃）

☐ 救急車を手配する目安
- ・冷や汗が出るほどの痛みを訴えている
- ・痛みの訴え方が尋常ではない
- ・吐血した
- ・血便がある

☐ 保護者への連絡
- ・様子、症状
- ・対応について
- ・お迎えの依頼（到着予定、時間の確認）

☐ 引き取り依頼の目安
- ・体温が高い
- ・30分以上持続する痛みがある
- ・繰り返す痛みが続いている
- ・食欲がない（給食を全く食べられない）
- ・嘔吐した
- ・吐き気がある
- ・下痢が続く
- ・腹部以外にも痛みや症状がある（頭痛、胸痛、発疹など）
- ・血便がある

### ●保護者へ引き渡すときに伝えること
☐ 経過観察の状況と様子
☐ 病院受診の目安
☐ 帰宅後の過ごし方
☐ クラスや園・校内の病気、感染症情報
☐ その他
（普段の様子から気になることなど）

### ●救急搬送されることの多い病気

**乳児期**
- ・急性胃腸炎
- ・腸重積
- ・便秘症
- ・腸閉塞　など

**幼児期**
- ・急性胃腸炎
- ・急性虫垂炎
- ・便秘症
- ・腸閉塞　など

**学童期**
- ・急性胃腸炎
- ・急性虫垂炎
- ・胃・十二指腸潰瘍
- ・腸閉塞　など

## 胃腸の病気を持つ子どもの保護者との間で確認しておくこと

- □ 日常生活での配慮事項
  - ・食事制限
  - ・運動制限
  - ・作業などの制限
  - ・通院状況について
  - ・内服薬の有無
- □ 痛みなどの症状が出たときの対応
  - ・保健室の利用
  - ・保護者連絡の基準
  - ・薬の服用
  - ・その他の救急処置について

- □ 排泄について
  - ・声かけが必要か
  - ・トイレ環境の配慮
  - ・下着などが汚れてしまったときの対応について
- □ 病気を理解するにあたって
  - ・園・校内での職員の共通理解
  - ・クラス内などほかの子どもたちへの説明の程度
- □ その他
  - ・感染症対策など

## 手術を受ける子どもがいるとき▶手術前後の確認事項

### 手術前
- □ 日常生活の中で避けること
  - ・運動などの作業について
  - ・食事について（除去食、量など）
  - ・排泄など、トイレへの声かけ
  - ・感染症（情報の共有）
- □ 薬の服用
- □ 体調が悪くなったときの対応　など
- □ 園・校内での職員の理解と配慮事項、共通認識事項
- □ 周囲の子どもへの理解
- □ 病状や入院生活について

### 手術後
- □ 普段（手術前まで）の生活と変化
  - ・今までできていたことができなくなることがあるのか　など
- □ 日常生活の中で避けること（いつくらいまで避けるのか、また可能になったときには、連絡をしてもらうように約束をする）
  - ・運動などの作業について
  - ・食事について
  - ・排泄など、トイレへの声かけ
  - ・感染症（情報の共有）
- □ 薬の服用
- □ 体調が悪くなったときの対応　など

151

## ■胃腸の健康を守るために

巻末付録として、5つのカード見本をご紹介します。

### 経過観察カード／病院受診カード／腹痛観察カード

突然腹痛がみられたときに、どのような痛みか、またその症状や状態がどのくらい続いたのかを記録し、保護者、医師へとつなぎます。また家庭での症状を書きとめて医師へ伝える際などにもご活用ください。

### うんちしらべカード／おなかの健康チェックカード

うんちは健康のバロメーターといわれるほど、体の状態を知らせてくれるものです。小さいころからうんちと向き合い、健康観察の習慣とすることで自分の体に興味を持ち、大切にしていくことができます。

**経過観察カード** 腹痛を中心とした経過観察です。園・学校では保護者への引き渡しの際にも使用できます。

**病院受診カード** 病院を受診するときなど、様子をくわしく伝えるときにご活用ください。

---

名前 （　　　　　　　　　　　　　）

腹痛部位 （　　　　　　　　　　　）

いつから （　　　　　　　　　　　）

吐き気

（ ある　　　　　ごろから／ ない　）

嘔吐 （ 吐物観察　　　　　　　　　）

便の状態 （　　　　　　　　　　　）

その他の症状

（　　　　　　　　　　　　　　　　）

経過観察

体温

　　時　　分 体温　　. ℃（　　　　）

　　時　　分 体温　　. ℃（　　　　）

　　時　　分 体温　　. ℃（　　　　）

　　時　　分 体温　　. ℃（　　　　）

〈気になるところ・連絡事項〉

---

名前 （　　　　　　　　　　　　　　）

体重 （　　　　　　　　　　kg）

症状について （いつから）

＊せき（　／　～　）＊鼻水（　／　～　）

＊のどの痛み（　／　～　）

＊湿疹（　／　～　）＊腹痛（　／　～　）

＊嘔吐（　／　～　）＊下痢（　／　～　）

＊うんちの様子　色　（　　　　　　　）

　　　　　　　　かたち（　　　　　　）

　　　　　　　　回数　（　　　　　　）

＊ぐったりしている ・ 元気がない

＊おしっこは でている ・ でていない

＊水分は とれる ・ とれない

＊食欲は ある ・ ない

#### 体温の経過

| 体温 | 月 | | 日 | 月 | | 日 | 月 | | 日 |
|---|---|---|---|---|---|---|---|---|---|
| | 朝 | 昼 | 夜 | 朝 | 昼 | 夜 | 朝 | 昼 | 夜 |
| 40℃ | | | | | | | | | |
| 39℃ | | | | | | | | | |
| 38℃ | | | | | | | | | |
| 37℃ | | | | | | | | | |
| 36℃ | | | | | | | | | |

## 腹痛観察カード

| 年　　月　　日（　） | 名　前 | 体　温　　　　度 |

### どこが痛いのですか？ 痛む場所に〇をつけてください。
（たくさんあるときにはすべてに〇をしてください）

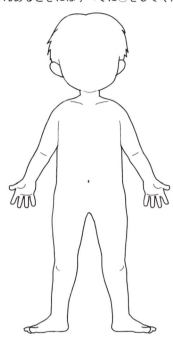

### いつから痛いのですか？
昨日 ・ 今日の朝 ・ 学校に来るとき ・
じゅぎょう中（　　　）時間目 ・
給食の時間 ・ 休み時間 ・ 放課後 ・
その他（　　　　　　　　　　　　）

### 食事について
**昨日**
あさ／食べた（　　　　　　）・食べない
ひる／食べた（　　　　　　）・食べない
よる／食べた（　　　　　　）・食べない

**今日**
あさ／食べた（　　　　　　）・食べない
ひる／食べた（　　　　　　）・食べない
よる／食べた（　　　　　　）・食べない
食べたもので気になるもの
（　　　　　　　　　　　　　　　　　　）

### どんなふうに痛いのですか？
チクチク ・ ずきずき ・ どんどん ・ おもたい感じ ・ はっている感じ ・
痛みに波がある感じ ・ うんちがでそうな感じ ・
そのほか（　　　　　　　　　　　　　　　　　　　　　　　　　　　）

### おなかの痛みのほかに症状がありますか？
はき気がする ・ はいた ・ だるい ・ さむけがする ・ ねつっぽい ・ 頭がいたい ・
せきがでる ・ はながでる ・ のどがいたい ・
おしっこがでない　（いつから？　　　　　　　　　　　　　　　　　　　）
おならがとまらない　（いつから？　　　　　　　　　　　　　　　　　　）

### うんちについておしえてください
（左側にでたとき《あさ・ひる・よる》、右側に回数をかいてください。）

|  | ばななうんち | かたいうんち（ころころ） | やわらいうんち | げりうんち（びちゃびちゃ） | でていない |
|---|---|---|---|---|---|
| きのう |  | 回 | 回 | 回 | 回 |
| 今　日 |  | 回 | 回 | 回 | 回 |

そのほか：ちがでている ・ うんちの色がおかしい（　　　　　　　　色）

# うんちしらべカード

くみ（　　　　　　　）
なまえ（　　　　　　　）

まいにち、どんなうんちがでたのかを、じぶんでしらべていろをぬりましょう。

| ひにち | いつ、なんかいでたのかな | ばななうんち | ころころうんち | やわらかうんち | びしゃびしゃうんち | でなかった |
|---|---|---|---|---|---|---|
| がつ　にち（　　）ようび | あさ ▣<br>ひる ▣<br>よる ▣ | | | | | ✕ |
| がつ　にち（　　）ようび | あさ ▣<br>ひる ▣<br>よる ▣ | | | | | ✕ |
| がつ　にち（　　）ようび | あさ ▣<br>ひる ▣<br>よる ▣ | | | | | ✕ |
| がつ　にち（　　）ようび | あさ ▣<br>ひる ▣<br>よる ▣ | | | | | ✕ |
| がつ　にち（　　）ようび | あさ ▣<br>ひる ▣<br>よる ▣ | | | | | ✕ |
| がつ　にち（　　）ようび | あさ ▣<br>ひる ▣<br>よる ▣ | | | | | ✕ |
| がつ　にち（　　）ようび | あさ ▣<br>ひる ▣<br>よる ▣ | | | | | ✕ |

かんそう

# おなかの健康チェックカード

くみ（　　　　）
なまえ（　　　　）

今日のからだの調子やうんちの状態をチェックして健康観察をしてみましょう。あてはまるところに○をつけてください。

| 月／日（曜日） | すいみん | | 朝ごはん | | 昼食（給食） | | 夜ごはん | | うんちの様子 | | | | | | でなかった | 運動 | | からだの調子 | | | |
|---|---|---|---|---|---|---|---|---|---|---|---|---|---|---|---|---|---|---|---|---|---|
| | よく眠れた | あまり眠れなかった | 食べた | 食べてない | 食べた | 食べてない | 食べた | 食べてない | うんちの回数 | ばななうんち | ころころうんち | やわらかうんち | びちゃびちゃうんち | | | 血が出た | 運動した | とても元気 | ふつう | 元気ではない | おなかがいたい |
| （　／　） | | | | | | | | | ▢ | | | | | | ✕ | | | | | | |
| （　／　） | | | | | | | | | ▢ | | | | | | ✕ | | | | | | |
| （　／　） | | | | | | | | | ▢ | | | | | | ✕ | | | | | | |
| （　／　） | | | | | | | | | ▢ | | | | | | ✕ | | | | | | |
| （　／　） | | | | | | | | | ▢ | | | | | | ✕ | | | | | | |
| （　／　） | | | | | | | | | ▢ | | | | | | ✕ | | | | | | |
| （　／　） | | | | | | | | | ▢ | | | | | | ✕ | | | | | | |

155

# さくいん INDEX

## 【あ】

赤色便…………………………………72
アストロウイルス…………………………88
アセトン血性嘔吐症………………………37
アナフィラキシー………………… 44,106
アニサキス…………………………………92
アルカリ性…………………………………10
アレルギー性胃腸炎……… 27,28,31
アレルギー性紫斑病
　………………… 27,30,31,37,72,108
アレルギーなどの炎症性疾患…82,84
胃………………………………………6,20
胃・十二指腸潰瘍
　……………27,28,30,31,48,49,84
胃液……………………………………6,9,10
胃潰瘍………………………………………83
胃結腸反射…………………………………70
胃酸…………………………………………87
胃軸捻転………………………………31,37,80
胃食道逆流症……27,28,30,31,37,76
胃底…………………………………………8
胃のしくみ（働き）…………………8,9,11
咽頭痛………………………………………76
ウイルス性胃腸炎……… 29,37,88
上腸間膜動脈症候群………………………37
右季肋下腫瘤………………………………28
運動……………………………………70,99
栄養………………………………………14,115
壊死性腸炎……………………………31,37
エルシニア…………………………………90
炎症性腸疾患
　………………27,30,31,54,55,72
横隔膜………………………………………36
黄色ブドウ球菌……………………………90
黄疸……………………………………28,142
嘔吐
　…28,36,38 ～ 40,42,55,76,86,105
おしりのケア………………………………59
おなら……………………………………17,19

## 【か】

外傷…………………………………………82
咳嗽…………………………………………55
外縦走筋……………………………………8
回腸……………………………………12,13
潰瘍性大腸炎……… 22,27,31,53,112
過食症………………………………………37
ガストリン産生細胞………………………10
かぜ症候群…………………………………55
喀血…………………………………………49
学校保健安全法……………………………93
括約筋………………………………………6
過敏性腸症候群
　……27,30,31,53,54,55,61,66,97
下腹部……………………………………25,31
ガラクトース血症…………………………37
体の毒になるもの…………………………14
肝炎………………………… 27,30,31,144

間欠性ポルフィリン尿症……… 27,31
感染症……………………………………82,84
感染性胃腸炎……………… 27,31,53
肝臓…………………………………………7
カンピロバクター…………………………90
関連痛………………………………………24
気管支炎………………… 28,31,53,55
気管支ぜんそく…………27,28,30,31
器質性……………………………………55
寄生虫…………………… 27,30,31,54,92
機能性胃腸障害……………… 27,30,31
機能性消化管障害………………61,96,149
機能性ディスペプシア…………………97,98
逆流症食道炎……………… 27,30,31
虐待………………………………………54
救急搬送されることの多い病気
　…………………………………………150
吸収不良症候群…………………………114
急性胃腸炎……………… 27,28,30,31
急性虫垂炎……………… 27,31,37
急性胃粘膜病変…… 27,30,31,48,49
急性肝炎…………………………………37
急性下痢症……………………… 53,55
急性膵炎……………… 37,144,146
急性胆管炎…………………………………37
狭窄症……………………………………37
蟯虫…………………………………92,93
起立性調節障害……………………………37
緊急の見極め
　…………33,35,39,42,50,58,60,73
筋層……………………………………8
空気嚥下症……………… 27,28,31,37
空腸……………………………………12,13
薬の使い方…………………………47,67
黒色便……………………………………72
クローン病
　………………… 21,27,31,53,72,110
経過観察………………33,35,39,43,58,60
経口補水液の作り方………………………40
下血（血便）……………………… 72,76
下血の対応…………………………………73
結腸……………………………………16
げっぷ……………………………………149
血便……………………28,55,112,122
ケトン性低血糖症…………………………37
下痢…………28,52,55,58,62,114,118
下痢を予防するための生活習慣……63
誤飲……………………………… 41,141
交感神経……………………………………9
抗がん剤…………………………………57
抗菌薬……………………………………87
好酸球性胃腸炎…… 27,30,31,37,54
好酸球性消化管疾患……………………104
好酸球性食道炎……………………………78
甲状腺機能亢進症………………54,55
肛門周囲膿瘍………………………………138
肛門裂傷……………………………………72
誤嚥………………………………………37
呼吸器感染症………………………………76
呼吸器症状…………………………………76
骨盤内炎症性疾患………………27,30,31
子どもが排泄を我慢する原因……69

## 【さ】

細菌性腸炎………… 37,55,72,90,72
サイトメガロウイルス……………144
臍ヘルニア………………………………136
サポウイルス………………………………88
サルモネラ………………………………53,90
刺激性物質………………………………82,84
市販されている薬………………………71
脂肪便……………………………………114
若年性ポリープ………………………21
周期性嘔吐症……27,30,31,102
十二指腸……………………8,7,12,37
十二指腸潰瘍……………………………21
重複腸管……………………… 27,28,31
絨毛………………………………………7,13
手術を受ける子どもがいるとき
　…………………………………………151
手術前後の確認事項……………………151
受診
　……33,35,39,43,50,58,60,67,68
授乳指導……………………………………77
小腸の機能………………………………14
消化管アレルギー………………………106
消化管異物………………………………140
消化管感染症（腸炎後腸症）……54
消化管重複症………………………………72
消化管腫瘍…………………………………37
消化管穿孔…………………………………31
消化管ポリープ…………………………128
消化管ホルモン……………………………6
消化吸収機能………………………………14
消化作業……………………………………6
消化性潰瘍…………………………………72
上気道炎…………………………………28,31
小腸（のしくみ）…………………7,12,20
小腸閉鎖症…………………………………37
条虫類……………………………………92
上腹部……………………………………25,31
小弯………………………………………8
食中毒（細菌性腸炎）…………29,53
食道………………………………………6,8
食道炎……………………………………48,49
食道静脈瘤……………… 48,49,72
食物アレルギー
　…… 37,44,48,49,53 ～ 55,72,89
食物除去療法………………………………79
自律神経……………………………………9
痔瘻……………………………………72,138
耳漏………………………………………55
心因性嘔吐…………………………………37
腎盂腎炎……………………… 27,30,31
心筋炎……………………… 27,30,31,37
神経細胞……………………………………14
神経性食欲不振症…………………………37
浸潤………………………………………78
腎臓…………………………………………7
シンチグラフィー…………………………119
すい液………………………………………14
膵炎……………………… 27,30,31,54
水腎症………………………………………28,31
すい臓………………………………………7
膵嚢胞…………………………… 27,30,31
膵損傷……………………………………27,31

156

水頭症‥‥‥‥‥‥‥‥‥‥‥‥‥37
水分の過剰摂取‥‥‥‥‥‥‥‥57
水分補給‥‥‥‥‥40,43,59,68,70
髄膜炎‥‥‥‥‥‥‥‥‥‥‥‥‥37
好酸球性食道炎‥‥‥‥‥27,31,30
ストレス‥‥‥‥‥‥46,82,84,99
正常腸管‥‥‥‥‥‥‥‥‥‥‥120
精神性嘔吐‥‥‥‥‥‥‥‥‥‥36
精巣捻転‥‥‥‥‥‥‥‥‥‥‥27
成長障害‥‥‥‥‥‥‥‥‥‥114
生理痛‥‥‥‥‥‥‥‥27,30,31
せき‥‥‥‥‥‥‥‥‥‥‥28,76
脊髄髄膜瘤‥‥‥‥‥‥‥‥‥‥66
赤痢アメーバー‥‥‥‥‥‥‥‥92
赤痢菌‥‥‥‥‥‥‥‥‥‥‥‥90
前庭部‥‥‥‥‥‥‥‥‥‥8,10
先天性吸収不全症候群‥‥‥‥‥55
先天性クロール下痢症‥‥‥‥‥54
先天性副腎過形成‥‥‥‥‥‥‥37
ぜん動（運動）‥‥‥‥6,8,14,52
喘鳴‥‥‥‥‥‥‥‥‥‥‥‥‥76
総胆管拡張症‥‥‥‥‥‥‥‥‥37
鼠径ヘルニア‥‥‥‥27,31,37,136

【た】
タール便‥‥‥‥‥‥‥‥‥‥‥28
体位療法‥‥‥‥‥‥‥‥‥‥‥77
体温‥‥‥‥‥‥‥‥‥‥‥‥112
代謝性疾患‥‥‥‥‥‥‥‥‥‥37
体重増加不良‥‥‥‥‥‥‥76,81
大腸（しくみ／構造）‥‥‥7,16,20
大腸菌‥‥‥‥‥‥‥‥‥‥‥‥17
大腸ポリープ‥‥‥‥‥‥‥55,72
大弯‥‥‥‥‥‥‥‥‥‥‥‥‥8
脱水（症・症状）‥‥58,60,62,88
胆管炎‥‥‥‥‥‥‥‥‥‥27,31
胆汁‥‥‥‥‥‥‥‥‥‥‥‥‥14
短腸症候群‥‥‥‥‥‥‥‥‥‥54
胆石症‥‥‥‥‥‥‥‥27,30,31
胆道拡張症‥‥‥‥‥27,28,30,31
胆のう‥‥‥‥‥‥‥‥‥‥‥‥7
胆嚢炎‥‥‥‥‥‥‥‥27,30,31
蛋白漏出性胃腸症‥‥‥‥‥55,118
中耳炎‥‥‥‥‥‥‥‥37,53,55
虫垂‥‥‥‥‥‥16,22,55,126
中枢性嘔吐‥‥‥‥‥‥‥‥‥‥36
中腸軸捻転‥‥‥‥‥‥27,31,37
中輪走筋‥‥‥‥‥‥‥‥‥‥‥8
腸以外の感染症‥‥‥‥‥‥‥‥53
腸炎後症候群‥‥‥‥‥‥‥‥116
腸回転異常症‥‥‥‥27,31,37,120
腸管アデノウイルス‥‥‥‥‥‥88
腸管運動‥‥‥‥‥‥‥‥66,68,
腸管ベーチェット病‥‥‥‥27,31
腸間膜リンパ節炎‥‥‥‥27,30,31
腸重積
‥‥22,27,29,31,37,55,72,74,124
腸内細菌‥‥‥‥‥‥‥‥‥‥‥17
腸の粘膜‥‥‥‥‥‥‥‥‥‥‥52
腸閉塞（イレウス）‥‥27,29,31,37,94
直腸‥‥‥‥‥‥‥‥‥‥‥‥‥16
つかえ感‥‥‥‥‥‥‥‥‥‥105
手当とケア‥‥‥‥‥‥‥‥‥‥68

啼泣‥‥‥‥‥‥‥‥‥‥‥‥124
てんかん‥‥‥‥‥‥‥‥27,31
トイレに行きやすい環境づくり
‥‥‥‥‥‥‥‥‥‥‥‥‥‥148
糖尿病性ケトアシドーシス
‥‥‥‥‥‥‥‥‥‥27,30,31,37
頭部外傷（打撲）‥‥‥‥‥37,45
吐血‥‥‥‥‥‥‥‥28,48,50,76
特発性‥‥‥‥‥‥‥‥‥‥82,84
トドラーの下痢症‥‥‥‥‥54,55

【な】
内視鏡検査‥‥‥‥‥‥‥‥51,83
内斜走筋‥‥‥‥‥‥‥‥‥‥‥8
内分泌疾患‥‥‥‥‥‥‥‥‥‥55
難治性下痢症‥‥‥‥‥‥‥‥116
難病‥‥‥‥‥‥‥‥‥‥‥‥148
二糖類分解酵素欠損症‥‥‥‥‥54
乳糖不耐症‥‥‥‥‥‥53,55,89
乳幼児突発性危急事態（ALTE）
‥‥‥‥‥‥‥‥‥‥‥‥‥‥76
乳幼児の下痢‥‥‥‥‥‥‥‥‥59
尿路感染症‥‥‥‥‥‥28,31,37
尿路結石‥‥‥‥‥‥‥‥27,30,31
熱中症と嘔吐‥‥‥‥‥‥‥‥‥44
粘膜症状‥‥‥‥‥‥‥‥‥‥106
脳炎‥‥‥‥‥‥‥‥‥‥‥‥‥37
脳奇形‥‥‥‥‥‥‥‥‥‥‥‥37
脳腫瘍‥‥‥‥‥‥‥‥‥‥‥‥37
「の」の字マッサージ‥‥‥‥66,68
乗り物酔い‥‥‥‥‥‥‥‥‥‥47
ノロウイルス‥‥‥‥‥‥‥53,88

【は】
肺炎‥‥‥‥‥27,28,30,31,53,55
敗血症‥‥‥‥‥‥‥‥‥‥‥‥37
排尿時痛‥‥‥‥‥‥‥‥‥‥‥28
排便‥‥‥‥‥‥‥‥‥‥‥‥‥17
排便習慣‥‥‥‥‥‥‥‥‥‥‥70
排便の悪循環‥‥‥‥‥‥‥‥‥65
排便のしくみ‥‥‥‥‥‥‥‥‥67
吐き気‥‥‥‥‥‥‥‥76,86,105
発達遅滞‥‥‥‥‥‥‥‥‥‥‥66
発熱‥‥‥‥‥‥‥‥‥‥‥28,55
鼻汁‥‥‥‥‥‥‥‥‥‥‥28,55
鼻血‥‥‥‥‥‥‥‥‥‥‥‥‥72
反芻運動‥‥‥‥‥‥‥‥‥‥‥76
反射性嘔吐‥‥‥‥‥‥‥‥‥‥36
肥厚性幽門狭窄症‥‥‥‥‥‥‥37
被虐待児‥‥‥‥‥‥‥‥‥‥‥37
微絨毛‥‥‥‥‥‥‥‥‥‥‥‥13
非ステロイド性抗炎症薬‥‥‥‥49
脾臓‥‥‥‥‥‥‥‥‥‥‥‥‥7
脾損傷‥‥‥‥‥‥‥‥‥‥‥‥27
ビフィズス菌‥‥‥‥‥‥‥‥‥17
病原性大腸菌‥‥‥‥‥‥‥‥‥90
ヒルシュスプルング病
‥‥‥‥27,28,31,37,54,66,134
ピロリ菌‥‥‥‥21,48,49,83,85,86
貧血‥‥‥‥‥‥‥‥‥‥‥‥‥76
ファーター乳頭‥‥‥‥‥‥‥‥7
不機嫌‥‥‥‥‥‥‥‥‥‥‥‥76
腹腔外疾患・腹腔内疾患‥‥‥‥27

副交感神経‥‥‥‥‥‥‥‥9,14
腹痛‥‥‥‥‥‥24,55,76,150
腹痛で考えられる病気‥‥‥‥‥27
腹痛への対応‥‥‥‥‥‥32,34
腹痛を認めた場合の確認事項‥‥‥25
腹部外傷‥‥‥‥‥‥‥27,31,37
腹膜刺激徴候‥‥‥‥‥‥‥‥126
不整脈‥‥‥‥‥‥‥‥‥‥‥‥37
付属器炎‥‥‥‥‥‥‥‥27,30,31
腹筋‥‥‥‥‥‥‥‥‥‥‥‥‥36
ブリストルスケール‥‥‥‥‥‥18
噴門‥‥‥‥‥‥‥‥‥‥8,10,20
へその周囲‥‥‥‥‥‥‥‥25,31
ペプシノーゲン‥‥‥‥‥‥‥‥10
ヘルニア嵌頓‥‥‥‥27,31,37,137
ヘルペスウイルス‥‥‥‥‥‥144
便がつくられるまで‥‥‥‥‥‥17
便カラーカード‥‥‥‥‥‥‥143
幽門‥‥‥‥‥‥‥‥‥‥37,103
便秘（症）
‥‥‥‥27～31,37,64,66,70,132
便秘におすすめの食材‥‥‥‥‥70
膀胱‥‥‥‥‥‥‥‥‥7,27,31
ボツリヌス菌‥‥‥‥‥‥‥‥‥90
哺乳‥‥‥‥‥‥‥‥‥‥‥37,76

【ま】
慢性胃炎‥‥‥‥‥21,27,30,31,82
慢性下痢症‥‥‥‥‥‥‥‥‥‥55
慢性膵炎‥‥‥‥‥‥‥‥144,146
慢性突発性偽性腸閉塞症‥‥‥‥37
慢性非特異性下痢症‥‥‥‥‥‥54
脈拍‥‥‥‥‥‥‥‥‥‥‥‥112
むくみ‥‥‥‥‥‥‥‥‥‥‥118
無呼吸発作‥‥‥‥‥‥‥‥‥‥76
メッケル憩室‥‥27,28,30,31,72,122
免疫機能‥‥‥‥‥‥‥‥14,15
免疫反応‥‥‥‥‥‥‥‥‥‥‥15
免疫不全症‥‥‥‥‥‥‥‥‥‥53
盲腸‥‥‥‥‥‥‥‥‥‥‥‥‥16

【や】
薬剤‥‥‥‥‥‥‥‥53,82,84
薬物中毒‥‥‥‥‥‥‥‥‥‥‥37
薬物療法‥‥‥‥‥‥‥‥77,79
幽門‥‥‥‥‥‥‥‥‥‥‥8,10
酔い止め薬‥‥‥‥‥‥‥‥‥‥47
溶血性尿毒症症候群‥‥‥‥27,31
溶血性貧血の溶血発作‥‥‥‥27,31

【ら】
ライ症候群‥‥‥‥‥‥‥‥‥‥37
卵巣嚢腫茎捻転‥‥‥‥‥‥27,31
ランブル鞭毛虫‥‥‥‥‥‥‥‥92
リンパ濾胞増殖症‥‥22,55,72,130
類縁疾患‥‥‥‥‥‥‥27,28,31
ロタウイルス‥‥‥‥‥‥‥53,88

【A～Z】
HUS溶血発作‥‥‥‥‥‥‥‥30
ROMEⅢ‥‥‥‥‥‥‥‥‥132
S状結腸軸捻転‥‥‥‥‥‥27,31

# ❖ お わ り に ❖

　子どものおなかの病気は、単なる胃腸の病気だけではなく、いろいろな種類の病気があります。先天性の病気や、3歳までに多い病気、学童期に多い病気など、年齢や症状によって病気が大きく異なる場合があります。

　おなかの症状のうち、とくに「痛み・腹痛」に関しては、周囲の人には理解されず本人だけが苦しいことがあります。また、下痢やおならの症状は「臭い、汚い、病気がうつる」といった偏見にさらされることも少なくありません。さらに、胃腸は直接みることができないので病気で苦しんでいるのに元気にみえるといった、外見と中身のギャップが生じ、友だちや先生方に軽くみられ、ケンカやいじめの原因にもなり得ます。

　おなかの症状や胃腸の病気について理解を深めていただくとともに、おなかの症状に対する壁が小さくできるように本書がお役に立てれば幸いです。

# ◆ 監 著 者 紹 介 ◆

## 工藤 孝広 （くどう たかひろ）

**＜略歴＞**

1997年 順天堂大学医学部卒業、小児科臨床研修医。2003年 順天堂大学大学院卒業・医学博士の学位授与、順天堂大学小児科助手。2006年～2008年 Institute of Cell and Molecular Science, Bart's and the London, Queen Mary's School of Medicine and Dentistryへ留学。2009年1月 もりおかこども病院小児科医長。2009年10月 順天堂大学小児科助教。2010年 順天堂大学小児科准教授。2012年4月 東京都立小児総合医療センター消化器科医員。2014年4月より順天堂大学小児科准教授。

**＜専門医、所属学会＞**

日本小児科学会専門医・指導医、日本小児栄養消化器肝臓学会認定医、日本消化管学会胃腸科専門医・指導医、日本アレルギー学会、日本小児アレルギー学会、日本消化器内視鏡学会、日本消化器免疫学会

## 藤井 徹 （ふじい とおる）

**＜略歴＞**

1999年 順天堂大学医学部卒業、小児科臨床研修医。2005年 順天堂大学大学院卒業・医学博士の学位授与、日本小児科学会専門医取得、順天堂大学小児科助手。2007年4月 順天堂大学小児科助教。2010年4月 東京都保健医療公社東部地域病院小児科医員。2012年4月 順天堂大学小児科助教。2014年9月より順天堂大学小児科准教授。

**＜専門医、所属学会＞**

日本小児科学会専門医・指導医、日本小児栄養消化器肝臓学会認定医、日本消化管学会胃腸科専門医、日本アレルギー学会、日本小児アレルギー学会

## 細井 賢二 （ほそい けんじ）

**＜略歴＞**

2008年 近畿大学医学部卒業、板橋中央総合病院初期臨床研修医。2013年 日本小児科学会専門医取得。2010年4月 順天堂大学小児科専攻生。2013年1月 埼玉県立小児医療センター未熟児新生児科レジデント。2013年7月 国立成育医療研究センター消化器科フェロー。2016年4月より順天堂大学医学部附属練馬病院小児科助手。

**＜専門医、所属学会＞**

日本小児科学会専門医、日本小児栄養消化器肝臓学会、日本消化管学会、日本小児アレルギー学会、日本消化器内視鏡学会、日本炎症性腸疾患学会

〈写真提供〉
　順天堂大学　小児科　神保圭佑先生

〈参考文献・資料〉
『イラストを見せながら説明する 子どもの病気とその診かた』金子堅一郎編　南山堂刊
『小児栄養消化器肝臓病学』日本小児栄養消化器肝臓学会編集　診断と治療社刊
『小児・思春期のIBD診療マニュアル』友政剛監修　診断と治療社刊
『小児慢性機能性便秘症診療ガイドライン』日本小児栄養消化器肝臓学会編集　診断と治療社刊
『Nelson Textbook of Pediatrics 19th Edition』W B Saunders Co.
『小児科診療ガイドライン ― 最新の診療指針』総合医学社刊
『病気がみえる vol.1　消化器　第４版』医療情報科学研究所編集　メディックメディア刊
『ナースのための図解からだの話』芦川和高監修　学習研究社刊
『胃腸・肝臓などのしくみと病気がわかる事典』安藤幸夫・西尾剛毅監修　成美堂出版刊


## 先生と保護者のための　子どもの胃腸病気百科

2016年７月１日　初版第１刷発行
　　監　著　者　工藤 孝広
　　著　　　者　藤井 徹　細井 賢二
　　発　行　人　松本 恒
　　発　行　所　株式会社　少年写真新聞社
　　　　　　　　〒102-8232　東京都千代田区九段南４-７-16 市ヶ谷KTビル I
　　　　　　　　TEL 03-3264-2624　FAX 03-5276-7785
　　　　　　　　URL http://www.schoolpress.co.jp/
　　印　刷　所　図書印刷株式会社
　　　　　　　　©Takahiro Kudo, Toru Fujii, Kenji Hosoi 2016 Printed in Japan
　　　　　　　　ISBN978-4-87981-567-5 C0037

スタッフ　編集：大石 里美　DTP：木村 麻紀　イラスト：高宮 麻紀　校正：石井 理抄子　編集長：野本 雅央

本書を無断で複写・複製・転載・デジタルデータ化することを禁じます。
乱丁・落丁本はお取り替えいたします。定価はカバーに表示してあります。

# 山林の境界と所有

資料の読み方から境界判定の手法まで

寶金敏明　右近一男　編著
西田　寛　河原光男　西尾光人　著

日本加除出版株式会社

# は し が き

　わが国の国土の約3分の2を占める森林は，木材を育み，水を貯え，生物の多様性に寄与するなど，国民生活に欠くことのできない資源である。ところが，林業の衰退によって木材の自給率は30％程度にとどまり，森林の荒廃が進んで保水機能は著しく低下し，動植物にとっても住みにくい環境にまで劣化している。

　国は，疲弊する山村の状況を打開すべく，2007（平成19）年のいわゆる農山漁村活性化法を柱として，山林の活性化に関する法律・施策を次々と実施している。農林水産省では農林地所有権移転等促進事業や山村境界保全事業を推進している。また，国土交通省も地籍調査を急いでいるが，山村部の地籍調査進捗率は44％（2015（平成27）年度末現在）にとどまっており，およそ1000万ヘクタール以上が旧来の公図地区となっており，その多くは境界が明らかでない状況下にある。

　これらの活性化事業の基盤となるのが，例えば森林施業の集約化や路網の整備などを実施する上で不可欠な山林の権利関係の明確化である。ところが，山林所有者の把握と山林の境界の明確化は，山村地域の過疎化・所有者の山林離れによる管理放棄地・荒山の増加や急速な高齢化によって，境界に関する物証や人証が失われつつあり，境界の復元が年を追って困難となっているのが現状である。

　このように山林の保全・維持のためには，その前提として権利関係の明確化が必要不可欠であるところ，本書は，山林の境界判定について，その手法と法的問題について解説をすることを目的としている。なお，紙数の制約上，本書に書ききれない事項もあるが，適切な文献を引用するなど，インデックス機能をも重視した内容となっている。

　なお，本書の執筆を担当した土地家屋調査士は，全員が西田寛氏を中心とする私的勉強会「寛塾」のメンバーであり，本書の大部分は寛塾において何度も議論を重ねた成果を共同で文章化したものである。未だ書き残した部分も多々あるが，山林の利活用は喫緊の課題ゆえ，急ぎ出版に踏み切るに至った。積み残した課題については研究を重ね他日を期したいと考えている。

　本書が，境界判定に携わる土地家屋調査士のみならず，境界の法律問題を扱う裁判官や弁護士，司法書士，市町村等自治体，森林組合やNPO法人等の方々にも参考となれば幸いである。

　2016年9月

中央大学法科大学院客員教授・弁護士

寳 金 敏 明

# 編著者・著者紹介

## ■編著者

**寳 金 敏 明**
　　中央大学法科大学院客員教授・弁護士（第一東京弁護士会）

**右 近 一 男**
　　土地家屋調査士（兵庫県土地家屋調査士会）

## ■著　者

**西 田　　寛**
　　土地家屋調査士（大阪土地家屋調査士会）

**河 原 光 男**
　　土地家屋調査士（兵庫県土地家屋調査士会）

**西 尾 光 人**
　　土地家屋調査士（京都土地家屋調査士会）

# 凡　　例

## 【用語】

■**空中写真**………空撮の写真のゆがみを補正する前のもの。ゆがみを補正して正射写真（写真地図）としたものをオルソフォトグラフという（Q44～Q47，Q63参照）。

■**公図**………法務局備付けの旧土地台帳法施行細則第2条に基づく地図（いわゆる旧土地台帳附属地図）。

■**コンパス測量**………小方儀（羅針盤と視準器から成る。Q39参照）を用いた測量。

■**山林公図**………山林を調査することにより作成された公図（Q39，Q43，Q47参照）。

■**地籍編製地図**………明治期（公図とほぼ同じ頃），内務省が地籍編纂事業のために作成した地図。

■**調査士型ADR**………土地家屋調査士会と弁護士会が協働する「境界問題相談センター」を指す（Q79参照）。

■**法14条地図**………不動産登記法第14条第1項に基づいて登記所に備え付けられている地図。

■**和紙公図**………地租改正事業等において作成された公図。マイラー図化される以前のものを指し，俗に言う絵図公図のうち，登記所保管のものを指す。

## 【出典略語】

■民録………大審院民事判決録
■大民集………大審院民事判例集
■民集………最高裁判所民事判例集
■裁判集民………最高裁判所裁判集民事
■高民………高等裁判所民事判例集
■高刑………高等裁判所刑事判例集
■高検速報………高等裁判所刑事裁判速報
■東高民時報………東京高等裁判所判決時報
■下民………下級裁判所民事裁判例集
■下刑………下級裁判所刑事裁判例集

■不法下民………不法行為に関する下級裁判所民事裁判例集
■行集………行政事件裁判例集
■訟月………訟務月報
■民月………民事月報
■判時………判例時報
■判タ………判例タイムズ
■新聞………法律新聞
■労判………労働判例

目　次

# 第 **1** 章　山林の法律知識

## 1．山林境界の基礎知識 ————————————————— 1

**Q *1*** 山林とは何か。森林とはどう違うのか。樹木との関係はどうか。 ……………… 1

**Q *2*** 樹木と山林の所有関係は法律上どのように整理されているのか。 …………… 2

**Q *3*** 山林あるいは樹木を時効取得するのは，どのような場合か。 ………………… 3

**Q *4*** 山林の境界とは何か。 ………………………………………………………………… 4

**Q *5*** 山林の一部が隣接地所有者の所有となるのはどのような場合か。またその場合，境界
はどうなるのか。 ……………………………………………………………………… 5

**Q *6*** 山林の全部又は一部を長年無断で占拠し続けてきた場合，その地盤や樹木を時効取得
するか。 ………………………………………………………………………………… 6

**Q *7*** 山林の筆界は移動するのか。 ……………………………………………………… 9

**Q *8*** 官民境界査定処分とは何か。 ……………………………………………………… 12

**Q *9*** 山林の一部を時効取得した場合，境界はどうなるのか。 ……………………… 13

**Q *10*** 「施業界」は「筆界」・「所有権界」とどう違うのか。 ………………………… 14

**Q *11*** 「林班界」・「小林班界」と「筆界」・「所有権界」とはどのような関係にあるのか。 ………… 14

**Q *12*** 山林の筆界が県境・市町村境等と一致する場合，筆界とこれらの行政界とはどういう
関係になるのか。 …………………………………………………………………… 15

**Q *13*** 山林が都府県境・市町村境であり，自治体同士が争っている場合は，どうするのか。 …… 15

**Q *14*** 行政界と重なる山林の筆界調査においては，どのような点に注意したらよいか。 ………… 16

5

## ２．山林境界の成立時期 ──────────────── 16

**Q15** 山林の境界はいつ成立したのか。それより古い時代の境界の資料は，有用ではないのか。 ································································································· 16

**Q16** 原始筆界・創設筆界とは何か。 ········································································· 17

## ３．山林境界の成立過程 ──────────────── 18

**Q17** 明治初年の山林境界成立時に境界はどのようにして定められていったのか。 ··············· 18

## ４．明治初年における山林境界の精度 ───────── 19

**Q18** 山林境界は，あいまいなものが通例と言われている。なぜか。 ···························· 19

**Q19** 明治初年に山林筆界の測定の仕方を指示した法令はあるのか。 ···························· 20

## ５．明治初年における山林所有者の確定 ──────── 21

**Q20** 明治初年において山林所有者は，どのようにして決められたのか。 ························ 21

**Q21** 登記簿表題部の所有者欄に「大字」，「区」，「部落」，「大字Ａ部落共有」とある山林の所有者は誰か。 ············································································································ 22

**Q22** 登記簿上，「大字」，「区」，「部落」と表記されている団体が民有の共有地として山林を所有する場合，これらの団体が団体名で登記する手立てはないのか。 ···················· 23

**Q23** 地域の自治組織Ａは，最近，認可地縁団体となり，はるか昔から保有する山林について団体名義への所有権の移転登記をしようと考えたが，登記簿に表示登記された100人を超える所有権登記名義人が既に死亡しているため，その相続人の確定に膨大な手間や費用が掛かり，移転登記が困難な状況となっている。何か良い解決方法はないか。···· 23

**Q24** 登記簿上「Ａ外α名」とあるもα名の名簿がない，いわゆる記名共有地につき，所有権登記を時効取得者や認可地縁団体に移すにはどうすればよいか。 ···························· 25

**Q25** 登記簿上「共有惣代Ａ」とある，いわゆる共有惣代地につき，所有権登記を時効取得者や認可地縁団体に移すにはどうすればよいか。 ·················································· 26

**Q26** 集落住民が，古来，入り会って秣，山菜，薪炭用材等を共同で収益していた国有山

6

林・公有山林等の入会権は，現在ではどうなっているのか。……………………………… 27

**Q27** 山林登記の表題部に所有者Aとだけ記載されていて権利の登記がない場合，Bがその
山林の所有権登記を取得するためにはどうしたらよいか。…………………………… 28

**Q28** 登記のない山林等の所有者は誰か。また，登記を実現する方法はあるか。……………… 29

# 第2章 山林境界の探索

**Q29** 山林公図の検証に当たっては，どのような作業が必要か。………………………………… 31

**Q30** 山林境界と地形との関係を調査するに当たっては，具体的にどのような点に留意した
らよいのか。……………………………………………………………………………… 32

**Q31** 山林境界と地形との関係を調査する際，地形的な特徴と筆界との関係について，どの
ような確認が必要か。……………………………………………………………………… 33

**Q32** 山林境界と地形との関係を調査する際，山道と筆界との関係について，どのような確
認が必要か。……………………………………………………………………………… 35

**Q33** 山林境界と地形との関係を調査する際，谷内田と筆界との関係や，山林部における棚
田・畑と筆界との関係について，どのような確認が必要か。……………………………… 37

**Q34** 山林と農地間にある境界の場合，筆界（兼所有権界）は地形的にどの辺りに位置する
のが通例か。……………………………………………………………………………… 40

**Q35** 山林境界と林相・樹齢との関係の調査に当たって，どのような点に注意すべきか。……… 40

**Q36** 山林筆界と地形は，どのような関係にあるのか。…………………………………………… 42

**Q37** 山林の縄のびについて，どのように考えるか。……………………………………………… 43

**Q38** 山林公図には山道の記載があるが，現地には存在しない。その場合の筆界はどのよう
に判定したらよいのか。…………………………………………………………………… 46

# 第 3 章　山林境界の資料

## 1．公図，その他の図面等 —————————————————— 49

**Q39** 山林に係る公図その他の図面の一般的精度は，どの程度のものか。………………… 49

**Q40** 一筆図・字限図・一村図とは，筆界表示の精確性において，どのような関係にあるのか。…… 53

**Q41** 現地法（十字法・三斜法）で筆界が復元できるのか。……………………………… 54

**Q42** 地租改正の頃に平板や小方儀（コンパス）を用いて導線法で作成された地図は，土地の形状（区画・筆界点）の判定につき，どの程度信頼性があるのか。…………………… 56

**Q43** 山林公図の筆界復元能力を検証するに当たっては，どのような点に注意すべきか。……… 58

**Q44** 山林境界の資料にはどのようなものがあるのか。…………………………………… 61

**Q45** 山林境界に関する資料はどのようにして取得するのか。…………………………… 62

**Q46** 資料の利用方法と注意事項は何か。………………………………………………… 63

**Q47** 山林境界に関する資料はどう評価されるか。……………………………………… 64

**Q48** 耕地宅地の公図と山林の公図に違いはあるのか。………………………………… 66

**Q49** 地元地区で保管する古い図面があり，朱色の直線に「寅　十三分，廿間」のような文字が添えてあったのだが，何を表しているのか。…………………………………… 67

**Q50** 土地登記記録及び土地台帳に記載されている山林の面積（地積）の精確性は，どの程度なのか。…………………………………………………………………………… 68


## 2．国有林の境界に関する資料 —————————————————— 69

**Q51** 国有林と民有地との間の境界については，民有地相互の場合と異なる特色があると聞いているが，どのようなものか。………………………………………………… 69

**Q52** 一般の国有林について作成された境界判定資料にはどのようなものがあるか。……… 70

**Q53** 戦前の御料林については，どのような境界資料が作成されたのか。………………… 72

Q54 戦前の北海道内の国有林については，どのような境界資料が作成されたのか。……………… 72

Q55 官林図とは何か。………………………………………………………………………………… 73

Q56 国有・公有山林についての境界協議に基づく図面・帳簿としては，どのようなものが
あるのか。……………………………………………………………………………………………… 73

## 3．公図利用上の問題 ——————————————————————————— 74

Q57 地番はどのように定められたか。……………………………………………………………… 74

Q58 字の区画はどのように発生したか。…………………………………………………………… 76

Q59 公図における字名の表現に注意する点があるか。…………………………………………… 77

Q60 第二次世界大戦後に実施された農地改革は，山林境界と関連することがあるのか。……… 77

Q61 公図の内に，地番の記入のない区画が見られるが，無番の国有地と考えてよいか。……… 79

Q62 土地台帳・登記簿に記録があるのに，山林の字限図が見当たらないのはなぜか。………… 80

## 4．山林の空中写真 ——————————————————————————————— 81

Q63 一般的に山林の公図は精度的に問題があると言われている。そうだとすれば，これら
公図から現地確認をすることは無意味なのではないか。……………………………………… 81

# 第4章 山林の境界問題の現状とその是正策

## 1．山林の境界問題の現状 ——————————————————————————— 89

Q64 今，山林の境界にどのような問題が起こっているのか。その背景と具体的問題点を知
りたい。……………………………………………………………………………………………… 89

Q65 所有者不明の山林は，どのくらいの数になるのか。………………………………………… 90

Q66 地籍調査が行われていない地域の森林組合は，実際にどのようにして山林所有者及び
山林の境界を把握しているのか。……………………………………………………………… 90

9

Q*67* 明治以来，登記が動いてない山林は，境界の確定にどのような問題を生じているのか。⋯⋯ 91

## ２．山林の境界問題の行政による是正策 ———————————— 92

Q*68* 山村を活性化するための施策は，何か採られているか。⋯⋯⋯⋯⋯⋯⋯⋯⋯⋯⋯⋯⋯ 92

Q*69* 近時の森林法改正は，山林境界の判定にも資するという。その概要を知りたい。⋯⋯⋯ 92

Q*70* 森林簿で山林所有者を特定できるのか。⋯⋯⋯⋯⋯⋯⋯⋯⋯⋯⋯⋯⋯⋯⋯⋯⋯⋯⋯⋯ 94

Q*71* 森林の境界調査について，公的支援はないのか。⋯⋯⋯⋯⋯⋯⋯⋯⋯⋯⋯⋯⋯⋯⋯⋯ 94

Q*72* 森林地図データ，森林台帳データには，どのようなものがあるか。⋯⋯⋯⋯⋯⋯⋯⋯ 95

# 第**5**章 山林境界紛争の予防と解決

## １．筆界特定制度の活用 ———————————————————— 97

Q*73* 筆界特定制度とは何か。⋯⋯⋯⋯⋯⋯⋯⋯⋯⋯⋯⋯⋯⋯⋯⋯⋯⋯⋯⋯⋯⋯⋯⋯⋯⋯ 97

Q*74* 森林組合でも筆界特定を申し立てることができるのか。また，職権で筆界特定手続を
開始することはないのか。⋯⋯⋯⋯⋯⋯⋯⋯⋯⋯⋯⋯⋯⋯⋯⋯⋯⋯⋯⋯⋯⋯⋯⋯⋯⋯ 98

Q*75* 林業の施業集約の段階で，筆界特定が活用されることは少ないようである。どのよう
な支障があるのか。⋯⋯⋯⋯⋯⋯⋯⋯⋯⋯⋯⋯⋯⋯⋯⋯⋯⋯⋯⋯⋯⋯⋯⋯⋯⋯⋯⋯⋯ 98

## ２．集団和解方式による解決 ———————————————————— 99

Q*76* 山林の境界を集団和解の手法で確定することはできないのか。⋯⋯⋯⋯⋯⋯⋯⋯⋯⋯ 99

Q*77* 一定地域において集団和解を試みたが，ごくわずかの山林所有者の同意が得られない
場合，どうすればよいか。⋯⋯⋯⋯⋯⋯⋯⋯⋯⋯⋯⋯⋯⋯⋯⋯⋯⋯⋯⋯⋯⋯⋯⋯⋯ 100

## ３．山林境界とADR ———————————————————————— 101

Q*78* ADRとは何か。⋯⋯⋯⋯⋯⋯⋯⋯⋯⋯⋯⋯⋯⋯⋯⋯⋯⋯⋯⋯⋯⋯⋯⋯⋯⋯⋯⋯⋯⋯ 101

$Q79$ 土地の境界に関するADR機関にはどのようなものがあるか。……………………101

$Q80$ 調査士型ADRと筆界特定手続の違いは何か。………………………………………102

$Q81$ 調査士型ADR，筆界特定手続は山林の境界紛争でも有効に利用できるか。………102

$Q82$ 調査士型ADR利用の特徴は何か。……………………………………………………102

$Q83$ 筆界特定手続と裁判との連携はあるか。………………………………………………103

$Q84$ 調査士型ADRと筆界特定手続との連携はあるか。…………………………………104

# 第 6 章　山林の地籍調査

## 1．地籍調査の概要と山林の地籍調査の現状 ———— 105

$Q85$ 地籍調査とは何か。山林ではどの程度，進んでいるのか。…………………………105

## 2．山村境界保全事業等 ———— 106

$Q86$ 「山村境界保全事業」とは，どのようなものか。……………………………………106

$Q87$ 「山村境界基本調査」とは何か。………………………………………………………106

$Q88$ 「山村境界保全事業」と「山村境界基本調査」は，どう違うのか。………………107

$Q89$ 「山村境界保全事業」ないし「山村境界基本調査」によって把握される「境界」を
「筆界」とみてよいのか。………………………………………………………………107

$Q90$ 山村境界基本調査を実施する際に，留意すべき点は何か。…………………………108

## 3．地籍調査 ———— 109

$Q91$ 地籍調査とは何か。……………………………………………………………………109

$Q92$ 山林の地籍調査の成果としての「境界」は「筆界」を正しく表しているものといえる
のか。……………………………………………………………………………………110

Q*93* 山林所有者等の所在が判明しない場合，立会を省略して筆界を確認することができないか。……………………………………………………………………………………………111

Q*94* 地籍調査によって，筆界は変動するのか。…………………………………………111

# 第 **7** 章　山林の境界と所有についての裁判例

## 1．各種の境界相互の関係 —————————————————— 113

Q*95* 山林の境界と，市町村界その他の行政界との関係についての裁判例にはどのようなものがあるか。…………………………………………………………………………………113

## 2．筆界の判断資料 ————————————————————— 115

Q*96* 筆界の判断資料についての裁判例にはどのようなものがあるか。……………115
- (1) 原始筆界と分筆界（創設筆界）の峻別の必要についての裁判例……………115
- (2) 公図・法14条地図の証拠価値についての裁判例………………………………116
- (3) 証拠資料についての裁判例………………………………………………………117

## 3．筆界に係る行政法上の問題 ————————————————— 119

Q*97* 官民有区分，境界査定，上地処分，下戻し処分，地籍調査，地図訂正等が境界に与える影響についての裁判例にはどのようなものがあるか。………………………119
- (1) 官民有区分についての裁判例……………………………………………………119
- (2) 境界査定処分についての裁判例…………………………………………………120
- (3) 上地処分，下戻し処分についての裁判例………………………………………122
- (4) 国有財産法に基づく境界決定の効力についての裁判例………………………123
- (5) 地籍調査の効果についての裁判例………………………………………………124
- (6) 分筆の効果についての裁判例……………………………………………………124

## 4．所有権の帰属 ————————————————————— 125

Q*98* 山林の所有権の帰属をめぐる裁判例にはどのようなものがあるか。…………125

## 5．時効取得 ——————————————————————————— 129

Q*99* 山林の時効取得の成否をめぐる裁判例としてはどのようなものがあるか。·············· 129
 (1)　時効取得否定例···························································· 129
 (2)　時効取得肯定例···························································· 131


## 6．損害賠償 ——————————————————————————— 133

Q*100* 山林をめぐる紛争につき，損害賠償請求の成否を論じた裁判例はあるか。·············· 133
 (1)　損害賠償否定例···························································· 133
 (2)　損害賠償肯定例···························································· 135


## 7．犯　罪 ——————————————————————————— 138

Q*101* 森林をめぐる犯罪が認められた裁判例はあるか。······························· 138


## 8．訴訟手続 ——————————————————————————— 139

Q*102* 山林に関する訴訟手続に言及した裁判例としてはどのようなものがあるか。·············· 139
 (1)　訴訟要件・訴えの利益······················································ 140
 (2)　当事者適格を肯定した例···················································· 141
 (3)　当事者適格を否定した例···················································· 142
 (4)　境界確定訴訟······························································ 144
 (5)　主　文·································································· 147
 (6)　訴　額·································································· 148
 (7)　仮処分·································································· 148


# 第 **8** 章　山林の相続

Q*103* 山林の地権者を特定するに際し，相続関係の調査で特に注意する点は何か。················ 151

Q*104* 現時点で山林の相続が発生した場合，どのように地権者が決められるのか。·············· 155

Q*105* 現時点での所有者が不明な山林あるいは樹木を取得したい者はどうしたらよいか。·········· 157

# 第1章 山林の法律知識

## 1．山林境界の基礎知識

 **山林とは何か。森林とはどう違うのか。樹木との関係はどうか。**

**A**　不動産登記用語としての「山林」は，「耕作の方法によらないで竹木の生育する土地」（不動産登記事務取扱手続準則68条9号）を意味する。その場合，植林のため耕作したり，苗木に肥料を与え下草刈りをしている状態の土地は「山林」に該当しない。

　これに対し，森林法における「森林」は「木竹が集団して生育している（農地以外の）土地及びその土地の上にある立木竹の外，木竹の集団的な生育に供される土地」を指す（森林法2条1項）。

　取引実務においては，「山林」とは，土地とその上に集団的に生立する樹木を一括して指すのが通例である。[1]

―― 解　説 ――

　Aに掲記したとおり，法令の意味する「山林」あるいは「森林」の内容は，おおむね一致するものの，それぞれの法の趣旨を異にすることから一様ではない。[2]

　これに対し，取引実務における「山林」の意味内容は，社会常識に従っていることから，不動産登記法令や森林法の定義よりやや広範であり，「山林売買」と称していても登記法上の地目が山林以外のものを指すこともある。もっとも，「山を売る」と称しても，その真意は「山に生立する樹木（立木）のみを売る」という意味に使われる例もあるようなので，注意が必要である。樹木と共に底地をも売買することを特に「地付山林の売買」ということもある。

　不動産登記用語（地目）としての「山林」は，厳密に言うと樹木が育成する土地（底地）それ自体を観念しており，「山林の境界」というときは，山林底地の地番境を指す。

　ただ，樹木は土地の定着物（民法86条1項）なので，土地の構成部分として底地と一体をなすと考えられており，特別の事情がない限り，樹木の所有権は底地たる山林の所有権者に帰属するのが

---

1）塩崎勤・澤野順彦編『不動産取引の基礎知識　下巻』（青林書院，平成6年）354頁。
2）ちなみに所得税法上，樹木のみの譲渡は原則として「山林」所得となる（同法32条）のに対して，山林底地をも一括して譲渡する場合は，「山林」所得でなく「譲渡」所得となる（同法33条）。

1

原則とされる（民法242条）。そのため，山林ないし森林に生立する樹木は，そのままでは独立の取引対象とはならない（詳細はＱ２参照）。

# Q2 樹木と山林の所有関係は法律上どのように整理されているのか。

**A** 　樹木（立木）は，原則として山林の底地（地盤）の一部と位置づけられているが，立木法あるいは明認方法によって山林とは別個独立の所有権の対象とされることがある。

## 解　説

### (1)　土地の定着物から独立の不動産へ

　Ｑ１の解説において触れたとおり，山林に生立する樹木は，そのままでは土地の構成部分にすぎず，独立の取引対象とはならない。しかし，樹木は時として山林底地よりも高価なため，伐採前の樹木集団のまま底地と切り離して取引の対象とされることがある。そのことから，立木法上「一筆の土地又は一筆の土地の一部分に生立する樹木の集団にして，その所有者が本法により所有権保存の登記を受けたるもの」（立木法１条１項）については，底地とは別の「不動産」（動産ではない）とみなされ，取引の対象となる（同法２条）。その場合の樹木は，立木法上の立木と呼ばれ，底地とは独立した存在となる。すなわち，立木法による立木所有権の保存登記をすることによって，その樹木の所有権は底地（地盤）所有権から独立し，広く第三者に対抗することができるに至る。

### (2)　明認方法による公示

　立木登記がされていなくても，「明認方法」すなわち樹木の幹の一部を削り所有者の住所氏名を墨書するなど，その地方の慣習に従った公示方法を施すことにより，慣習的に樹木の所有権についての対抗要件を満たすとされる場合がある。判例が認める方法である[3]

　樹木の明認方法としては，①樹皮を削って自己の氏名等を記載しておく方法以外にも，②紅ガラや赤ペンキを帯状に塗るとか，③立札による方法が知られている。この点につきＱ98の裁判例４-⑥は，Ａから立木を買い受けたＢが，山林の３箇所（山林入口，山林内路傍，山林頂上）の立木に，幅約20cm，長さ約45cm，厚さ約２cmの板に「Ａ山林六町七反八畝歩はＢにおいて買受けたから伐採を禁ずる」旨を記載した立札を釘で打付けた場合，その立札は立木所有権の公示方法として有効であるとする。

　そのほか，山林を管理支配している事実が明認方法に当たるとされる例として，④薪炭用立木の買主が山林内に，小屋・炭がまその他薪炭製造用の設備をして製炭事業に従事している場合，⑤買主が造材を請け負わせ，請負人の造材小屋に隣接して詰所を設けて，駐在員の詰所であることを標示する看板を掲げるなどし，山頭を派遣し，造材事業を指揮監督させ材木を監視させている場合等

---

3）大判大正10年４月14日民録27輯732頁など。Ｑ98の裁判例４-⑤〜４-⑦。

第1章　山林の法律知識

が挙げられている[4]。

さらに，山林（底地と樹木集団）を未登記のまま買い受けて植林を開始した者は，その後に山林の登記を経由した第三取得者に底地（地盤）所有権を対抗できなくなるが，植林した樹木については元々正権原で植林した者であるから，その樹木につき上記の明認方法等の対抗要件を取得すれば，その所有権を山林地盤の第三取得者等に主張できることとなる（Q98の裁判例4-⑤)[5]。

なお，樹木所有権の明認方法は，第三者が利害関係に入ったその時点で存在しなければ，対抗要件としての効力を有しない（Q98の裁判例4-⑦）。

## Q3　山林あるいは樹木を時効取得するのは，どのような場合か。

A　山林の一筆地全体を真の所有者でない者から買い受けた場合には，地盤と樹木全体を時効取得する可能性がある。これに対し，樹木を伐採する意図で育成中の樹木のみを無権原者から買い受け，占拠を続けた場合には，山林の樹木のみを時効取得する可能性がある。

なお，時効取得の要件の詳細については，Q6参照。

### 解　説

**(1)　底地（地盤）を含めた山林の時効取得**

山林を真の所有者以外の者から平穏かつ公然と買い受けたりもらい受けたりしてその占有を開始した場合，占有開始時に善意，無過失であれば10年，そうでなくとも20年間占有を継続すれば，時効取得する可能性がある（民法162条）。この点は，他の不動産と同様だが，山林は多くの場合，広大でありしかも自然のままで管理されているのが通例であることから，排他的事実支配としての占有があるか否か，問題となることが多い。

排他的事実支配としての占有が開始されたと言えるためには，広大な係争地の境界線の一部，しかも所々に杭を打っただけである（Q99の裁判例5-①）とか，一部に立札や境界石を設置，鉄条網を設置して時々現地を訪れて様子を見ていた（Q99の裁判例5-②）というだけでは足りないと解されている。

また，Aによって係争地の所々に境界標識を設置するなどして占有が開始されたものの，その後，Bも同様の方法による占有管理を開始してその状況が競合しているような場合には，占有継続の事実が否定されることとなる（Q99の裁判例5-③）。

その他，山林の時効取得の成否については微妙なので，Q99の裁判例5の各枝番を参照されたい。

---

4) 塩崎勤・澤野順彦編『不動産取引の基礎知識　下巻』（青林書院，平成6年）363頁。④の裁判例として大判大正4年12月8日民録21輯2028頁，⑤の裁判例として最判昭和30年6月3日裁判集民18号741頁。Q98の4-⑥参照。

5) Q98の裁判例4-⑤は，明認方法に十分でない点があっても，植林当時少なくとも植林者の対抗要件欠缺を主張し得る正当な第三者がいなかったときは，立木の所有権は民法242条ただし書により植林者に帰属する，と説示している。

### (2) 樹木のみの時効取得

山林に生立し，あるいは山林上に置かれている樹木のみを時効取得することも可能である。樹木（立木）は公示方法を取得することにより，独立の所有権の客体となり得るからである（Q2参照）。なお，既に伐採されて山林上に置かれている樹木は，動産であるから，それを売買の対象とする場合には即時取得（民法192条）の余地がある。これに対し，生立している樹木は不動産であるから，それを買い受けた場合には，即時取得は成立しない。買い受け後直ちに伐採しても同様である。

樹木の時効取得の成否が争われる例も少なくない。例えば，他人の地盤に無権原で自己所有の苗木を植え付けて，その時点でその立木のみにつき所有の意思を持って平穏かつ公然に20年間占有を継続した者は，その立木の所有権を時効で取得することができるとする裁判例がある（Q99の裁判例5-⑫）。

山林の境界とは何か。

**A** 「山林の境界」というとき，一般には，①山林底地の土地所有権の及ぶ外縁すなわち「所有権界」，あるいは②登記された山林底地の登記簿上の一筆地と他の一筆地との界すなわち「筆界」のいずれかを指す。両者は通常は一致するが，一部譲渡があったのに分筆登記をしていないときや，山林の一部につき時効取得が成立している場合などには，所有権界と筆界は別の位置に存在することとなってしまう。

**解　説**

土地の境界とは，通常は，いわゆる「所有権界」すなわち，所有する土地につきその所有権の及ぶ範囲（外縁）を指す。民法上の所有権（民法206条～264条）に由来する概念である。

これに対し，取引社会では，対象物件が地番で表記されるのが通例であるため，不動産登記上の地番（不動産登記法34条1項2号・35条）と地番の境（地番境）すなわち「筆界」が重要視される。

所有権界と筆界は通常は一致する。法の仕組みとして，所有権界を登記簿に投影したものが筆界だからである。ところが，所有権の及ぶ範囲すなわち所有権界は，意思表示のみで自由に形を変えることができる（民法176条）のに対し，地番境（筆界）は，分筆（不動産登記規則101条）・合筆（同規則106条）・分合筆（同規則108条）という登記官の処分によらなければ，その位置を変えない（ちなみに，不動産登記法123条1号は，一筆の土地が「登記された時」にその境を構成するものとされた二以上の点及びこれらを結ぶ直線を「筆界」と定義している。）。

そのため，所有権界と筆界とは，元来一致すべきものであるが，①山林の一部を第三者に譲渡したのに，分筆登記を経ていない場合，②山林の一部につき時効取得が成立している場合などには，所有権界と筆界とが別の位置に存在するという現象を生じる。

第1章　山林の法律知識

 山林の一部が隣接地所有者の所有となるのはどのような場合か。またその場合，境界はどうなるのか。

A　当事者間で山林所有権の一部譲渡が行われれば所有権界の移動が生じるが，一部譲渡の登記を終えるまでは筆界は元のままである。なお，山林売買につき錯誤や詐欺行為があったために境界を誤認して従来の所有権界と異なる位置に境界標識等を設置したとしても，新たな占有界を生じるのみであって，所有権界も筆界も移動しない。

### 解　説

(1) 一部譲渡の合意による境界の移動の有無

相隣接する山林の所有者同士の話合いが合意に達すれば，山林所有権の一部譲渡（所有権界の移動）は，隣接地所有者間で自由に行われる。すなわち，民法が意思主義を採用していることから，相互に隣接する土地所有者間で，互いの所有権の及ぶ範囲を話合いのみによって自由に変更できる（民法176条，206条）。ただし，山林に隣接する土地につきその譲渡が農地法その他の法令で制限されている土地を山林に組み入れる場合であれば，法定の条件が調うまでは譲渡（所有権界の移動）の効果を生じない。

一部譲渡としては，自己所有山林の一部を，隣接する山林所有者に譲渡する合意がその典型例である。新たな所有権界を現地で指し示して合意が成立した以上，当事者が当該土地の地番を何番と認識していたかは重要でない。例えば【ケース１】，下図において，客観的には甲所有の１番地はc－dから左側部分（□□部分）であるのに，a－bより左側のみが１番地と誤認した上，a－b－d－f－e－c－aの土地範囲を２番地の一部と表示して，その範囲の所有権を乙から甲に譲渡したとしても，c－d－f－e－cの範囲の所有権が有効に甲に移転するだけで，a－b－d－c－aの土地範囲が１番地から２番地へ地番の変動を生じることはない[6]。【ケース１】においては，乙から甲への土地の一部譲渡契約によって，甲所有山林と乙所有山林の間の所有権界は，（甲・乙の主観においては，a－bからe－fに移動させたつもりであったが）客観的には，c－dからe－fに移動させたことになる。登記官はc－d－f－e－cを２番地から分筆の上，当該山林部分の所有権につき乙から甲に所有権移転登記手続をすることになる。

【図】

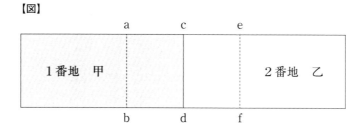

---

[6] 同旨の裁判例としてQ98の裁判例４－②。１番地の所有者甲が，自己所有地a－b－d－c－aまで乙所有２番地の一部と誤認して，乙から有償で譲受する契約をした場合には，売買契約の錯誤（民法95条）や詐欺（民法96条）の問題を生じ得る。

5

(2) 錯誤・詐欺による所有権界の移動

前図において，例えば【ケース2】，1番地はc-dまでであるのに，1番地の山林所有者甲は，前所有者丙から1番地と2番地の筆界はe-fと聞かされ，その言を信じてe-fまでを実測してその範囲の土地を1番地と表記の上，丙から購入したとする。その場合，e-fまでの全部を1番地と認識し，e-fに柵や境界標識を設置したならば，2番地との所有権界あるいは筆界はc-dからe-fに移るのかという問題がある。

このような事例は，隣接地が不在地主の所有する山林であったり，所有者不明の山林であったり，さらには管理の脆弱な山間地の里道や水路敷などの旧法定外公共物であったりするとき，しばしば発生する。

しかしながら，1番地の前所有者丙と現所有者甲との間に，境界の認識について錯誤や詐欺があったとしても，隣接地2番地の所有権者たる乙には何ら関わりのない話（c-d-f-e-cは他人物売買。民法560条）ゆえ，甲所有地と乙所有地間の所有権界には当然には変動を生じない。

また，筆界は現在の土地所有者の認識とは無縁の客観的かつ公的存在ゆえ，上記甲の事実誤認に影響を受けるものではない。したがって，【ケース2】においては，e-fに柵や境界標識が設置されたとしても，それは占有界を示すにすぎず，所有権界も筆界も従前どおり不変（設例のc-d位置）である。ただし，甲によるe-fまでの占有が永年継続しているときは，次のQ6に述べる取得時効の問題を生じることとなる。

山林の全部又は一部を長年無断で占拠し続けてきた場合，その地盤や樹木を時効取得するか。

**A** 一般に，所有の意思をもって，平穏に，かつ，公然と他人の物を占有した者は，占有開始の時に善意・無過失であれば10年を経過した時点で，それ以外の場合であっても20年間を経過した時点で，時効の援用によりその所有権を取得する（民法162条，145条）。自主占有の対象が地盤を含むものであれば山林（一筆地の一部であればその部分）を時効取得し，樹木のみであれば，その樹木のみを時効取得する。

### 解　説

(1) 概　説

Q5の【ケース2】で述べたとおり，1番地の前所有者丙と現所有者甲との所有者の間に，境界の認識について錯誤や詐欺があったとしても，甲所有地と乙所有地間の所有権界には変動を生じない。しかしながら，1番地の所有者甲が，何らかの契機によって，筆界を越えて隣接2番地の一部（後図のe-fまで）を占有するに至った場合は，それが所有の意思を伴う占有（自主占有）であれば，時効取得により，甲所有地と乙所有地の所有権界が図のc-dからe-fに移動する可能性を生じる。

これに対し，筆界を越えた占有が所有の意思に基づかない占有（他主占有）の場合は，所有権界の移動の問題を生じない。

また，甲所有に隣接する土地（図の乙所有地）が道路敷地や河川敷地その他の公共用物であるときは，時効取得の成否（したがって，所有権界の移動の有無）については，公物の時効取得の是非という格別の法律問題を生じる[7]。

これらは実務上，問題の多いところなので，以下に述べる[8]。

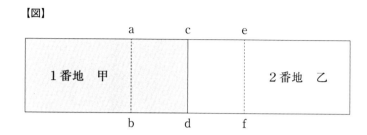

【図】

## (2) 所有の意思を持ってする占有の開始の場合

### ① 所有の意思

上図において，例えば【ケース3】，1番地は，c-dまでであるのに，1番地の所有者甲は，前所有者丙から1番地と2番地の筆界はe-fと聞かされ，e-fまでを実測してその範囲の土地を1番地と表記の上，丙から購入したとする。甲がe-fに柵を設置し，全体を1番地と認識して長年占有[9]を続けた場合，所有権界はどうなるのか。

丙が1番地の範囲をc-dまででなくe-fまでであるとした理由が，丙・甲の錯誤による場合には，丙・甲間の売買契約には錯誤による無効原因（民法95条）があり，丙の虚言によるものであれば，丙・甲間の売買契約には詐欺による取消原因（同法96条）がある可能性がある。しかし，いずれにせよ甲がe-fまで購入したと思い込んで，所有の意思を持ってe-fまでの占有を開始した場合には，後記②，③の要件を考慮した上ではあるが，甲はe-fまでの土地範囲を時効取得する可能性がある（いわゆる境界紛争型時効取得）。

これを所有権界の観点から見れば，甲所有地と乙所有地の所有権界は，甲がc-d-f-e-cの土地範囲を時効取得したことによって，c-dからe-fに移動することになる。

その場合でも，1番地と2番地の筆界がc-dであることに変動はない。時効取得を援用した甲は，乙に対し，2番地の一部であるc-d-f-e-cを分筆の上その所有権登記を甲に移転するよう請求すべきことになる[10]。

---

[7] 詳細は，寳金敏明『境界の理論と実務』（日本加除出版，平成21年）38頁参照。
[8] 法律問題一般につき，藤原弘道『取得時効法の諸問題』（有信堂高文社，平成11年）。土地家屋調査士の実務を詳述したものとして，馬渕良一『土地境界紛争処理のための取得時効制度概説』（日本加除出版，平成20年）。
[9] 自主占有が認められるためには，客観的に明確な程度に排他的・独占的な支配が確立されていなければならず，他の者の利用を許したり，あるいは立札や境界石を埋設したりした程度では足りない。最判昭和46年3月30日裁判集民102号371頁，Q99の裁判例5-②参照。
[10] その移転登記請求を怠る場合，乙がc-d-f-e-cを含む2番地を第三者に譲渡すると，当該土地部分につき二重譲渡の問題を生じることになる。登記と時効取得との関係一般については，内田貴『民法Ⅰ 第4版』（東京大学出版会，平成18年）384頁参照。

## ② 善意・無過失

　前記【ケース3】において，㋐甲が占有を開始する時点において過失がない場合（例えば，e－fを筆界と認識するのが登記図簿等に照らしても，取引通念上自然である上，e－fに柵を設置することを乙が黙認している場合等）には占有開始から10年を経過した時点で，㋑甲に過失がある場合でも，甲による占有開始から20年を経過した時点で，甲はc－d－f－e－cの土地範囲を時効取得する（民法162条）[11]。すなわち甲が取得時効を援用（同法145条）すれば，甲は占有の開始時にさかのぼって所有権を取得することになる（同法144条）。占有の始めにおいて過失がなければ，その後の調査や乙からのクレーム等により1番地はe－fまで及ばないとの疑いを持つべき事情を生じたとしても，過失による占有に転化するわけではない。

## ③ 平穏・公然

　他人の土地を時効取得するためには，【ケース3】における甲の占有は，「平穏かつ公然」のものでなければならない（民法162条）。

　境界争いの実際では，例えば【ケース3】における甲が，丙の言葉を信じてe－fまでの占有を開始したものの，その後，何らかの事情で自己の購入した1番地の範囲はe－fにまでは及ばないのではないかと思い至りながらなお占有を継続したとか，隣接地所有者乙から依頼を受けた土地家屋調査士や測量士等の立入りを甲が強く拒んだというケースも多いであろう。しかしながら，それのみでは甲の占有が平穏性・公然性を欠くものとはいえない。自己の所有地が甲に侵略されていると考えるなら，乙は甲を平和的に説得し，それが不可能ならば明渡訴訟を提起するなどの法的手段を採ることが求められる。それをしないで甲による自己所有地占有を拱手傍観していたのであれば，乙は「権利の上に眠る者」として評価されてしまうことになる[12]。

## ⑶　所有の意思を伴わない占有の開始の場合

　例えば【ケース4】，前図において，1番地の所有者甲は，当初は筆界c－dまで占有していたが，次第に乙に無断で筆界を越えて植樹・伐木等の森林業務をするようになり，やがてe－fまで植樹・伐木等をするようになったとする。このような無断借用が長年にわたったとしても，客観的には所有の意思を伴う占有ではないことから，当然には時効取得が認められるわけではない[13]。

## ⑷　占有開始者の相続人が現占有者である場合

## ① 他主占有から自主占有への転換

　民法185条は，権原の性質上，占有者に所有の意思がないとされる場合であっても，「新権原」によって更に所有の意思をもった占有（自主占有）を開始すれば，時効取得の要件である自主占有を認め得るに至るとしている。それならば，他主占有者甲を相続した丁は，相続という「新権原」によって自主占有に転換したといえないのであろうか。

　仮にそういえるとすると，例えば【ケース5】，甲が乙地の一部（前図のc－d－f－e－c）を

---

11) 過失の有無に関するリーディング・ケースとしては，最判昭和50年4月22日民集29巻4号433頁があり，隣接地所有者や公図等の確認をしないで占有を開始した場合には過失がないとはいえないとする。これに対し，最判昭和52年3月31日判時855号57頁は，公図等を確認しなくても，隣接地所有者との間に境界に関する紛争もなく6年余にわたって経過した土地を買い受けた場合につき，無過失と認定している。境界争いの場合は，20年の時効期間が適用されるケースが多い。内田貴『民法Ⅰ　第4版』（東京大学出版会，平成18年）384頁。
12) 同旨の裁判例として，東京高判昭和46年11月30日判タ274号257頁。時効の裁判例一般につきQ99参照。
13) 購入した土地を越えて里道まで占有を開始しても，里道部分については自主占有と認められないとする裁判例として，東京高判平成3年8月26日訟月38巻4号569頁。

一時的に無断借用するつもりで占拠し始めたとしても、その事情を知らない甲の相続人丁が、亡父甲において買い受けた土地等と誤信して占有を開始した場合、当該土地部分は、時効取得の対象となると解する余地が生じる。

この点について最判昭和46年11月30日民集25巻8号1437頁（宅地）は、相続という事実があっただけでは「新権原」を認め得ないものの、それによって新たに相続財産を事実上支配し、客観的に所有の意思があると認められる占有を開始したときは、民法185条にいう「新権原」による占有の開始と認め得るとしている。したがって、【ケース5】における丁は、自主占有者と認められる余地があり得ることになる。もっとも、この場合における丁は当然には自主占有者との推定（民法186条1項）を受けないので、相続ないしそれ以降の時点で新たに所有の意思をもった占有を開始した旨の主張・立証責任（具体的には丁自身による間伐、植林）は、丁にあると解される[14]。

② 瑕疵ある占有から瑕疵なき占有への転換

民法187条は、前主の占有に悪意、有過失等の瑕疵がある場合、その占有を承継した者は、瑕疵ある前主の占有期間と自己の占有期間を併せて主張してもよいし、自己の瑕疵のない占有のみを単独で主張してもよいとしている。そうすると、【ケース5】において、過失により2番地の一部（前図のc-d-f-e-c）を1番地と誤信して購入した甲の地位を相続した丁は、自己の善意・無過失による占有のみを選択的に主張することができるのであろうか。甲の占有期間が7年、丁の占有期間が11年の場合を考えてみると、丁は甲の瑕疵ある占有を承継するのみであるとした場合、有過失の場合の時効期間は20年（民法162条1項）なので、丁の時効取得は否定される。逆に丁は自己の瑕疵なき占有のみを主張できるとすると、善意・無過失の場合の時効期間は10年で完成する（同条2項）ので、丁の時効取得の主張は認められることになる。

判例は、この場合の相続人は民法187条（占有の承継）にいう「承継人」に当たるとしており、瑕疵の有無は相続人のもとで変更するものと解すべきであるとしている[15]。そうすると、上記設例における丁は、自己の善意・無過失による占有が11年に及ぶことを理由に時効取得の成立を主張できることになる。

### Q7　山林の筆界は移動するのか。

**A**　他の不動産と同じく山林についても、①真の筆界は移動しないが、見かけ上（地図上）移動する場合と、②例外的ではあるが、見かけ上のみならず、法律上も筆界が移動することもある。

---

14) 柳川俊一『最高裁判所判例解説民事篇昭和46年度』402頁、最判平成8年11月12日民集50巻10号2591頁。他主占有から自主占有への転換を否定した例として、東京地判平成12年12月11日訟月47巻11号3346頁。
15) 最判昭和37年5月18日民集16巻5号1073頁。

**解　説**

### (1)　概　説

　筆界は公的存在であり，不動産登記法上，不動の存在とされている（同法123条１号）。そのため，例えば１番地と２番地の筆界を移動させたいときは，両筆をいったん合筆し，移動させたい位置に新たな分割線を入れて分筆するか，あるいは，この作業を一連の手続として行う分合筆の登記によるほかはない（同法39条１項・同規則108条）[16]。

　しかし，実務上は筆界が移動したような外観を呈する場面がある。

　第一に，真の筆界は移動しないが，見かけ上（地図上）移動する場合がある。

　第二に，例外的ではあるが，見かけ上のみならず，法律上も筆界が移動することもある。

### (2)　筆界の見かけ上の移動

#### ①　登記官による職権訂正

##### ア　所有者等の申出による筆界の訂正

　筆界の位置を確認する直接的な資料は，地図ないし地図に準じる図面（公図等）及びそれらの淵源たる地積測量図等である。しかし，地図等に記載された筆界（見かけ上の筆界）が登記官による誤記や転記ミス等のため，他の客観的資料及び所有者その他の利害関係人の一致した認識（真実の筆界）と異なる場合，所有者等は登記官による筆界の職権訂正を促すことができる。この手続は，実務上，公図を含む地図訂正の一類型と位置づけられている（不動産登記事務取扱手続準則16条１項）。記載されているはずの筆界が地図等に記載されていない場合も同様である。

##### イ　分筆申請に錯誤がある場合の訂正

　上記アの場合と異なり，分筆申請に錯誤があったにとどまる場合は，登記官によって形成された筆界が分筆申請（地積測量図）と一致する以上，地図訂正の方法によって筆界を移動させることはできない[17]。

##### ウ　筆界特定の成果による筆界の訂正

　筆界特定の成果に基づいて地図訂正・地積更正等が行われる場合も，地図上，筆界の移動はあっても，真の筆界が移動するわけではない。のみならず筆界特定の成果が公にされた後であっても，地図上の筆界の訂正は原則として当事者の申請がない限り行われない。

#### ②　国土調査の成果に由来する筆界の修正記載

　国土調査の一環として地籍調査が行われているが，その成果として作成される地籍図（国土調査法17条）は，筆界等に関する測量の結果を記録したものにとどまり，これによって土地に関する国民の権利義務を創設し，変更し，又はその範囲を確定するような法的効果を伴うものではない[18]。

　したがって，当該地籍図（ないしその成果が承継された不動産登記法14条地図）が，旧公図に記載された筆界を見かけ上移動せしめるものであったとしても，真の筆界を移動せしめる効力（形成効）を伴うものではない。ただ，後記③の効果は決して小さくない（Q94参照）。

---

16) 錯誤による筆界を真実の位置に訂正したいときの実務につき，中村隆ほか監修『新版　Q&A表示に関する登記の実務　第１巻』443頁（日本加除出版，平成19年）。

17) 昭和43年６月８日法務省民事甲1653号民事局長回答。

18) それゆえ，筆界線の表示が誤っていることを理由とする地籍図更正の申出（国土調査法17条２項）の却下は，行政処分性を有せず，抗告訴訟になじまない。前橋地判昭60年１月29日訟月31巻８号1973頁＝最判昭和61年７月14日（判例集未登載）にて維持，最判平成３年３月19日判時1401号40頁。

第1章　山林の法律知識

### ③　地図訂正による筆界の事実上の推定

上記①，②いずれの手段によるものであっても，地図に描かれた見かけ上の筆界を修正するにとどまる点が，後述⑶の筆界の法律上の移動と異なる。ただし，上記はいずれも厳格な行政手続によってなされるものであることから，事実上その位置に筆界が存在すると多かれ少なかれ推定されるに至る。その情報は，登記所の保有する筆界情報として取引安全の見地からも原則的に保護されるべきであろう。そのため，筆界確定訴訟が提起されても，裁判所は真の筆界が他の位置に存することが明らかであるなどの特段の事情がない限り，当該事実上推定される筆界の位置を改めて筆界として確定（再形成）すると考えられる。したがって，地図訂正や地籍調査の成果図（それが登記所に送付された後のいわゆる法14条地図）は，筆界の位置の判定資料として，事案に応じ様々ではあるが，それなりの証拠価値があるといえる。

## ⑶　筆界の法律上の移動（再形成）

### ①　概　説

山林の筆界は，上述⑵のとおり，地番が形成された時点でその位置が確定し，その後，所有権界に移動が生じたとしても，これに随伴して移動することはない。しかし，例外がないわけではなく，所在が分からなくなってしまった筆界を法律手続によって改めて引き直す手続として，㋐筆界確定判決と，かつての㋑官民境界査定処分がこれに該当する。

また，㋒大震災時においては大規模な筆界の移動が事実上発生し，地図の変更（補正）が行われる。

### ②　筆界確定判決

筆界確定訴訟（境界確定訴訟）は，裁判官が筆界を探索し，それが不能のときは改めて筆界を引き直す裁判手続である。その判決の本質は，実務上，形式的形成訴訟であると解されており，既判力とともに筆界を再形成する形成力を有するとされている。そのため，判決で示された筆界が，仮に旧来の真の筆界と異なることが判明したとしても，判決が示す新たな筆界が真の筆界として取り扱われることになる。その意味において，筆界確定訴訟の確定判決により，真の筆界の移動を伴う場合があると言える。第7章に掲げるとおり，山林の筆界に関する裁判例は，数多く公開されている。

### ③　官民境界査定処分

旧国有林野法等に基づく官民境界査定処分については，Q8に述べるとおり，官民境界査定処分には，所有権界のみならず，筆界も査定成果どおりに移動するという形成的効果が認められていた。特に山林については，官民境界査定処分によって筆界が法律上も再形成されている例が少なくないのに，旧公図上その点が反映されておらず，明らかでないものが少なくないので注意を要する。

### ④　天変地異による土地の移動

大地震や火山活動等による地殻の変動に伴い，広範囲にわたって地表面が水平移動した場合は，土地の筆界も相対的に移動したものとして取り扱い，地図の変更を行うのが登記実務である[19]。これに対し，より局部的な地表面の土砂の移動（崖崩れ等）の場合は，登記実務上，土地の筆界は移動しないものとして取り扱っている。

---

19）平成7年3月29日法務省民三2589号回答，松尾武「地殻変動と土地の筆界」登記研究601号97頁，井上隆晴・西田寛「地震と土地境界」ジュリスト1079号67頁。ゆがんで移動した筆界点（座標値）の補正にはパラメーター変換を用いる。

## Q8 官民境界査定処分とは何か。

**A** 明治17年10月14日から昭和23年6月末までの間，旧国有林野法や旧国有財産法に基づいて実施されていた官民境界を確定するための行政処分をいう。

―――――――― 解　説 ――――――――

### (1) 官民境界査定処分の目的

官民境界査定処分は，明治17年10月14日から同23年10月末までは，官林境界調査心得（明治17年10月14日外340号達）1条，同23年11月1日から同32年6月末までは，官林境界踏査内規（明治23年10月20日農商務省訓令丙林371号）1条，4条，同32年7月1日から大正11年3月末までは，旧国有林野法（明治32年3月22日法律85号）4条ないし7条，大正11年4月1日から昭和23年6月末までは，旧国有財産法（大正10年4月7日法律43号）10条ないし13条に基づき実施されていた[20]。

官民境界査定処分の目的は，官有地（主として国有林）を保全するため，官有林等と隣接土地の官民境界をはっきりさせることそれ自体にあった。その点，一般の境界判定作業が，地租改正作業の一環として，徴税目的，すなわち地目や地積が分かれば，あとは大雑把な位置関係を知ることで足りるという状況の中で行われたのとは，決定的に異なる。そのため，これらの査定処分の成果を記載した境界査定簿・境界査定図は，古い時代のものであっても公図等以上にかなり信頼性が高いといえる。

### (2) 官民境界査定処分の法的効果

一般の境界協議と官民境界査定処分との重要な相違点は，上記法令に基づく官民境界査定処分には形成的行政処分としての効果が与えられていたことである。すなわち，官民境界査定処分の成果が仮に旧来の所有権界及び筆界と齟齬を来していたとしても，所有権界及び筆界を書き換える効果が付与されたことである。言い換えれば，所有権界のみならず，筆界も査定成果どおりに移動するという形成的効果さえ認められていた[21][22]。

特に山林については，官民境界査定処分によって筆界が法律上も再形成されている例が少なくないので，国有林と接する民有山林については，国有林の境界に関する資料（Q51～Q56参照）の精査が不可欠となる。

官民境界についての境界査定制度は，新国有財産法（昭和23年7月1日施行）にて廃止されているが，廃止の理由は違憲だからというわけではなく，その効果は現在でも有効である[23]。

---

[20] 寶金敏明『里道・水路・海浜　4訂版』（ぎょうせい，平成21年）250頁。
[21] Q97の裁判例3-④，3-⑥，東京高判昭和43年3月27日訟月14巻5号494頁，宮崎地都城支判平成18年7月14日（判例集未登載）等。Q97(2)参照。
[22] 筆界特定制度の立法過程では，同制度によっても筆界の再形成ができるよう企画されていた（民月56巻11号216頁以下，民事法情報214号62頁）が，その点の立法化は見送られた。
[23] 前橋地判昭和57年9月28日訟月29巻3号400頁。

第1章　山林の法律知識

### (3) 条例等に基づく「境界査定」との相異

現在でも条例や規則等に基づき，あるいは慣行として「官民境界査定」なる用語を用いた境界確認の方法が採られることがある。しかし，これらは上述した官民境界査定とは異なるものであって，その多くは所有権界あるいは公物管理界についての合意の効果を有するにすぎない。これらの境界査定という名の協議が成立した場合，所有権界がそれによって作り替えられる（移動する）ことはあるが，筆界を移動する効果までは認められていないので，注意が必要である。

　山林の一部を時効取得した場合，境界はどうなるのか。

**A**　所有権の範囲（その縁となる所有権界）は時効取得した範囲につき新たに成立するが，筆界は元の位置のままなので，時効取得者は，旧所有者に対し時効取得した範囲を旧山林から分筆するように求めることとなる。その分筆登記が完了することによって初めて，時効取得した範囲につき新たな筆界が創設されることになる。

―――― 解　説 ――――

下図のように甲所有の山林（1番地。図のc-dまで）の一部（グレー部分）を乙が時効取得した場合，グレーの範囲の土地所有権を取得することになる。しかしそのままでは，a-bの部分は所有権の範囲を画する所有権界でしかない。乙がグレーの部分の時効取得を第三者に対抗する（民法177条）ためには，1番地から1番の2としてグレーの範囲（a-b-d-c-a）につき甲から分筆登記を受ける必要がある。それによる地図訂正（厳密には地図修正）により点線部分は創設筆界（分筆界）として新たな筆界となる。

【図】

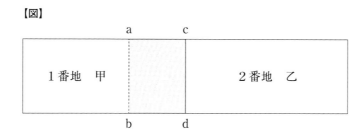

13

# Q10 「施業界」は「筆界」・「所有権界」とどう違うのか。

**A** 施業界は，林業の実務用語であり，不動産登記法の概念である筆界とも民法上の概念である所有権界とも異なる概念である。

──── 解　説 ────

施業界は，林業の実務用語で，森林の育成，管理，伐採等の作業を実施する際にその範囲を画する境界線を指す。わが国には小規模な山林所有者が多いため，森林組合等が集約して造林や伐採事業を行うことも多いが，その場合の施業界は，いくつかの筆界・所有権界をまたぐ大きなくくりとして存在する。

また，ガレ場（砕けた岩がゴロゴロしている急峻な斜面）・草生地その他の木の生えていない場所や，現地における所有権界が明確でない場所においては，筆界・所有権界から後退した位置範囲をもって施業界としている例もある。したがって，林班界（Q11参照）とも厳密には一致しない場合があり，ましてや施業界をもって筆界ないし所有権界と即断することがあってはならない。

# Q11 「林班界」・「小林班界」と「筆界」・「所有権界」とはどのような関係にあるのか。

**A** 林班界・小林班界は自己の所有あるいは管理する山林を森林管理のために小分けしたもので，筆界・所有権界とは別個の概念（公物あるいは私物の管理界）である。

──── 解　説 ────

「林班」とは，森林区画を表す行政上の単位をいう。一般に，施業の便宜のため，尾根・沢等の自然地形や，移動するおそれのない道路や防火線などを利用して定められており，国有林では150ha，民有林ではおおむね50haを基準として定められている。

国有林，公有林，民有林を問わず，自己の所有・管理する山林を森林管理のために細分化して区画し，林班・小林班等としている（例えば，国有林については，「国有林野施業実施計画図製作要領」参照）。それぞれの外縁が林班界，小林班界であり，その総体の外縁は，所有・管理する山林の外縁たる筆界と一致する。

そのようなことから，例えば国有林については，林班図のうち，民有地と接している境界部分は，国有地と民有地の筆界を表す貴重な資料とされる。なお，官民境界査定によって作成された国有林に係る査定簿・査定図等の成果については，Q8及びQ52参照。

第1章　山林の法律知識

# Q12 山林の筆界が県境・市町村境等と一致する場合，筆界とこれらの行政界とはどういう関係になるのか。

**A** 都道府県の境界は，市町村の境界に従う。一筆地が同時に二つ以上の行政界に属することはない。

### 解　説

　都道府県の境界は，市町村の境界に従う（地方自治法6条2項）。また，市町村の境界変更は，関係市町村の申請に基づき，知事が当該都道府県の議決を経てこれを定め，総務大臣に届け出ることが必要である（同法7条1項）。

　市町村界，郡界，字界は，一定区域内の一筆地や道路・河川等を囲ったものであって，それぞれの境界が一筆地の縁であるときは，行政界は当該一筆地の筆界と一致する。一筆地が同時に二つ以上の行政界に属することはない（不動産登記法34条1項1号，同規則97条・98条）。その意味においても筆界は公的な存在であり，私人が自由に変動し得る存在ではないことが分かる。

　一筆地の筆界がその所属する市区町村界・大字界等の行政界（地番区域）を越えることはできない結果，市区町村界等の変更（地方自治法7条）により，一筆地の一部がこれらの行政界（地番区域）によって分割されることとなるときは，土地表題部所有者又は所有権登記名義人は，分筆登記の申請をすべきであり，それがない場合であっても，登記官は職権で分筆登記をすることができる（不動産登記法39条）。

# Q13 山林が都府県境・市町村境であり，自治体同士が争っている場合は，どうするのか。

**A** 都道府県界，市町村界，公有水面界，郡界，字界（通常，大字界）など行政区域の境界（行政界）については，一般の民事争訟と異なる紛争解決手続が用意されている。

### 解　説

　市町村の境界につき争いがあるときは，自治紛争処理委員による調停（地方自治法9条1項，251条の2）や，知事による裁定（同法9条2項）及びこれに対する不服申立訴訟の手続が用意されている（同条8項）。

　また，調停や裁定が開始されないときや，一定期間内に手続が進行しないときは，関係市町村は，「市町村の境界の確定の訴」を提起することができる（同条9項）。

　都道府県界や市町村界などの行政界は，直接には私人の境界とは別物であり（ただしQ12のとお

15

り，一筆地が同時に二つ以上の行政界に属することはない。），市町村界に関する争訟は，機関訴訟であり行政機関相互間の争訟である。

## Q14 行政界と重なる山林の筆界調査においては，どのような点に注意したらよいか。

A　まず地図等によって現地の都道府県界，市町村界，字界等を確認した上，関係市町村等から資料提供や立会を求めて行政界の認定を先行させるのが相当である。

### 解　説

　行政界（とりわけ都道府県界，市町村界）については，公的管理が厳格に行われているのが通例であることから，行政界と境界線が一致する筆界の調査においては，まず地図等によって現地の都道府県界，市町村界，字界等を確認した上，関係市町村等から資料提供や立会を求めて行政界の認定を先行させるのが合理的である。そのため，例えば国土調査法に基づく地籍調査を行う者は，現地調査（一筆地調査。地籍調査作業規程準則20条）に着手する前に市町村界を調査すべきものとしている（同準則22条1項）。同調査に当たっては，関係市町村の関係職員の立会を求めるとともに，行政界に接する土地の所有者その他の利害関係人又はこれらの代理人を立ち会わせ，それらの者の同意を得て行政界を認定することとしている（同条2項）。

# 2．山林境界の成立時期

## Q15 山林の境界はいつ成立したのか。それより古い時代の境界の資料は，有用ではないのか。

A　明治初年に土地所有権制度が導入され，土地登記制度が確立した。その時点で，山林の境界も成立したといえる。ただ，江戸時代以前の土地境界に関する資料も，重要な証拠資料になる。

### 解　説

　わが国において現在のような近代的土地所有権が成立したのは，明治初年における地租改正事業の時であり，山林の境界（厳密に言えば，山林底地の所有権界・筆界）もその時に成立したと考え

第1章 山林の法律知識

られる[24]。

　当然のことながら，土地の境界は江戸時代にも存在していた。しかし，明治以前には，土地所有権が確立されていなかったので，江戸時代ないしそれ以前の境界は厳密には所有権界・筆界とは呼べない。けれども，近代的土地所有権の成立時には，原則として，山林を所持・進退していた山林所持権者に対し，そのまま土地所有者の証（地券。その後の所有権登記）が与えられたという歴史的経緯がある。

　したがって，明治初年に，旧来からその山林を所持・進退していた事実が認められ，そのまま私的所有権が認められた場合には，特段の事情がない限り，その地番境（筆界）は旧来の山林所持権の境と一致することとなる。そのため，実際の筆界確定訴訟においては，江戸時代ないしそれ以前に作成された古文書等が現在の筆界の位置を物語る証拠資料として提出されることもまれではない。

Q16　原始筆界・創設筆界とは何か。

A　原始筆界とは，明治初年に初めて筆界が形成された時点で存在していた筆界を指し，創設筆界とは，原始筆界を土台として後に創設（分筆・分合筆）された筆界を指す。

━━━━━━━━━━ 解　説 ━━━━━━━━━━

　山林筆界の位置を判定する場合，その筆界がいつ，どのように形成されたものなのかを把握し，「筆界が成立した時」（Q17参照）の登記簿，いわゆる和紙公図（旧土地台帳附属地図）等の資料調査を行うこととなる。そのためには，調査対象の筆界についてのルーツ，すなわち分筆・合筆に係る来歴の調査を行う必要がある。その筆界の来歴を調査するに際し，「原始筆界」は，これ以上さかのぼって調査する必要がない筆界という意味を持つ。

　原始筆界には，①上述の明治初年の地租改正時に形成された筆界のほか，②埋立て等によって新たに生じた土地について形成された筆界，③耕地整理法・土地改良法・土地区画整理法等に基づく土地区画整理事業・土地改良事業等による権利変換の確定後に形成された筆界なども，これに含まれる。②及び③は，①との対比において，「後発的原始筆界」とでもいうべき存在である。古来ほとんど手の入っていない山林の筆界は，その多くは明治初年に形成された原始筆界であろう。

　これに対し，創設筆界（分筆界）は，その後の分筆によって形成された筆界であることから，その筆界の位置を判定するためには，先ず「外枠」となる原始筆界の位置を復元し，次にその分割線（創設筆界）を分筆のために作成された地積測量図等で探ることとなる。

　なお，明治期に創生された原始筆界は公図上正しく表記されているのに，その後に創設された分筆界が不正確に記入されている例もまれではない（Q96の裁判例2-①参照）。

---

24）寶金敏明『里道・水路・海浜　4訂版』（ぎょうせい，平成21年）21頁以下。

# 3．山林境界の成立過程

**17** 明治初年の山林境界成立時に境界はどのようにして定められていったのか。

**A** 明治6年～14年に地租改正事業の一環として，改租図の作成を行っているが，一般にはこの時期に所有権界・筆界が定められていったといえる。

**解　説**

山林筆界の形成過程を略記すると次のとおりである。

(1) 明治5年＝壬申地券を発行し，「一地一主の原則」の確立を指向した（明治4年12月27日太政官布告682号・明治5年1月（日不明）大蔵省ヨリ東京府へ）。壬申地券発行の時点では，土地の検査や測量は行われないのを原則としていた。この地券の控え（副紙）を編綴したものが，地券大帳，後の土地台帳となる。壬申地券は，耕地につきおよそ半数，山林原野については，わずかしか発行されないうちに，改正地券にとって代わられた。

(2) 明治6年～14年＝地租改正事業の一環として，地押丈量を実施し，改租図を作成し，筆界を書き込んだ。

旧土地台帳附属地図（和紙公図）は，地租改正事業に際して作成された改租図（字図・野取絵図）に源を発しており，原始筆界の位置を知る根源的資料である。

改租図は，人民が作成するのが建前であった。田畑の地図作成のための測量ついては，一部現在の平板測量やコンパス測量と同様の測量方法によって行われたところもあるが，面積測量の多くは十字法によった。十字法は，徳川時代の検地の際の測量方法（不整形の土地を目測によって長方形に引き直し，縦横の長さをかけて面積を測る方法）と同じ水準のもので，山林，原野，池沼については，ほとんど実測されなかったといわれている[25]。

(3) **再度の地押調査と更正図の作成（明治17年～23年）**

地租改正事業が一通り終了した時点で，地租に関する台帳を土地台帳として全国の町村戸長役場に備えることとされた（地租ニ関スル諸帳簿様式。明治17年12月16日大蔵省達89号）。

しかし，改租図は，測量技術が多くの場合拙劣であったことに加え，租税回避のため故意に歪曲化された図面が多かったことや調査漏れの土地が多かったことなどから，大蔵卿ヨリ各府県知事県令へ発シタル訓令（明治18年2月18日大蔵大臣訓令主秘10号）及び地図更正ノ件（明治20年6月20日大蔵大臣内訓3890号）が発せられ，再度の地押調査と地図更正が行われた。その成果として更正図が作成された。もっとも，全面的に丈量をやり直したのは，山口県長門国，福岡県筑前国・豊前国，

---

[25] 昭和45～54年の地籍調査により判明した真実の面積は，公図（登記簿）上の面積より，全体で17%，宅地で36%，山林では57%も増加している。

第1章　山林の法律知識

大分県豊後国，岡山県美作国，岐阜県飛騨国の5地域[26]のみであり，他の地域においては更正図の作成は一部にとどまり，それも改租図に手を加えただけか，あるいは改租図をほとんどそのまま更正図としているようである。更正図は，全国の総筆数の約3分の1程度作成されている。

　なお，明治22年に地租条例が改正（同年11月29日法律30号）され，地租条例施行細則（同年12月29日大蔵省令19号）が定められた。同細則では，現時点で原始筆界の位置を知るに際しての重要な手がかりが規定されている。しかしながら，同細則5条においては，地盤を測量するには，原則として三斜法によるが，山林原野等は，地形により，適宜の方法で差支えないと定めるにとどまっている（Q19参照）。


# 4．明治初年における山林境界の精度

## Q18　山林境界は，あいまいなものが通例と言われている。なぜか。

**A**　筆界の形成は，明治初年に地租改正事業の一環として行われたが，徴税目的であったため，資産価値の少ない山林については，政府があまり熱心ではなかった。そのため，筆界の形成もあいまいなものが多かった。ただし，資産価値の高い山林等については例外も見受けられる。

**解　説**

　近代的土地所有権の生成が，地租改正事業の一環として行われたことは，原始筆界の探索，あるいは手つかずの山林や原野，あるいは公共用物のように一見しただけでは所有者を判定することが難しい土地について所有者を判定するに当たって，決して見逃すことのできない事柄といえる。なぜなら，課税の対象となる土地については，相当厳格に所有権認定作業及び筆界確認作業が推し進められた反面，財産的価値の高い山林等を除く一般の山林や原野，公共用物など課税の対象とならないような土地については，所有権認定作業及び筆界の認定がどうしても不十分になる傾向を生じたからである。

　そのような特性ゆえ，山林や原野については，原則として，歩測，目測など大雑把な測量しか行われず，地図も見取り程度のものしか作成されなかったのが通例であった。

　なお，山林については団子図が多いと言われているが，いわゆる団子図は，開墾された畑等の図面で見られるものの，山林それ自体についての団子図は見当たらない。

　さらに，東北地方（特に青森）では，「軒下官林」と呼ばれる現象，すなわち民家の軒先まですべてが官林（国有林）という現象が生じている。明治初年の官民有区分（Q20参照）において，価

---

26）福島正夫『地租改正の研究　増訂版』（有斐閣，昭和45年）501頁，澤睦「一七条地図その他登記所備置の図面」『不動産登記講座二　総論(2)』（日本評論社，昭和52年）390頁，有尾敬重『本邦地租の沿革』（御茶の水書房，昭和52年）本編142～146頁。

値のない雑木林でも民有に区分されると課税されることとなるのをおそれ，すべて官林としたことに由来するという。西日本（特に近畿圏）は官有林が少ないのと，好対照である。

もっとも，檜林やヒバ林など資産価値の高い山林等については，和紙公図に描かれた道路・河川や筆界の曲がり具合等と現地を比較することにより原始筆界の復元が可能なケースも決して少なくないことを忘れてはならない。

## Q19　明治初年に山林筆界の測定の仕方を指示した法令はあるのか。

**A**　①明治9（1876）年3月10日地租改正事務局別報16号「山林原野調査法細目」，②明治11（1878）年2月18日地租改正事務局達番外「山林原野改租調査手続」，③明治22（1889）年12月29日大蔵省令19号「地租条例施行細則」5条に山林筆界の調査についての規定がある。

山林原野に関する調査は次第に，適宜の方法で差支えないとの方向に傾いていった。

### 解　説

#### (1) 地租改正開始当初の定め

明治9年の「山林原野調査法細目」の第1条「土地丈量之事」は，地租改正時における山林・原野の土地丈量の要領につき，次のとおり定めている（句読点は筆者）。

> 第1節　山林原野ハ，耕地ト同視スヘカラスト雖トモ，大略耕地丈量ノ手続ニ拠ルヘキモノトス。
> 第2節　山岳ハ，斜面側面ニテ縦横ノ間数ヲ量リ，反別ヲ算出スヘキモノトス。
> 第3節　一筆限リノ区別アルモノハ，其筆限リ耕地同様ニ丈量シ，一字限リノ区別ノミナルモノハ其字限リ廻リ分見或ハ板分見等ニテ適宜丈量スヘキモノトス。
> 第4節　深山幽谷或ハ柴草山等ノ曠漠タル地ニシテ容易ニ丈量ナリ難キ地ハ，差向キ四至ノ境堺ヲ詳記シ周囲ノ里程ヲ量リ凡ソノ反別ヲ取調フヘキモノトス。
> 第5節　様（ため）シ歩ハ耕地ニ準シ，大差ヲ生スルモノハ再調ヲ命スヘキモノトス。

ここで注意しなければならないのは，「深山幽谷」の地にある山林以外の山林は，耕地と同視すべきでないものの，大方は耕地丈量の手続に依る，一筆限りの区別のある山林はその筆限り耕地同様に丈量するとの定めであり，現にこの定めに従って極めて精度の高い丈量図が作成されている例も少なからず存在するという事実である。廻り分間（分見）については，Q42参照[27]。

また，郷村宅地の北側に位置する防風林については，地目は山林であっても，第1節どおり，

---

27) 廻り分間については，佐藤甚次郎『明治期作成の地籍図』（古今書院，昭和61年）199頁，板分間については同書202頁参照。

「大略耕地丈量ノ手続ニ拠ルヘキモノ」とされ，宅地と共に平板測量が行われていたのが通例のようであり，そのため郷村宅地並みの筆界の精度を有するものもまれではないと思われる。

### (2) 困難に直面して後の方向転換

しかしながら，山林調査の進展がはかばかしくなかったことから，明治11年・前記A②の「山林原野改租調査手続」は「曠漠タル山野」については，耕宅地と同様の手続で調査することは容易でなく，手数も要することから，各地の事情を斟酌し，なるべく煩瑣を避けて簡便な手続で調査することを認める，との布達を行った。この方針は，明治22年，前記A③の「地租条例施行細則」に引き継がれ，追認されることとなる。すなわち同細則5条は，地盤を測量するには，三斜法によることを原則としつつも，山林・原野はその地形により適宜の方法で丈量してよいとしている。そのため，多くの山林については，見取図程度の和紙公図（山林公図）が作成されることとなった（その精度につきQ39参照）。

## 5．明治初年における山林所有者の確定

明治初年において山林所有者は，どのようにして決められたのか。

官民有区分による。しかし，山林については，あいまいな部分が残された。

### 解　説

壬申地券の発行の段階（Q17(1)参照）では，①幕府や藩がこれまで直轄管理してきた山林及び人跡未到の山林原野は官有地，②幕藩体制下で作成された検地帳に記載のある山林は民有地，③その他の山林，例えば，1村ないし数か村の集落住民が入会っていた山林原野（入会林野）については公有地に区分するとの考え方であったようである。しかし，公有地は官有地なのか民有地なのか，判然としない状態であった。

そこで，公有地という分類を廃止してしまい，全国の土地を官有地と民有地に截然と分類しようとした。そのための法制度が，地所名称区別改定である。すなわち，明治6年3月25日に，地券発行の基準を明確にするため，地券発行ニ付地所ノ名称区別共更正（旧地所名称区別）（太政官布告114号）が，明治7年11月7日に，その改訂版である地所名称区別改定（太政官布告120号）が発布された。同改定布告は全国の土地分類基準として重要な役割を果たすことになる。この地所名称区別改定が定める基準によって，複雑な性格を有する幕藩体制下（江戸時代）の土地支配形態を解体し，さらに民有か官有かはっきりしない上述の入会林野に係る「公有地」という改定前の区分を解消することとし，全国の土地を官有地と民有地に仕分けしつつ，近代的土地所有権を作り出していった。それゆえ，地所名称区別改定は，官民有区分の全事業の根拠法であり，近代的土地所有権を創設する作業と位置づけられている。

地所名称区別改定では，全国の土地を民有地と官有地に大別し，民有地についてはさらに第一種から第三種までに分け，そのいずれについても地券を発行することとし，官有地についてはさらに第一種から第四種に分類することとしている。

所有者の判定に当たって重要な規定は，官有地第三種（地券を発行せず，地方税を賦課しない土地）に関する規定である。そこでは，「山岳丘陵林藪原野河海湖沼池澤溝渠堤塘道路田畑屋敷等其他民有地ニ有ラザルモノ」を官有地第三種と規定している。これによると，民有地に編入され，地券が発行された「山岳丘陵林藪原野」以外の深山幽谷や山林，原野は，すべて官有地に分類すべきことになる。

なお，「藩有林」については，明治2年の版籍奉還に伴い，従来の藩有林が官林に編入され，その場合には，御林帳のごとき公簿に登載された（境界資料についてはQ51〜Q56参照）。

明治7年頃に始まった官民有区分は，明治12年，13年に耕地や市街地の部分が終了し，山林や原野については少し遅れ，全体としては明治14年6月に一応終結した。

## Q21 登記簿表題部の所有者欄に「大字」，「区」，「部落」，「大字A部落共有」とある山林の所有者は誰か。

**A** 市町村の一部である「旧財産区」に帰属するか，あるいは「共有入会地」として地域住民団体の総有に帰属するかは，管理・収益の実態による（裁判例は分かれている。）。

### 解　説

Q20で述べたとおり，官民有区分では，1村ないし数か村の集落住民が入会っていた山林原野（入会林野）については，官有地なのか民有地なのか，判然としない「公有地」に区分する方針だった。そのため，地域住民が総出で植林等を行っていた山林は，旧幕藩（江戸）時代から存続する村持ち入会地（部落有林）とされていた。

ところが，明治21（1889）年以降，市制・町村制が実施され，旧村・部落が市町村に吸収・統合される時点で，旧村持ちの入会地が，①新たに制定される市町村の一部である旧財産区[28]に帰属する公有地なのか，あるいは，②入会団体[29]の総有（民法263条にいう共有の性質を有する入会権）なのか，争われるに至った。裁判例の多くは，上記①，②のいずれかは，旧慣の実態によるとしている[30]。したがって，登記簿上，登記簿表題部の所有者欄に「大字」，「区」，「部落」，「大字A部落共有」等とある山林については，旧慣の実態いかんで，市町村有地か，旧財産区を登記名義人とすべき土地か，入会団体所有の民有地かが決まることとなる。

---

28) 明治21年法律1号「町村制」114条・115条，現行地方自治法294条。
29) そのほとんどは法人格のない社団であり，代表者の定めがないものも少なくない。なお，Q22参照。
30) 詳細は，岡本常雄『「共有入会地」と「旧財産区有地」の区別基準について』（Law & Practice 2010年4号219頁以下），山田猛司編『未処理・困難登記をめぐる実務』（新日本法規，平成27年）366頁。

第1章　山林の法律知識

## Q22
登記簿上,「大字」,「区」,「部落」と表記されている団体が民有の共有地として山林を所有する場合,これらの団体が団体名で登記する手立てはないのか。

## A
地方自治法上の「認可地縁団体」の認可を受けることにより,団体の名で登記することができる。

### 解説

「大字」,「区」,「部落」と表記されている山林が民有の共有地と判断される場合（Q21参照），これらの団体は，地域の自治組織や町内会等の地縁団体の実態を有する組織であり，その組織が民有林を保有するという関係になる。

これらの地縁団体の多くは，かつては法人格を取得していない社団だったことから，団体名では山林の登記をすることができず，①代表者たるＡ個人の名で，あるいは②共有者全員という意味で「Ａ外○名」との表記で登記する例が多かった。しかし，そのような登記は長年を経ることにより，①の場合，団体所有でなくＡ個人所有の登記と間違えて登記名義人Ａの死亡により，その相続人が相続財産と誤解して処分するなどの問題を生じ，②の場合は「外○名」を特定できないとの問題や，仮に特定できたとしても全員の相続人を探すのに大きな困難を伴うという問題を生じていた。

こうした問題に対処するため，平成３年の地方自治法改正により，市町村長の認可を受けた地縁団体（町又は字の区域その他市町村内の一定の区域に住所を有する者の地縁に基づいて形成された団体）には，法人格を付与する制度（認可地縁団体制度）が創設された（同法260条の２）。しかし，同制度が導入された後であっても，認可地縁団体が保有している不動産の所有権を当該団体名義へ移転登記することは，上記①や②の問題もあることから，不動産登記法制上，複雑困難な権利関係の証明を要することとされている。

その困難を緩和するために認可地縁団体による簡易登記の手続が整備されるに至っている（Q23参照）。

## Q23
地域の自治組織Ａは，最近，認可地縁団体となり，はるか昔から保有する山林について団体名義への所有権の移転登記をしようと考えたが，登記簿に表示登記された100人を超える所有権登記名義人が既に死亡しているため，その相続人の確定に膨大な手間や費用が掛かり，移転登記が困難な状況となっている。何か良い解決方法はないか。

不動産登記の特例として，認可地縁団体による簡易登記の手続を取ることが可能である。

■■■■■■■■■■■■■■■■ 解　説 ■■■■■■■■■■■■■■■■

## (1) 沿　革

　古来，地縁団体が保有する山林や共同墓地，ため池その他の不動産で，登記名義人がはるか昔に死亡している場合，不動産登記法の建前としては，その相続人全員の申請により所有権の相続等の登記が行われた後，その全員（登記義務者）と法人格を取得した認可地縁団体（登記権利者）との共同申請により当該団体名義への所有権移転登記手続を行うことが原則である。しかし，登記記録上，はるか昔から登記名義人の変動がないままのものが多く，現時点において，このような原則に基づいた手続を求めることは，極めて困難な状況となっている（なお，設問にいう「100人を超える登記」のうち代表者以外については名前すら登記記録に残っていない，いわゆる「記名共有地」については，Q24参照）。

　しかし，地方自治法の一部改正（平成27年4月1日施行）により，認可地縁団体名義への所有権の移転の登記手続を促進する特例（同法260条の38・39）が設けられるに至っている。

## (2) 簡易登記手続の概要

### ① 特例の適用を受けるための実体的要件（地方自治法260条の38）

　(ア)　認可地縁団体が所有する不動産であること。

　(イ)　所有権の登記名義人（表題部所有者を含む。以下「所有権登記名義人等」という。）の全てが当該認可地縁団体の構成員又はかつて当該認可地縁団体の構成員であった者であること。

　(ウ)　当該認可地縁団体によって，10年以上所有の意思をもって平穏かつ公然と占有されているものであること。

　(エ)　当該不動産の所有権登記名義人等又はこれらの相続人（以下「登記関係者」という。）の全部又は一部の所在が知れないこと。

　(オ)　当該認可地縁団体が当該認可地縁団体を登記名義人とする当該不動産の所有権の保存又は移転の登記をしようとしていること。

### ② 特例の適用を受けるための手続的要件（同法260条の38・39）

　(カ)　当該認可地縁団体が，上記①(ア)〜(エ)の疎明資料を添付して，当該不動産に係る(キ)の公告を求める旨を市町村長に申請すること。

　(キ)　市町村長が(カ)の申請を相当と認め，当該申請を行った認可地縁団体が当該不動産の所有権の保存又は移転の登記をすることについて異議のある登記関係者等は，当該市町村長に対し異議を述べるべき旨を公告したこと（公告の期間は3月以上）。

　(ク)　上記(キ)の異議がなかったこと（その場合，申請に係る不動産の所有権の保存又は移転の登記をすることについて当該公告に係る登記関係者の承諾があったものとみなされる。）。

　(ケ)　市町村長が(a)所定の公告をしたこと，(b)登記関係者等が所定期間内に異議を述べなかったことを証する情報を当該認可地縁団体に提供したこと。

　(コ)　上記(ケ)で提供された情報を登記所に提供して，当該認可地縁団体が当該不動産の所有権保存登記あるいは（当該認可地縁団体のみで）当該不動産の所有権移転の登記を申請すること。[31]

---

31)「所有者の所在の把握が難しい土地に関する探索・利活用のためのガイドライン（第1版）」国土交通省HP（平成28年3月）63〜70頁。

第1章　山林の法律知識

# Q24 登記簿上「A外α名」とあるもα名の名簿がない，いわゆる記名共有地につき，所有権登記を時効取得者や認可地縁団体に移すにはどうすればよいか。

**A** 　Aの相続人のみを被告として時効取得の勝訴判決を得れば，時効取得者は登記が可能である。また，（Q23の場合と同じく）不動産登記の特例として，認可地縁団体による簡易登記の手続を行うことも可能である。

## 解　　説

### (1) 記名共有地の発生原因

#### ① 意義と実態

いわゆる記名共有地とは，土地登記簿（登記記録）表題部の所有者欄に「A外α名」と記載されているものの，所有権保存登記がないため，A以外の共有者の氏名・住所が不明の土地をいう。記名共有地は，登記簿登載当時の地目名から推測される地目や相談事例等に照らすと，山林（とりわけ入会林野）や，村外れの小さな祠の境内地や墓地（埋葬地）等が多いようである。

#### ② 記名共有地において共有者が不明となった経緯

記名共有地は，土地台帳に権利者として「A外α名」と記載されていたことに由来する。土地台帳において「外α名」は，「共同人名簿」に登載されていた。ところが，昭和35年実施の登記簿と土地台帳の一元化に際して，一緒に移管されるべきであった共同人名簿の中には，何らかの理由により，法務局に移管されないものがあった。そのような共有地についても，一元化作業においては，登記簿に新設された表題部の所有者欄にもそのまま「A外α名」と移記されている。

上記の場合，「外α名」という記載は，登記簿上の共有者の記載としては特定性を欠く。しかし，「A」の部分のみを登記簿に移記することは，土地台帳記載の権利関係（共有）と異なる権利関係（単独所有）を登記簿に記載する結果となり，公示の理想に照らすと好ましくない。そのため，記名共有地の「外α名」の部分もその氏名・住所が不明なままに登記簿に移記されることとなった。

### (2) 記名共有地の登記移転

#### ① 記名共有地の所有形態と移転登記の余地

上記(1)②の経緯から明らかなように，記名共有地「A外α名」の所有形態は，法人格のない社団の総有（民法263条にいう共有の性質を有する入会権）であると解される[32]。

しかし，この理屈を推し進めると，共同人名簿がなくα名の氏名が不明である限り，その法人格のない社団から所有権登記を移すことが不可能となってしまう。

#### ② 時効取得の場合の登記移転

この点に関し，平成10年3月20日法務省民三551号回答は，「A外α名（その住所・氏名が不明）」の記名共有地を時効取得したとするCが，Aの相続人Bを被告とし，証拠に基づいてCが当該記名

---

32）まれに総有でなく狭義の共有地として共有者が判明することがあろう。その場合，㋐山林の譲渡や樹木の主伐であれば全員の同意（民法251条），㋑間伐の実施の場合は持分の過半数（同法252条本文）を要することとなる。

25

共有地を時効取得したと判示している所有権確認訴訟の確定判決を得た場合には，Cは直接自己への所有権保存登記を申請できるとして時効取得者を救済する道を開いている[33]

### ③ 認可地縁団体への登記移転

記名共有地を所有する法人格のない社団であっても認可地縁団体になる途が開かれている。そうすると，Q23の場合と同様に，地方自治法260条の38・39所定の特例に基づき，認可地縁団体による簡易登記の手続を取ることが可能である。

---

## Q25 登記簿上「共有惣代Ａ」とある，いわゆる共有惣代地につき，所有権登記を時効取得者や認可地縁団体に移すにはどうすればよいか。

**A** Aの後任者を代表者として法人格のない団体を被告として時効取得の勝訴判決を得れば，時効取得者は登記が可能である。また，認可地縁団体に登記名義を移すには，Aから認可地縁団体への移転登記の手続を行う。

---

### 解　説

### (1) 共有惣代地の発生原因（意義と実態）

共有惣代地とは，土地登記簿（登記記録）の表題部所有者欄に「共有惣代Ａ」と記載されている土地を指す。Q24の記名共有地は，その実態はともかく，法形式としては持分権者が数人いる共有ないし合有の土地である。これに対し共有惣代地は，元来，持分権者が存在しない総有の土地なので，当初から共同人（共有持分権者）名簿は存在しない。

共有惣代地の多くは，社寺，郷蔵，埋葬地（墓地），灌漑用ため池，山林（入会林野）のようであり，明治初年の官民有区分の折，所有者のはっきりしない公有地を解体するに際し，惣（村落全体の名によって意思決定する村民自治組織）による管理支配が行われている土地等が共有惣代地に分類され，地券が交付されたのではないかと推測される。

なお，村落共同体そのものは明治22年の市制・町村制施行の際に「町村の一部」として法人格を取得している（いわゆる旧財産区）。さらに，戦後の地方自治制度の確立に伴い，旧村落の町内会又はその連合会の所有地であって未登記のものは速やかに処分することとされ，それをしない未登記不動産は所属市町村の所有に帰属することとされた。いずれにせよ，①惣ないし村落の自治組織（地縁団体），②旧財産区，③昭和28年市町村制施行前の旧市町村（いわゆる新財産区），④現市町村のいずれが所有しているか，判断の困難な旧公有地は少なくない。

### (2) 時効取得者への移転登記

共有惣代地の管理実態が，上記(1)にいう惣ないし村落の自治組織による管理であれば，共有惣代地は当該村落の自治組織（法人格のない社団）の総有に属することとなり，Aは，登記簿（登記記

---

33）田中康久「記名共有地の解消策の課題─保存登記ための判決の問題点を中心として─」登記研究661号1頁以下。

第1章　山林の法律知識

録）上の代表者ということになる。

　そうすると，故人Aの名において登記がされていた場合，Aの相続人Bが当然に当該村落の自治組織の代表者となるわけではない。そのBを時効取得地の所有者代表として取り扱うためには，当該村落の自治組織において，規約に基づいて代表者Bへの変更決議を行わなければならない。時効取得者は，当該代表者B（あるいは選任手続が見込まれない場合には，一般社団法人及び一般財団法人に関する法律75条2項の類推適用により，裁判所に一時役員の職務を行うべき者の選任を申し立て選任された者）を代表者として登記手続を進めることとなると解されるが，当該法人格のない社団が応じない場合には，移転登記手続請求訴訟を提起することとなると解される。

### (3)　認可地縁団体への登記移転

　共有惣代地を所有する法人格のない社団であっても認可地縁団体になる途が開かれている（地方自治法260条の2）。その場合は，当該村落の自治組織において，規約に基づいて新代表者Bへの変更決議を行った上，形の上では個人Bから認可地縁団体名への所有権移転登記を双方申請で行うこととなると解される。

$Q$ **26**　集落住民が，古来，入り会って秣，山菜，薪炭用材等を共同で収益していた国有山林・公有山林等の入会権は，現在ではどうなっているのか。

**A**　入会が慣習法上の権利として継続されている限り，現在でも存続する。管理・収益の実態がなくなった場合には，入会権は消滅する。また，入会林野等に係る権利関係の近代化の助長に関する法律（以下，「入会林野近代化法」という。）に基づく旧慣使用林野整備によっても入会権は消滅する。

#### 解　説

　山林の中には，一つ又は複数の集落の住民ないしその団体が，秣，山菜，薪炭用材等を共同で収益する慣習上の権利を有するものがある。民法はこの慣習上の入会権を物権として保護している。設問のように，地盤所有権が入会権者に帰属しない場合は，共有の性質を有しない入会権として，各地方の慣習に従うほか，地役権に関する規定が準用される（民法294条。共有の性質を有する入会権については，Q24参照）。

　入会権者による管理・収益の実態がなくなったり，放棄した場合には，入会権は消滅する。また，入会林野近代化法に基づく旧慣使用林野整備，すなわち，住民が入会っている土地について，農林業上の利用を増進するため，これまでの権利を消滅させ，地上権・賃借権その他の権利を設定することによっても，入会権は消滅することとなる（同法23条）。[34]

---

34）山下詠子『入会林野の変容と現代的意義』（東京大学出版会，平成23年）256頁。

27

# Q27

山林登記の表題部に所有者Ａとだけ記載されていて権利の登記がない場合，Ｂがその山林の所有権登記を取得するためにはどうしたらよいか。

**A** Ａの戸籍や相続関係の調査を行い，現在の所有者を相手に所有権確認の確定判決を取得し，あるいは即決和解で所有権確認の調書を作成することにより，それを登記原因証明情報としてＢの名で所有権保存の登記申請を行う。

## 解　説

### (1) 表題部に記載された所有者の意義

不動産登記は，不動産の物理的性状を記録する表題部（不動産登記法２条７号）と権利関係を公示する権利部（同条８号）に分かれており，表題部登記は権利関係を公示する機能はない。したがって土地の表題登記（同法36条）が起こされ，そこに所有者の氏名・住所（同法27条３号）が書かれていても，所有者を知る手掛かりほどの意味しかない。

所有権の登記として対抗力や権利移転の機能を持たせるためには，権利部を起こし，所有権の保存の登記（同法74条）を申請する必要があるが，申請人適格を有する者は，①表題部所有者又はその相続人その他の一般承継人（同条１項１号）のほか，所有者であることが公的に確認された者すなわち②所有権を有することが確定判決によって確認された者（同項２号），③土地収用によって所有権を取得した者に限られる（同項３号）。

### (2) Ｂの取るべき方途

上記(1)によると，Ｂとしては，Ａないしその一般承継人との間の所有権確認訴訟で勝訴の確定判決を得て，それを登記原因証明情報としてＢ名義での所有権の保存の登記を経由するのが唯一の途であるように見える。

しかし，上記確定判決に代わるものとして，即決和解（民事訴訟法275条）の和解調書がある。すなわちＢは即決和解の申立てを簡易裁判所に対して行い，当事者双方が簡易裁判所で行われる期日に出頭して和解が成立し，和解調書が作成されれば，確定判決と同一の効力を有するので（民事訴訟法267条），当該調書をもって所有権の保存の登記を行うことが可能となる。そのほうが簡易・迅速に所期の目的を達することができる。

もっとも，取得等しようとする山林その他の土地について，表題部所有者の氏名のみが記録され，住所の記載がない場合は，戸籍等の調査を行い，所有者の戸籍を特定しなければならない。その結果，Ａないしその一般承継人が行方不明・生死不明であることが分かれば，不在者財産管理制度を活用し，さらにＡないしその一般承継人が既に死亡して相続人の存否が明らかでない場合には，相続財産管理制度を活用し，その財産管理人相手に上記の提訴ないし即決和解の手続を進めることになる（Q87及びQ105参照）。

第1章　山林の法律知識

 登記のない山林等の所有者は誰か。また，登記を実現する方法はあるか。

A　無番地の土地には，①国有無番地（脱落地を含む。），②市町村に譲与された旧法定外公共用財産，③民有飛び地（めがね地），④字所有（公有）の飛び地などがある。

なお，公図の見方との関係については，Q61参照。

解　説

(1)　無番地の土地の種類

登記がない（したがって無番地の）土地には，①公図上無番地で表示されている土地と，②登記もなく，公図にも描かれていないが，現地には存在する土地（脱落地）がある。これを整理すると以下のとおりである[35]。

| 無番地の土地 | 官民有区分の終わっている土地 | 民有地・公有地たる確証のある土地（公図等の付番の誤りや，めがね地・飛び地表示の欠落等のため公図等のみ無番） | 民有地・公有地 |
|---|---|---|---|
| | | 無番のまま国有財産台帳に登録されている土地 | 国有地（譲与後は市町村有地等） |
| | | 里道・水路等，公図の記載等により官有地であることが明らかな土地 | |
| | 官民有区分のない土地 | 脱落地 | |
| | | 未定（みじょう）地，（無願埋立地） | |

山林との関係では，例えば聞き取り調査等により国有林野ではないかとの情報が得られた場合は，森林管理局から境界基本図の写しを入手し，公図等と比較する必要がある。また，地租改正当初その場所が，他村（大字）持ち（Q21参照）の飛び地であった場合には，その部分に，「何某村」又は「他村」と記入されることがあるが，その所属する村名（大字）を書き漏らして無番という状況を呈しているものもまれにある（Q61参照）。

(2)　登記の実現

現地確認や聞き取り調査により，無番地の土地の状況を把握し，所有者が判明した場合には，その者が所有権を有することを証明する情報を提供することにより，表題登記の申請をすることとなる（不動産登記法36条）。ただ，どのような資料を添付すべきなのかについては，現在のところ明確な実務慣行はない。

この点につき，最高裁判所（Q99の裁判例5-⑩）は，明治初年以来墓地であったとおぼしき無番地かつ所有者不明の土地につき，時効取得した者が提起した訴訟において，傍論ではあるが，「表題部所有者の登記も所有権の登記もなく，所有者が不明な土地を時効取得した者は，自己が当該土

---

35）賽金敏明『境界の理論と実務』（日本加除出版，平成21年）203頁。

地を時効取得したことを証する情報等を登記所に提供して自己を表題部所有者とする登記の申請を
し（不動産登記法18条，27条3号，不動産登記令3条13号，別表4項），その表示に関する登記を得た
上で，当該土地につき保存登記の申請をすることができる。」との注目すべき判決をしている。

第2章　山林境界の探索

# 第2章

# 山林境界の探索

## Q29　山林公図の検証に当たっては，どのような作業が必要か。

**A** 　山林公図には見取図的な和紙公図が多い（Q19参照）。そのため，山林境界（山林の筆界）を判定するに際しては，本章（Q29～Q38）に述べる探索作業が必要となる。そこで，まず地形図（等高線図）を用意して山林公図（和紙公図）との照査により大字の区域を確認し，次に字の範囲内における地番の割付けを考える。

### ■解　説■

### (1)　地形図（等高線図）の準備

　山林公図の検証に当たっては山林の筆界（境界）が，地形的特徴の箇所（ライン）に存在するという経験則に基づいて，地形図（等高線図）を準備する。山林公図がひずみのある図面であることは避けることができず，その公図がどのようなものから出来上がったかの分類はできていなくても，まずは山林公図の検証に当たり，これと対照できる地形図（等高線図）を準備する。

　地形図は，空中写真から作成された縮尺2,500分の１から１万分の１程度の地形図を用意する。最低限その大字の区域を間違いなく把握するために，地域の大きさにもよるが，大字の区域の面積が500haくらいであるなら，縮尺１万分の１の地形図が適当である。

### (2)　字の区域内にある地番の割付け（割込み）

　この地形図（等高線図）と公図との対比により，山林の地形的な特徴である尾根筋を中心として，まず大字界を検討するには，一村全図を拡大・縮小して地形図とマッチするかどうか見る。これにより，当該公図の精確性を把握して，隣接大字同士の区分けが判別できた後に，字の区域内にある地番の割付けを考えることになる（この字名や地番の割付けのことを便宜上「地番の割込み」と呼ぶことにする。）。

　字の範囲内でさらに具体的に該当する地番の割込みをするときには，一筆当たりの面積が３～５ha以上のものであれば，縮尺5,000分の１の地形図で外形をつかむことができるが，１ha未満の山林の場合は，縮尺2,500分の１よりも大縮尺の図面に地番の割込みを考えるほうがよい。

　農地とこれに接続する山林境界の場合は，縮尺1,000分の１くらいの地形図を用いることが適当である。まずは地形図の特徴を見ながら，大面積の土地を縮尺5,000分の１地形図に地番を割り付

31

ける。次に，小面積の土地は縮尺2,500分の1や1,000分の1地形図に地番の割込み作業を行うようにすれば，比較的に地番配置がつかみやすい。

## Q30 山林境界と地形との関係を調査するに当たっては，具体的にどのような点に留意したらよいのか。

**A** (1)現在の地形と原始筆界形成時の地形との関係の確認，(2)分水嶺と筆界との関係の確認，(3)字限図面の接続，大字界・字界の記入，(4)現地形図への地番の割込みの作業，それぞれに留意が必要となる。

### 解　説

**(1) 現在の地形と原始筆界形成時の地形との関係の確認**

　山林に限らず，自然地形に合わせた区画が，境界（すなわち筆界）として形成されたと考えられる。しかし，筆界が形成された明治初期（明治10年頃）の地形が，そのままの形で今も残っているかどうかの見極めはかなり難しい。

　自然地形が変化する事由は様々なので，過去の災害史を一応踏まえた上で，現地の地形を見て，崩落，地滑り，傾斜の緩やかな場所における開墾，合流部における土砂の堆積などを目視して判別する必要がある。したがって，筆界を見出すためには，その場所における地形の変化の有無を把握しなければならない。

**(2) 分水嶺と筆界との関係の確認**

　筆界は，地形的特徴（ライン）に存在すると考えるとき，現地で実際どのような地形部分に筆界があるのか，その事例を知る必要がある。最も想定しやすいのは，馬の背のように高さが割合にそろった峰（稜線）を筆界とするものであろう。このような峰が高く険しい場所であるならば，おおむねそのような場所に筆界が存在することが多い。そうとは言え，分水嶺の位置に必ず筆界（通常は大字界）が存在するかと言えば，そのようなことはなく，分水嶺を越えた大字界は，どの場所でも見られるくらいであって，珍しいことではない（Q31参照）。

**(3) 字限図面の接続，大字界・字界の記入**

　公図の拡大・縮小作業のみで地形図とマッチすることはまれであり，公図の大字界の範囲を地形図上から把握するには，隣接同士の大字の関係を見るときに，原始的な手法ではあるが，字限図面の接続部分の形状や方位を勘案して，切り貼りしながらつなげていくことがもっとも確実な方法であり，この切り貼りした図面を基に，地形図の特徴ラインに大字界，字界を記入していく。この切り貼り作業を省略してはならない。地番割はその次の段階である。

**(4) 現地形図への地番の割込み**

　この地番の割込みに当たって，地元自治体等が作成した地番図等を参考にすることもあるが，自治体の作成した地番図の多くは，公図の地番配置を空中写真から作成された地形図の中に機械的に

第2章　山林境界の探索

嵌め込んだものにすぎず，現地を確認して作成されたものではない。このような図面の利用は，あくまで参考にするという程度にとどめ，改めて公図の位置を地形図に当てはめるという作業を実施することになろう[1]。

実際にどのような地形的特徴が，筆界に反映しているかを，数多くの事例を重ね，経験則を踏まえて判断することが重要である。しかし経験のない者にとっては，全くとらえどころがない作業なので，地形的な特徴が筆界判断の根拠となる事例を次（Q31）に掲げる。

## Q31 山林境界と地形との関係を調査する際，地形的な特徴と筆界との関係について，どのような確認が必要か。

**A** 　(1)凸形・凹形の地形と筆界との関係，(2)傾斜変換線と筆界との関係，(3)山頂部や尾根筋の平地状の場所と筆界との関係についての確認が重要となる。

### 解　説

**(1)　凸形・凹形の地形と筆界との関係**

山林には，地形的な特徴として凸線（図1の「分水嶺」とした部分）のラインがある。これにはQ30で触れた峰筋（分水嶺・稜線）が該当する。これとは反対の形状が凹線として現れているものであり，谷川として見られる谷筋や，常に水流のない場所であっても地形的にへこんだ場所もある。このような谷あいの地形の場合は，V字形のように切れ込んでいる位置の中央部には筆界がある場合が多く，U字形の底の部分の幅が大きいような場所では，水流部を筆界とする場所もあるが，水流部は変化しやすいことから，筆界ではない場合もあるので，樹種や林相とも見比べることになる。

**(2)　傾斜変換線と筆界との関係**

山の地形には，稜線（峰筋）や稜線から谷に下る尾根筋（支線），V字形・U字形の谷筋以外の場所にも傾斜の変わり目があり，そのような場所にも，筆界が現れることがある。

例えば，谷筋から峰に向かって傾斜面があるとき，その傾斜面を複数の，平行に縦断測量したときを思い浮かべてみる。その縦断面図の傾斜に変化点が出てくるとき，この線形状が外折れ（凸形の折れ）線になった箇所と，内折れ（L字形）の折れ線になった箇所が見られる。この変化する形状が顕著な変化点の位置に着目する。

このような，変化の顕著な場所を傾斜変換点と呼び，変化が連続する複数の位置を結ぶ線を傾斜変換線という。このような傾斜変換線に筆界が存在することがある[2]。

イメージとしては，谷筋から峰に向かった傾斜面の途中に，崖状のものがあるときは，この崖状の下部から下の方は比較的傾斜が緩くなっており，崖状の上部から上の方もまた傾斜が緩やかに

---

1）特に，この地番の割込み作業は，専門的知見を有する土地家屋調査士等に任せるよう，配慮が求められる。
2）芝井克英「筆界の認定をめぐる諸問題」法務研究報告書93集1号260頁以下。

33

なっている。このような崖状のものは，崖の下部にはＬ字形にへこんだ連続線が，上部には凸線の連続線が現れる。これらのラインが傾斜変換線である（図１の「(2)の傾斜変換線」）。

　崖状と表現したが，何も大きな崖ということではなく，地形図上にすら明確に表わされていないようなものでも，現地では傾斜の顕著な場所が見られることがあり，それらが筆界として存在することがあるので，公図の示す形状と現地の傾斜面を見比べることが重要である。

　傾斜変換線に表れる筆界は，崖地処分規則（明治10年２月８日地租改正事務局別報69号）１条に見られるような基準で定められているので，崖状の下に筆界があるとするのが通常である。しかし，同規則は例外として旧慣に従うことを認めていることから，筆界が上部側か下部側であるかは，地域慣習を踏まえた上で判断しなければならない。

　傾斜変換線は，水平方向（等高線上）とは限らず，山を斜めに横切るような形となるものがある。このようなものは，崖状の下部をたどっていくラインが斜め状になる。このような筆界を「横境（よこざかい）」と呼ぶような地方もある。

### (3)　山頂部や尾根筋の平地状の場所と筆界との関係

　前記(2)のほか，斜面が崖地状ではなく，山の裾側に大きな傾斜変換線のない場所で，山林の上部側の，峰（稜線）に近い辺りに凸線の傾斜変換線（図１の「(3)の傾斜変換線」）がある場合であって，特に山頂部に傾斜の緩い平地状のものが見られるときには，上部の平地状の土地と下部の土地との間にある凸線の傾斜変換線を，筆界とするものがある。このようなものは，山頂部にある平地状の部分は，その場所が下側の傾斜地とは独立した土地となる。すなわち，手前側には大きな傾斜変換線はなく，頂上付近の緩やかな分水嶺を越えた向こう側に，最も顕著な傾斜変換線（図１の「(3)の傾斜変換線」）が存在するときには，その傾斜変換線が筆界となるようなものもまた存在する[3]。このような形状を筆界とするものを「カエリ尾（根），返り尾（根）」と呼ぶ地方がある。すなわち，尾根を返った分水嶺の向こう側に筆界がある，ということに由来する呼び名と考えられる。そうすると，このような山頂部や尾根筋の平地状の場所があるときは，分水嶺が必ずしも筆界とならない。

### (4)　公図（和紙公図）と地形図との関係

　「公図は地形図ではなく，単に筆界線を示した地図にすぎない。」という考え方があるが，山林に限らず農耕地においても，利用区分の仕切りが出来上がった場所に境界が発生したものであって，多くの場合，これに所有者や地目ごとに地番を振って筆界が成立しているという経験則を踏まえると，公図はまさに地形図だと言うことができる。

　このことを示すものとして，農耕地における畦畔が，破線・朱線・黄色等の着色をもって描かれている公図（和紙公図）を見れば，どのような位置が筆界となっているかよく分かる。また，山林においても筆界を示す線形は，むやみに引かれているというものではなく，上記のように凸線や凹線等の地形をたどったものが，筆界として成立したと考えることができる。したがって，沿革をたどれば地形的特徴を示した場所が筆界（原始筆界）として引かれて地図になったものであるから，筆界はまさに地形をたどってできた線であるといえる。

---

　3）　山をもって画する甲乙両町の山頂付近の境界につき，山の分水嶺が境界となるのではなく，古来からの沿革に基づき，甲町に属する山頂の神社の境内地と，右境内地に接し現在は乙町に併合あるいは編入されている村との幕末期における境界が，そのまま現在の両町間の境界としても存置されているとした事例として，Q95の裁判例１-②がある。

第2章　山林境界の探索

図1　断面図（傾斜変換線に境界のある事例）

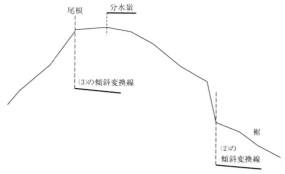

### Q32　山林境界と地形との関係を調査する際，山道と筆界との関係について，どのような確認が必要か。

**A**　公図作成の時期を踏まえた上で，更正図作成直前に改良された道路が存在するようなときには，公図でどのような表現になっているかを見極める必要がある。

**解　説**

　山道が筆界，という事例も確かに存在する。峠越えの山道が，山の傾斜面を斜めに上るように横切って筆界を形成しているものがある。

　昔から山道があったといっても，公図記載の意味するところは一様ではない。例えば，明治10年頃に山林改租が行われているときに，最初に山道（公図上は里道）のあった場所が，その後，明治20年頃にその峠道を改良したような場合，最初の山道が公図に記載されているか，公図には明治20年頃の道路が図示されているか，又はその道路が図示されていないとすれば，山林の分割線の形状で表現されていないかどうかという，公図上の表現の意味内容の違いを見極める必要がある（図2～4参照）。山道でも，明治20年頃の道路は，荷車道として傾斜の緩い道路であったりする。

　公図，土地台帳が明治22，23年頃に作成されたものであるとすれば，このような経年変化を，図面では道路位置を分割線で，土地台帳では道路で分割された区画が最初からの帳簿（地番，面積）で表わされていることもある。公図作成の頃の道路改良は，地方史誌で確認できることもある。平地でもそうであるが，改租の時から土地台帳作成までの間の異動の状況が，公図でどのように表わされているか，閉鎖登記簿の移記の内容（旧表題部や甲区の旧地所登記簿からの移記事項）をもチェックする必要がある。山道では，永年の間の大雨により，道が水路のようになって地盤が削られ，山道の位置が変わる場合もある。その場合，筆界が変更前後の山道のどちらであるかを，上記の場合と同様にチェックする必要がある[4]。

---

4）芝井克英「筆界の認定をめぐる諸問題」法務研究報告書93集1号260頁以下。

図2 明治11年作成の地元保管の山林改租図　　図3 明治18年作成の地元保管の字限図

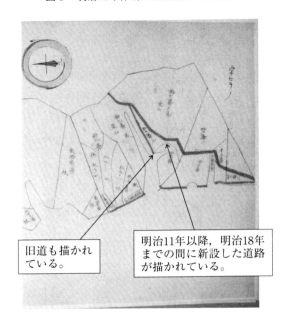

図4 登記所保管の和紙公図（明治23年頃）

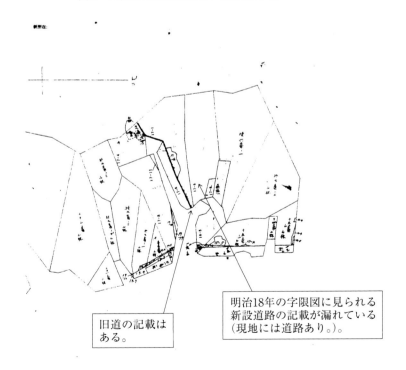

第2章　山林境界の探索

# Q33

山林境界と地形との関係を調査する際，谷内田と筆界との関係や，山林部における棚田・畑と筆界との関係について，どのような確認が必要か。

**A** (1)谷内田との関係では，図の形状と，谷（沢）の幅の状況を見ながらその所在場所を判別する。また，(2)山林部における棚田・畑との関係では，いわゆるノリ裾・ノリ肩についての確認が重要となる。

## 解　説

### (1)　谷内田と筆界との関係

　山林の内には，改租当初は農地（田・畑）であったものが，その後に山林化した土地も多い。両側を山に挟まれて耕地が介在するような場所を，谷内田という（図5参照）。このような場所は，例えば大正，昭和の代表的な災害や，昭和30年代の伊勢湾台風などの災害を機に荒地となって，農地として復旧することができず，荒地として放置したか，植林をしたような場所もある。昭和40年代になると，水田の減反政策によって，耕作に困難な谷内田は真っ先に植林された。このような土地は，耕地地番として独立しているから，公図の形状と，谷（沢）の幅の状況を見ながらその所在場所を判別することになる。

### (2)　山林部における棚田・畑と筆界との関係

　一般に平地の場合，段差のある場所はノリ裾が筆界になっている場合が多い。

　上部の里道と下部の畑との筆界は，上部にある里道のノリ裾が境界で，その理由として，そのノリ面は上部の里道を支え維持しているものであるから，当然上部の里道敷きの一部である，というのが一般論とされている。いわゆる，「ノリ裾が筆界だ。」ということが常識のごとく言われている（もちろん，これと異なる慣習がある場合は別，ということも元々言われている。）。しかしその常識は谷内田については必ずしも妥当しない。

　最初に比較的傾斜の緩やかな山林を開墾して，棚田状に田を造成する場合（図6）を考えてみよう。水平部分を造成するには，まず上部側を切り取り，下部側にその土を盛って，水平部分を造成する。この作業をその下部に次々繰り返す（また逆に下部から上部へと造成を進める。）。

　このときの，最上部の田と傾斜地の山林との筆界はどの位置にあるだろうか。図6の断面図を参照されたい。斜面を切り込んだため，水平部分の山側の位置には凹の傾斜変換点⑦，その上部にはノリ切りの肩に相当する凸の傾斜変換点④が生じている。現地では，そのノリが背丈程度であれば，まずそのノリ肩（凸の傾斜変換点④）を筆界としているものが多い。田の管理上そのノリ面は山林の所有者が管理するようなことはなく，もっぱら田の所有者が手を入れる範疇にある。それゆえ山林部における棚状の田畑の場合，一般論で言うノリ裾の水張り位置⑦に筆界があるとは，必ずしもならないのである。

　一方，このような状況であっても，切り取ったノリ面は単に田の所有者が管理しているにすぎず，上部側の所有地に属するものであるとする地域もある。

　しかし，近世において山地が開墾されて棚田が形成され，その結果の状況が農地と山林に区分さ

37

れる地租改正の際に地番が付されたことを考えてみると，田の所有者（厳密に言えば幕藩時代においては「所持権者」）の管理する範囲（⑦まで）は，当然のごとく田の所有者に属したと考える方が合理的である。

では，どの程度の高さまで下部（田）の所有者に属するのかというと，それは，山林と田，山林と畑，棚田同士の間における所有者の異なる境界，ノリの大きさ，傾斜の変わり目の程度など，判断の難しい場合があるので，その地域に詳しい経験者に確認することが大事である。一方で，棚田の耕地同士の場合，これらの段差の構成部分が自然石を積んだ石積みのような状況では，石垣が上部の田に属することが多いのではなかろうか。

このようなことこそ，地域の筆界の状況に精通していないと，その扱いを誤ることになる。地籍調査の際には，このような状況を一気にしかも大量に扱うことになり，土地所有者が立会を他人又は地区の地籍調査推進委員会等に委任したときなどは，その地域の慣習の理解を必要とする。

裾伐り，陰伐りと呼ばれる地役権部分（図7参照。図6の⑦-⑦の部分）とは，当然に区分けされて論じなければならないのであって，所有権部分と地役権部分は，当然に別物である。なお，図7には，当該山林の地番（雑木山）・反別（地積）・所有者のほかに，「何畝何歩　裾伐」の記載がある。この「裾伐」を記載した土地は，山林公図上，地形がくぼんでいるところに隣接した土地に見られる。このくぼんだ位置が「谷内田」であり，これに接している山林は，谷内田が樹木によって日影にならないよう規制しているのであって，その規制面積相当を，図7では「裾伐」という文言を用いている。

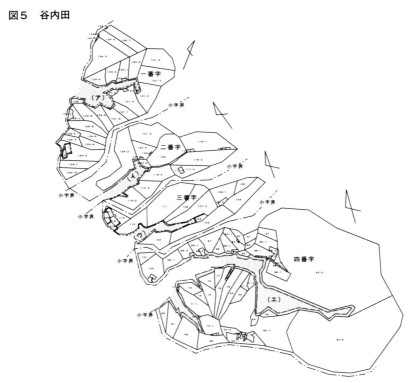

図5　谷内田

※　この図の，(ア)の部分は，山林の一番字における谷内田の部分。同様に二番字では(イ)，三番字では(ウ)，四番字では(エ)が谷内田の耕地部分（いずれもグレーで表示）である。
　　谷内田部分は，公図が別葉となっている。

第2章　山林境界の探索

　この陰伐地（裾伐）と同じような慣行上の権利として「こせ」や「くろ」の存在がある（Q34参照）。「こせ」や「くろ」は，田畑の耕作者が隣接する山林に入り込んで，日照や通風の妨げとなる草木を自由に伐採することが許されるというものである（Q98の裁判例4-⑭，Q101の裁判例7-①参照）。

図6　断面図

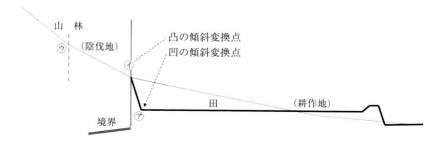

図7　裾伐りを記載した山林改租図（明治11年9月）

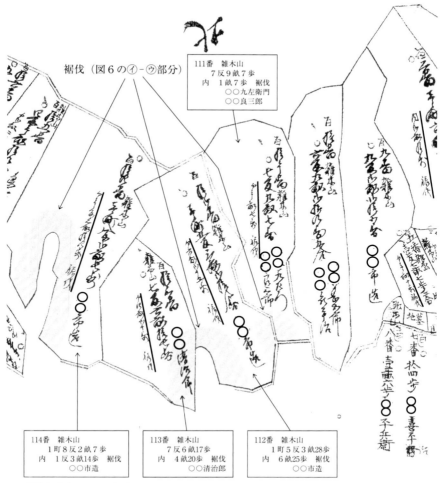

※　裾伐部分をグレーで表示した。

# Q34

山林と農地間にある境界の場合，筆界（兼所有権界）は地形的にどの辺りに位置するのが通例か。

**A** 　山裾付近の場合，その下部にある農地と上部側山林との境目にある斜面が，山林に属するか，あるいは農地に属するかは，地域慣習によるところが大きいが，おおかたが山林に属すると考えてよい。

## 解　説

　山林の裾付近においては，農地との間に，わち・こさ・こせ・くろ・陰伐地・裾伐（裾切）などと呼ばれる部分がある（Q33の図6の⑦-⑦部分）。これらは，農地を要役地とする一種の地役権的な部分で，山林に所属する土地であるが，生育する樹木が大きくなって農地を日影にしないよう，樹木の生長が制限される場所である。山林の所有に属する部分であっても，樹木が大きくなって農作物の生育を妨げるような場所は，山林所有者と農地所有者の間の合意で，山林所有者が樹木を切る場合もあるが，ほとんど農地所有者が慣習的に樹木を伐採できることになっている。

　もともと，農地の耕作が継続している限り，大きな樹木はないはずで，永く草刈り場的な状態が保たれており，刈り取った草は農地の肥料として利用される。その範囲は，斜面の傾斜度や段差など，現地の形状により様々であるものの，おおかたが山林に属すると考えてよい（Q33の図6⑦-⑦部分）。

　所有権境界（筆界）が，斜面のどの辺りに位置するかは，切り下げている斜面がどのような形状（斜面の変化する位置）であるかにより，判定することになる（Q33参照）。その上で，斜面の中にある所有権境（筆界）と地役権（陰伐地）の範囲を見極めることが重要であり，この判断は，斜面の変化点や高さを見ながらも，地域慣習によるところが大きい。

　このような斜面部分は，棚田の農地間における畦畔とは本来異なるものではあるが，農地間の大きな畦畔がキシ地扱い（国有地）とされる場合には，このような山林側にある大きな急傾斜地の場合も，二線引畦畔と同様の扱いをして，民有地とされていない地域もある[5]。

# Q35

山林境界と林相・樹齢との関係の調査に当たって，どのような点に注意すべきか。

**A** 　⑴植林の実相，⑵植林と筆界との関係，⑶境界木等と筆界との関係に注意すべきである。

---

5）賓金敏明『里道・水路・海浜　4訂版』（ぎょうせい，平成21年）124頁，130頁。

第2章　山林境界の探索

<hr>

## 解　説

### (1)　植林の実相

　山林は，天然更新といって，自然に種子が散らばって発芽することで樹木が成長し，森林を形成してきた。針葉樹である松は，従来ほとんどが天然更新であり，手入れをするようなことはなかった。せいぜい，松茸採取のために下草を掻く程度である。同じ針葉樹でも，江戸時代に幕府直轄林や藩林と呼ばれていた区域内の杉や桧は，天然更新や植林により手入れがされてきたもので，その多くが国有林として引き継がれている。

　民有林は，そのほとんどが天然林で，薪の採取や炭の製造（炭焼き）に利用されてきた広葉樹の山林がほとんどであり，これら広葉樹は，伐採した切り株から芽を出すこと（萌芽更新）で山林が育成されてきた。もちろん，自然に種子が散らばって発芽し，森林を形成してきたものも多い。

　広葉樹を植林するのは，漆，楮，桐，三椏の類であって，薪採りや炭焼きのために植林することはなかった。近年は，針葉樹が密生して間伐（間引き）が適正に行われていないために，災害による土砂の流出が目立ち，野生の鹿，熊，猪，猿等が里山に出没するのは，山奥を一斉に針葉樹林化したことに起因すると言われ，広葉樹も適度に増やすべきだとの考えから，ドングリから育成して広葉樹を植栽するようにもなっているが，このような広葉樹の植林は，ごく最近のことである。

　第二次世界大戦後になって，杉・桧の植林に合わせて，松を植栽した地域も多い。針葉樹が生育している場所は，植栽年の違いが所有者の違いを表していることが多く，林相・樹齢の異なる箇所に注目する必要がある。ところが，植栽後50〜60年以上にもなると，植栽年が10年や15年異なっていても，成長の差が目立たなくなって，見た目には区別がつかなくなってくる。

### (2)　植林と筆界との関係

　植林をする場合には，山の状況もまちまちなので，植林のしやすい個所に植えることが第一である。したがって，必ずしも境界線に沿って植林するとは限らない。林相や樹種の異なる位置に筆界があるかどうかは，その地形上の違いと整合した位置にあるかどうかを見極めなければならない。稜線に登る斜面の形状の凸線（尾根筋）が筆界であることが多く，この線の形状に合わせて植林をする。この境界線を挟んでお互いが少し控えて隙間を空け，植林するのが通例であり，他の場所よりも植林の間が直線状に空いている場合にはその場所に境界線があることが多い。ただし，先に植林した者が，無理をして境界線いっぱいに植林するときと，逆に先に植林した者が境界線より控えて植林をしたにもかかわらず，後で植えた者が無理をして境界いっぱいに植えるようなこともあるので，植林の線の形状（並び方）と隙間は，地形との関連を注視しなければならない。

　杉・桧の植林を奨励した当初の頃には，炭焼きなどで伐採した場所の，比較的土壌が深い場所を選んで植林していることが多く，植林した形状がそのまま境界線を表しているとは言えないことがある。

　林相・樹種の違いに筆界を求める際には，その場所の地形上の違いとセットで検証する必要がある。

### (3)　境界木等と筆界との関係

　山林の境界には，樹木の並び方が際立った植林の仕方をすることが多い。近隣が同時期に植林したようなときは，その境目に付近の樹木とは異なった木を植える場合がある。例えば，杉の植林地の場合で，境界に接する位置に，樹種の異なる桧の列をそろえて，しかもできるだけ直線的に植え

る。また，植林したときに限らず，天然広葉樹の山林同士の間においてもいえることで，境界の境目（折れ点）にその地域における特徴のある木を植えていることもある。

また，尾根筋の分岐点など主要な折れ点に穴を掘り，その穴に炭を埋め込んで土をかぶせておき，その穴を大きく凹んだままにしておくことで，境界のある場所を目立つようにしていることもある。

頭の丸まった棒状の川石を採取して山上に運び，丸い頭を出すように埋め込むことで境界の位置を示していることもある。以前は，頂上付近の松の大木を目印とするものが多かったが，そのような松の木は現在ほとんど枯れており，朽ち果ててしまって，目印にならなくなったものもある。

尾根筋に大木が独立樹として目立つ場合は，それが樅や椎などの，通常みられる樹木であっても当人たちが境界木にしようとして，伐採せずに残したものも多い。里山に近い地域にあっても，代替わりして山に行くことが少なくなっており，これらの地域的な境界木等が確実に伝承されているとは言えず，境界の目印さえ意識していない所有者が多い現状にある。

## Q36 山林筆界と地形は，どのような関係にあるのか。

**A** もともと山林の筆界は，現地の地形に基づいてその地番割（筆界）が成立したものが，公図上表わされるのを基本としている（Q31⑷参照）。

したがって，山の地形が変形していない限り，今見える地形的な特徴をなぞった位置（ライン）に筆界が存在すると考えることができる。

### 解　説

平地の田畑にあっても，筆界はもともと地形に合った位置を筆界としていたことは，筆界の生成上自然なことである。ましてや山林の筆界が，地形的特徴を捉えずに成立したとは考えられない（中には，「○○沢の××岩から□□峠の鞍部までを一直線で結んだ線を，甲村と乙村の境界（所有権界兼筆界）とする。」というような事例もなくはないが，それも地形に合わせた境界である。）。

明治期の地図（公図・地籍編製地図等）の中には，コンパス測量（Q39⑶参照）を実施したとみられる形状の図面がある。当時の測量であるから，現在の測量のようにその公図等を単純に縮小・拡大しただけでは，現在の地形図（等高線図）にぴったりと合うことはまれであるから，この公図をどのように地形に当てはめるかということになる。このことこそが「公図を読む」能力である。

空中写真から作成された縮尺5,000分の1や2,500分の1の地形図と比較しながら，その地形図の地形的特徴と公図等の線（筆界）の形状を勘案し，地形図の中に想定される筆界線を記入する（この作業を仮に「地番の割込み」と名付ける。）。この地番の割込み作業に当たっては，基礎となる公図が見取図的に作成されたものであっても，地図の線形の特徴と現地の地形を見比べ，山林の境界（筆界）がどのような位置に発生しているかを心得ておけば，その字の範囲についての地番割は，比較的スムーズに書き込むことができる。この地番の割込み図作成の後，現地立会し，関係者の主

第2章　山林境界の探索

張・認識がその地番の割込み図に合致するようであれば，公図が読めたということである。そして，その地番の割込みができる公図は，それだけの能力がある公図ということになる。

公図が読めるようになれば，たとえ見取図形式で筆界を記入したような図面であっても，地番の割込みはできるのであって，当時の公図作成者の意図する筆界の表現をくみ取ることで，現地に筆界を反映することができるのである。

  山林の縄のびについて，どのように考えるか。

A　耕地宅地に縄のびが見られるように，山林の登記簿面積（地積）と現地実測面積には，乖離があると見るのが通常である。その差は，耕宅地の面積差以上に，大きな違いがある。

■解　説■

山林の登記簿面積（地積）と実測面積を比べると，手続上最近の実測により分筆・地積更正を経ていない限り，大きな面積差のあることが多く，その原因は，多岐にわたっているので，一概に特定できるものではない。

耕宅地改租においては，明治初年以前の旧慣では一間が6尺5寸，6尺3寸等の違いがあり，早期に実施された分は，旧慣のまま調査された。この間竿（けんざお）の違いは，明治8年6月12日地租改正事務局達及び同年7月8日地租改正事務局議定・地租改正条例細目により1反を300坪と，1間を曲尺（かねじゃく）の6尺とすることに統一され，旧慣で丈量済の分は「算面上ニテ改正スヘキコト」となった。したがって，間竿の違いは，これ以降に改算されたものと捉えることができ，間竿の違いによる縄のびは解消されていると言える[6]。

山林原野の改租は，上記明治8年6月12日地租改正事務局達以降に開始されたものがほとんどであり，早く着手して旧慣で測っていたとしても，耕宅地と同様に改算したと考えるべきであろう。

改租開始当時，山林の面積は概略でもよいとされていたこと（Q19参照），現在の測量のように正確な水平投影面積の算出は難しかったことなどにより，現実にはこの間竿の違いによる改算の有無以上の大きな面積差が実測面積との間で存在している。

一方では，実例として明治11年10月作成の山林改租の一筆限り図も存在する（図8参照）。三斜法や十字法で求積の根拠を示しており，この面積計算結果そのままが，登記簿地積に受け継がれている。

山林の地積といっても，全く見取的なものや，ある程度測量したものなどが多く，登記簿地積の根拠を示す資料を目にすることは少ないが，目にする資料により，登記簿地積の算出根拠が千差万

---

[6] 佐藤甚次郎『明治期作成の地籍図』（古今書院，昭和61年）222頁～226頁。なお，同書記載の各地の改算事例以外の地域でも改算実例がある。

43

別であることを知る必要がある。しかし，表1のように，ほとんど縄のびが見られない山間地域も存在する。面積算出の根拠が，地域によって異なることを理解する必要がある。

　なお，三斜法，十字法は面積測定の手法であり，筆界の位置（区画）は当然には判明しない（Q40～Q42参照）。

**図8　山林の一筆限り図（三斜法）**

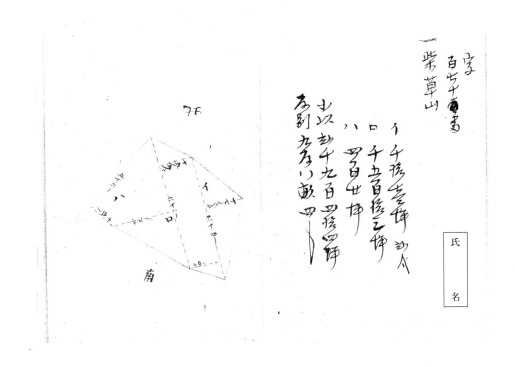

表1　国土調査（地籍調査）と縄のびの一例（地籍編纂資料を考慮した比較）

| 調査 地目別集計 ○○市○○ | | | 土地台帳 集計 ○○市○○（M 23.1.1 土地台帳より） | | | | | 民有漏地（地籍編纂資料より） |
|---|---|---|---|---|---|---|---|---|
| 地積（㎡） | 筆数 | 地目 | 地目 | 町反畝歩 | 坪 | ㎡ | 筆数 | 町反畝歩 |
| 27,228.168 | 21 | 田 | 田 / 荒 | 6 1 3 00 / 1 0 7 00 | 18,390 / 3,210 | 60,793.39 / 10,611.57 | 170 | 民有地畦畔（外歩）（岸1・塘2込 286筆）5 0 8 06（50,400 ㎡） |
| 21,599.167 | 36 | 畑 | 畑 / 荒 | 8 3 3 21 / 3 28 | 25,011 / 118 | 82,680.99 / 390.08 | 186 | |
| 6,762.767 | 21 | 宅地 | 郡村宅地 | 4 9 08 | 1,478 | 4,885.95 | 23 | |
| 1,804,604.023 | 151 | 山林 | 山林 | 291 1 5 21 | 873,471 | 2,887,507.44 | 202 | （田＋畑＋畦畔 ＝ 204876.03 ㎡ |
| 12,759.460 | 29 | 原野 | 原野 | 2 2 08 | 668 | 2,208.26 | 11 | |
| 1,644,300.207 | 143 | 保安林 | | | | | | 畦畔比率 ＝ 24.6% ） |
| 1,552.952 | 13 | 墓地 | 墳墓地 | 4 05 | 125 | 413.22 | 13 | |
| 934.914 | 2 | 境内地 | | | | | | |
| 656.086 | 2 | ため池 | 溜池 | 5 26 | 176 | 581.82 | 2 | |
| 20,023.630 | 84 | 公衆用道路 | | | | | | |
| 334.677 | 6 | 雑種地 | 雑種地 | 8 29 | 269 | 889.26 | 22 | |
| 3,540,756.051（A）㎡ | 508 | 小計 | 小計 | 306 5 2 28 / 荒 1 1 0 28 | 922,916 | 3,050,961.98（B）㎡ | 629 | 50,400.00（C）㎡ |

| 調査 | | | 官有地 官有漏地（地籍編纂資料より） | | | | | 縄のび の計算 |
|---|---|---|---|---|---|---|---|---|
| | | | | 町反畝歩 | 坪 | ㎡ | | ・有地番の縄のび A / B ＝ 1.1605 |
| 11,938.838 | 25 | 道路 | 里道 | 1 1 3 24 | 3,414 | 11,285.95 | 84 | ・同 民有畦畔を考慮 A /（B+C）＝ 1.1417 |
| 14,369.245 | 18 | 用悪水路 | 溝 | 3 5 21 | 1,071 | 3,540.50 | 48 | |
| 11,065.637 | 3 | 河川 | 川 | 1 2 8 23 | 3,863 | 12,770.25 | 17 | ・無地番の縄のび D / E ＝ 1.3469 |
| 37,373.720（D）㎡ | 46 | 小計 | 堤 | 1 16 | 46 | 152.07 | 4 | |
| | | | 小計 | | 8,394 | 27,748.76（E）㎡ | 153 | ・全体の縄のび 実測／台帳 |
| 3,578,129.771（F）㎡ | 554 | 合計 | 合計 | | | 3,129,110.74 B+C+E（G）㎡ | | F / G ＝ 1.1435 |

大字の区域全体が国土調査完了

※1　この場所は，内務省地籍編製地図・帳簿のほかに，山林の一筆限り図（三斜法）が存在した。

※2　土地台帳に表わされていない「里道・水路・畦畔」につき，地籍編纂資料に基づいてその面積を加算して，大字全体の縄のびを計算したものである。(国土調査前後における地目別の縄のびは，土地台帳当初の「田・畑・山林等」が，国土調査後においては「山林・保安林・畑等」に地目変更されているので，比較することができない。)

山間地域にしては，ほとんど縄のびが見られない。

# Q38 山林公図には山道の記載があるが，現地には存在しない。その場合の筆界はどのように判定したらよいのか。

**A** 公図に記載された長狭物は現地にも存在しなければならない，と考えるのが通常であり，現地に見当たらないのは，無断で形状を変更したものと考えることができる。一方，現地に山道があっても，公図に記載されていないようなこともあるので，里道の記載が漏れている場合には，公図に里道を記入する必要がある（Q32参照）。

## 解　説

### (1) 農耕地の公図と山林公図

　山林と農耕地が同じ字名のときは，字限図という名が示すように，同一字の範囲は一枚の図面に描かれている。一方，山地番として独立している地域は，同じ字名であっても農耕地の公図と山林の公図は別冊として作成されていることに留意を要する。農耕地の公図と山林の公図が別冊として存するときには，山林の公図は小縮尺の一層略図的な表現になっていることもある。

### (2) 現地確認不能の長狭物

　山林公図あるいは，耕宅地の公図に里道などの長狭物の記載があるにもかかわらず，現地では確認できないことがある。現地で確認できないことから，法定外財産の譲与手続の際に，市区町村に譲与されずに，財務省が普通財産として管理する財産と推認するのが一般的である。現地で確認できない長狭物は，無断で形状変更をしたものといえよう。現実には道路の付替えを行っていて，その代替道路が現地にあるような場合は，付替え手続が未了であるとして，その公図の里道を市区町村が譲与を受けているようなこともあるので，市区町村や財務省でその里道がどのようになったかを確認する必要がある。

### (3) 農耕地の公図と山林公図間に記載の不一致がある場合

　農耕地の公図には，里道・水路の書き込みがあるのに，その続きの山林公図部分には，里道や水路の書き込みがないことがある。現地のその場所には峠越えの山道があり，地元で聞き取りすると，昔からこの峠道を通って隣村と行き来をしていたというようなことがある。このような山道についての筆界は，どのように判定したらよいのかという問題がある。

　市区町村の法定外公共用財産の譲与申請書類では，その山道は国から譲与を受けていないときに，公図に記載のないものは財産としても存在しない，と判断してよいのかという問題もある。

　また，民有地の場合は，地番があり公簿に所有者の記載があって初めて民有地と判断できようが，公図に記載のない山道は，便宜上山林管理のために隣接の山林所有者が通る道に過ぎず，単に通行地役権的な道路だということになるのであろうか。

　農耕地のように一筆の面積が比較的小さいときは，これに接続する水路や里道を描き表わしているのが通常である。山林公図でその字限図部分には里道の記載がなくても，一村全図には，記載のあることがある。そのような道が，明治期以前から行き来するような道であるときは，本来公道として存在したものが，字限図に記載がされていなかったと考えることができる。この道の両側を所

46

有権界兼筆界としているものもあれば，公道である山道（その両側が筆界）を挟んで同一所有者（めがね地状）のこともある。公の道路として存在したとすれば，元々の国有地（里道）が公図上脱落していたと考えることができるから，財務局・財務事務所と協議して筆界を判定することになる。

### ⑷　長狭物の存在が明らかになった場合の処理

　法定外公共用財産たる里道や水路等の譲与については，平成16年度末をもって，一応譲与申請期間が満了しているが，現地には機能している道路が確認できるのであれば，地図訂正手続で山道を公図に書き入れて，財務局・財務事務所に追加で譲与申請をすることを検討しなければならない。

　このような場合で，公図に記載のない長狭物が存在することが明らかになれば，筆界特定申請の場合は，現公図に示されたものとは筆界を接することにならず，無番の長狭物が対象土地となることから，却下の理由になる。筆界確定訴訟においても里道等の長狭物の両側地の所有者は，相隣接しないことになるから，当事者としての適格を欠き，却下されることとなる[7]

　このように山林公図が略図であることから派生する種々のことがある。

---

7）寶金敏明『境界の理論と実務』（日本加除出版，平成21年）181頁ケース②の解説参照。

第 3 章　山林境界の資料

# 第3章 山林境界の資料

## 1. 公図[1], その他の図面等

**Q39** 山林に係る公図その他の図面の一般的精度は，どの程度のものか。

**A** (1)見取図的な公図，(2)筆界の位置を推測することができる公図，(3)複数の折線の集合として表現されている公図などがある。

**解　説**

### (1) 見取図的な公図

#### ① 沿　革

山林は，田畑に比べて元々収益の上がらない土地であり，土地の大きさ（面積）や形を把握することに重きを置かなかったことから，地租改正事業の山林面積調査は，概略のものとして実施された。

図面の作図及び面積の計算に当たっては，本来水平投影面積で算出するものであるが，山林の場合には，斜距離の面積で差支えないという達[2]があり，面積はおおよそで差支えないものとされた。そのような調査の結果として作成された公図は，見取図程度のものと評価をされることが一般的である。

#### ② 見取図的な山林公図の作成手法

山林公図には，地図に表現された各土地がおよそ現地の形状とは似つかないような地図も多く，このような地図は，見取図的な手法で作成されたということができる。山林は一筆の土地が広大であり，また急峻な土地が多いことから，測量（コンパス測量）することが難儀であったことが，このように見取図的な山林公図（図9参照）を生じた大きな理由である。

なお，字限図は，その名のとおり当該字の範囲ごとに1枚の図面で表わされているものであり，図9は，明治11年頃に作成された複数の字限図（見取図的な手法）を，説明のため一覧できるよう

---

1) 藤原勇喜『公図の研究　5訂版』（朝陽会，平成18年），新井克美『公図と境界』（テイハン，平成17年）
2) 明治9年3月10日地租改正事務局別報16号達（山林原野調査法細目）
　　第1条　土地丈量之事，第2節　山岳ハ斜面側面ニテ縦横ノ間数ヲ量リ反別ヲ算出スヘキモノトス

に集合させた図面である。

では，実測をしない場合の公図は，どのように作成されたのであろうか。現在のように上空から俯瞰することができない当時においては，見通しのきく場所（図9のV，W）から山林の状況を眺めて，その山の形状，位置関係を確認することになる。このように，公図作成時の視座は，必ずしも高山の山頂部に立つことを意味するものではなく，山裾の見通しのきく場所であることもある。

見通しのきく場所である谷の入り口に立って山の奥側を見ると，見通しの限度は，山の稜線までであって，稜線の向こう側の土地がどのような配置になっているかをうかがい知ることはできない。その場所の集水範囲の土地の配置（地番の並び）が見取図として描かれる。字限図に示す北方向の確認に磁石を用いたとしても，視野の範囲内の大まかな方向を示すだけである。谷が複数存在すると見取図も複数になる。

### ③ 見取図的な山林公図の精度

図10は，図9と同範囲の国土調査地籍図である（2010年12月調査）。図9と図10を対比して検討すると，以下の事実が判明する。

図9及び図10において，同一地点に対応する図上の位置を同じ符号（A〜H）で表わした（図9は，複数の字限図を集合させた図面であり，字限図ごとに符号を表したため同じ符号が2か所にあるが，同一地点を指す。）。図10において，一番字全体の見通しがきく場所とは，V点のあたりであって，その谷奥（東側）となるC点の尾根筋を経由して，最も谷の奥に位置する大字界の稜線がD点付近である。二番字においては，谷の入り口で見通しのきく場所はW点の位置であり，D点付近が二番字の稜線ともなる。二番字の谷中央の最奥部がE点であり，この付近も大字界の稜線である。

一方，図9のように複数の見取図を集合させた場合は，隣り合った谷筋であっても，奥行きの長さも見取りである。したがって，谷筋が異なれば二つの見取図を並べても，どの土地同士が隣接しているか，明確ではない。ましてや，谷の奥側にある稜線の向こう側に，どの土地が接しているかなどは，全く推測でしかない。その地域における特別に目立った高山のようなものでない限り，図面合わせをする目標とはなり得ないのである。図10に示される一番字と二番字の接点であるF点，G点を，図9で同一点を示したが，図9のみではその位置関係を把握できない状況にある。特に，図10に示されるG点，H点は，二番字と四番字の接する位置であるが，図9のみではおよそ想像もつかない位置関係である。

当該山林の字限図が，複数の見取図を合成して作成された場合には，稜線や尾根筋の両側にある土地の位置関係の確実性には，大いに疑問が生じることになる。そのことが，図9と図10の対比によって判明する。

平地における見通しのきく隣接同士の位置関係を示している公図は，一筆の土地の範囲が山林に比べて比較的狭く，隣接同士の位置関係が捉えやすいので，作図が容易であったと考えられるのに対して，このように見取図的な手法により作成された山林公図は，一筆一筆が大きく，傾斜の急峻な場所が多いことから，隣接同士の位置関係の表現能力には，大きく違いのあることを知る必要がある。

見取図的な山林公図を用いて割込み図（Q29，30参照）を作成するときは，公図の地番配置を地形図に記入するに当たり，より慎重さが求められる。

## (2) 筆界の位置を推測することができる公図

　見取図的な山林公図の中にあっても，現地に臨んで谷筋（沢）や尾根筋（峰・稜線）などの地形的特徴のある位置を基準として，各土地の配置関係を的確に表したことがうかがえるような公図も多く見かける。これらは実測図とは言えないまでも，その字の範囲内の地番配置を的確に表現しており，実際現地の地形と比較対照することで，筆界の位置を推測することができる公図として仕上がっているものもある。

　長野地飯田支判昭和31年4月9日（Q96の裁判例2-①）は，上記の趣旨の認定をした上，原始筆界の作図は筆界を確定するのに有用な資料だったのに，その後の分筆線の記入は不適切であったと説示している。見取図的な山林公図を「不正確な代物」と決めてかかる者に警鐘を鳴らす裁判例といえる。

## (3) 複数の折線の集合として表現されている公図（字限図）

　山林の筆界が，複数の折線の集合として表現されている公図（字限図）（図11参照）も見かけることがある。そのような図面は，公図作成当時の測量器である小方儀（磁石を備えたもの。写真1参照）を用いて現地測量（コンパス測量）をしたものと推測できる。このような地図は，公図のみならず，内務省の地籍編製地図においても確認できるものがある。簡易な測量器を用いていることや測量技術の未熟さゆえに，出来上がった図面には大きなひずみのあることは避けられないものの，その多くは地形・地物を観測することにより補正が可能であり，実測図といえるものである。

図9　見取図的な山林公図（字限り集合図）
　※　図10　国土調査図と同範囲

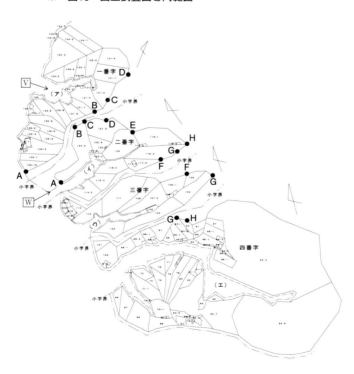

※　見取図的な山林公図は，尾根筋を越えた隣接小字地番との位置関係の把握が難しい。

51

図10 国土調査図（2010年12月調査）
※ 図9 見取図的な山林公図と同範囲

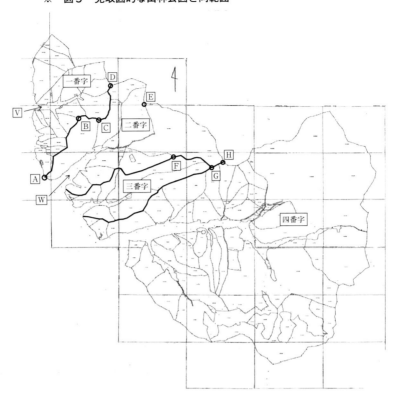

図11 複数の折線の集合として表現されている地元保管の字限図

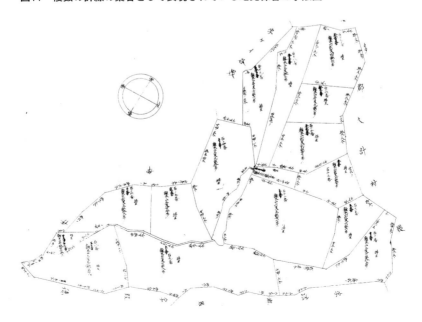

写真1　小方儀（地租改正当時の測量用コンパス。羅針盤と視準器から成る。）

## Q40 一筆図・字限図・一村図とは，筆界表示の精確性において，どのような関係にあるのか。

**A** 「一筆図を集合して字限図（公図）や一村図ができているので，公図は不正確である。」との見方は正しくない。

### 解　説

「公図は，一筆図を集合して字限図を作成し，その字限図を集合して一村図を作成した。このようなことは現在の地図作成とは基本が逆になっているので，出来上がった公図はひずみが大きく，不正確な図面になっている。」とする考え方がある。

単位となる一筆限り図（図12参照）を見てみると，三斜法の求積は現地法（Q41参照）であって，単に三角形の底辺と高さの寸法を書き，これを区画した数だけ描き表わして，「底辺×高さ÷2」で面積を算出している。一筆図に描いてある三角形は，面積が計算できればよいのであって，底辺のどの位置から高さの垂線が出ているかは，多くの場合，全く無頓着である。このように，形状ではなく面積の算出のみに着目した図面は，縮尺図とは言えず，それを寄せ集めても，とうてい地図（字限図）には成り得ない。ましてや，十字法の一筆図（Q41の図13参照）などを寄せ集めても，とうてい字限図に仕立てることは不可能である。

これに対し，字限図（公図）は，一筆図を寄せ集めたものではなく，字の周囲の形状は導線法（Q42参照）で測量をするなど，線形の主要地物（道路・水路）を骨格として（たとえそれが見取図的であったとしても），その字の範囲及び形状をまず捉えた上で，各筆の配置（区画）を書き込んで作成されたものと考える方が経験則上，適切である。一村図にしても，字限図の寄せ集めというより，隣接村との位置関係を対比しながら，その一村図の形状を描き表わしたと考えるべきものであろう。

特に一村図の形状は，その周囲をコンパス測量の方法で測ったか，又は見取図的に描いたものであるかは，現在の地形図（等高線図）と比較すればすぐに判明する。一概に，不正確であり筆界判断の資料たり得ないと即断するのは誤りである。

図12 耕地の一筆限り図

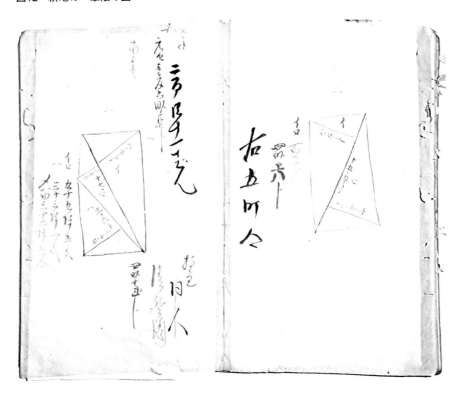

※ 一筆限り図は，三斜法や十字法における現地の寸法を記載したものであって，面積算出の現地の数値が分かればよいのである。単に，面積の根拠となる底辺長と垂線長が記載されている見取図であって，縮尺図になっていない。
　一筆図が縮尺図として作成されていないときには，このような一筆ごとの図面を寄せ集めても，字限図を作成することは不可能である。

## Q41　現地法（十字法・三斜法）で筆界が復元できるのか。

**A**　現地法とは現地において面積算出の数字を記録して，面積を計算する方法であり，十字法と三斜法がある。現地法の場合，筆界情報としてはごく大雑把なものしか得られない。
　なお，土地の形状（区画・筆界）の測量法としての廻り分間（分見）法については，Q42参照。

### 解　説

**(1) 地租改正時の丈量**
　地租改正時における面積算出の方法は，現在のように，土地の形状（区画・筆界）を測量した境界点を図化して面積を求積するというもの（すなわち面積の丈量と区画の丈量とを1回の測量で行うもの）ではない。

第3章　山林境界の資料

⑵　**面積測量の方法としての十字法**

　　十字法は，江戸時代から実施されていた面積算出の方法で，土地を区画する周囲の境界点（様々な変形の折点）をとらえて，その土地を近似的な四角形に見立て，区画の中央付近において，その土地の平均的な縦の長さと横の長さを測り，これを記録して「縦×横」で面積を算出する方法である（図13参照）。

　　このような測量は，土地の形状を正確に図化することが目的ではなく，面積が算出できる程度に，現地において，平均的な縦と横の寸法を確認するにとどまっている。土地の中央付近において，十字に直交する長さを確認するので，これを十字法と呼んだ。

⑶　**もう一つの面積算出の方法としての三斜法**

　　三斜法は，十字法と同様，外周の境界点を現地で確認することに変わりはないが，土地は多角形であることに着目し，これを三角形の集合としてとらえることに特徴がある。すなわち，現地の地形を三角形に区切って，底辺の長さを現地で確認して記録する。このときに，三角形の頂点の位置から底辺に垂線を立てると，三角形の高さを測ることができ，三角形の面積の総和を求めることによって土地（区画）の面積を算出する方法である。

　　なお，十字法及び三斜法による測量に際しては，十字及び垂線が，現地で直角に測れるような器具が用いられている。

　　三斜法の場合，その区画の面積を算出するには，各区分された土地（三角形）の底辺と高さ（垂線）を記録することとなる（Q40の図12参照）。

⑷　**十字法・三斜法で筆界点が分かるのか**

　　十字法においては，直交する十字の交点からの，上下左右の長さが区分して記録されているものではなく，単にその区画の平均的な縦と横の寸法が描かれているにすぎない。また，十字法は近似の四角形に見立てることが難しいので，面積が概略になる。これに対し，三斜法では，三角形に区分するので，比較的細かく現地を把握できることから，三斜法による面積は比較的現地に近い数値となろう。

　　ただ，三斜法に依るとしても，図形（土地の区画・筆界点）を正しく把握するには，高さとなる位置（垂線）が，底辺のどの位置から立つのか，すなわちその三角形の頂点の位置が把握できない限り，図形は定まらない（Q40の図12参照）。どの区画の対角線を底辺としてとらえたかは，三角形に区分した形状が見取図で確認でき，これを基線に右側又は左側に，高さの位置に頂点（境界点）が存在したことを示しているので，その区画のおおよその広がりをつかむことができる。しかし，例えば現地の区画が長方形で，安定した形状のまま現在に至っているなど特段の（山林ではおよそ想像し難い）事情がない限り，到底図形（土地の区画・筆界点）が決まるというような性質のものではない。

　　さらに重要なことは，十字法及び三斜法ともに，必ずしも境界点すべてをとらえたというものではなく，面積算出に大きく影響しないような境界点は，適宜に取捨選択をしていたことである。記録するときは，その土地（区画）の面積が算出できればよいのであって，測量は地図を作成することを意図していたわけではない。したがって，野帳には底辺と高さが記録されているだけであって，底辺のどの位置から垂線が立っているというような記録ではない。要するに，現地法のうち，より精度が高く，その形状がより現地に近いものを表しているとされる三斜法に依ったとしても，筆界

情報としては，たとえ現地が安定的であっても，大雑把な情報しか得られないと言えよう（なお，廻り分間法における「図上三斜求積法」と混同してはならない。Q42(3)参照）。

現地法は，傾斜の少ない平地で用いられ，山林のように広大な土地や傾斜地においては，三斜法を現地法で実施することは不可能である。しかし，傾斜の一様な山林においては，十字法と同様な，現地における縦の長さ（斜距離）と横の長さを測って，「縦×横」として面積を算出する方法もあった。

図13 十字法（現地法）による野取

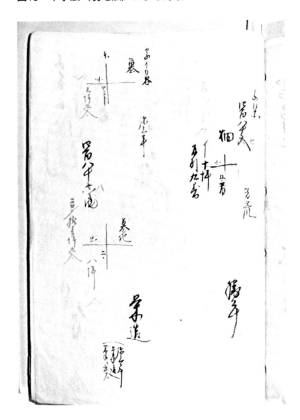

## Q42 地租改正の頃に平板や小方儀（コンパス）を用いて導線法で作成された地図は，土地の形状（区画・筆界点）の判定につき，どの程度信頼性があるのか。

**A** 導線法とは，方位と距離を計りながら機器を次々移動させ前進していく測量方法であり，成果を地図化して図上で面積を求める方法である。平板測量によるものと小方儀（Q39の写真1参照）を用いたコンパス測量によるものとがある。地租改正時の法令（Q19参照）上，「廻り分間（分

第3章　山林境界の資料

見）」と呼ばれた測量法もその一種である。これらの成果は作図に由来するゆがみの存在は否定できないものの，①平地では作図範囲内の土地の位置関係及び筆界を，比較的適切にとらえているということができ，②山林における廻り分間（小方儀を用いたコンパス測量）の成果図では，筆界線の形状が図化されており，地形図（等高線図）と対査することにより，重要な筆界情報を得ることが期待できる。

> ### 解　説

### ⑴　地租改正時における土地の形状（区画・筆界）の測量方法

地租改正時の測量においては，面積の測量と地図作成は別々に行われていた。土地の形状を把握するための導線法による測量としては，①平板，アリダード（方向定規）と間縄を使った平板測量による方法と，②小方儀と間縄を使ったコンパス測量による方法があった。地租改正時の法令（Q19参照）上，「廻り分間（分見）」と呼ばれている測量法である。「分間（図）」とは，元来「縮尺（縮尺図）」を意味することから，その成果図は，現地を正確に復元できる地図としての役割が想定されている。

山林においても廻り分間法を用いて作図されたと推定されるものがある（Q47の図15参照）。

なお，機器を次々に移動して，その移動点間の位置関係を測量することは，現在のトランシット測量においても同様であり，これをトラバース測量という。導線法は，測点を図上に展開することから，図解トラバース測量とも呼ばれている。

### ⑵　導線法による平板測量

土地の測量において，区画の中央に立って周囲全部の境界点の見通しができる場合と，一地点からでは境界点全部が見通せない場合がある。全境界点の見通しができるときは，中央に機器を据えて，各境界点の距離と方向を，定めた縮尺で図上にプロットすると，境界点が図上に展開できることになる。これを放射法という。

これとは別に，導線法は，平板測量において，測量しようとする土地の周囲に平板を移動し，その周囲の境界点を測量する方法である。例えば，敷地の中央に遮蔽物があるときは，上空から見下ろさない限りはその境界点の全貌を見ることはできない。このような地形のときや，中央に池があって，巻尺が張れないようなときには，測量の機器を境界の周囲に次々と移動しないと，境界点の測量ができないことになる。

平板は水平に置き，地上の点と図上の点を一致させて，図上の方向と現地の方向を一致させることが重要である。平板を移動して，その境界を1周して戻ったときは，最初にプロットした図上の位置に一致するはずのところ，多くは，いくらかの図上誤差を生じる。このようなときには，全周に対する各測点の距離に比例案分して誤差を修正することになる。

平板測量の導線法は，筆界線に沿った外周を移動した先々において，平板を設置した位置から見える，複数の土地の筆界点も同時に測って地図化することになるので，各土地の位置関係を適切にとらえて図化されていると考えられる。したがって，平地における平板測量の導線法は，地図化された形状で面積を図上で算出できることになるので，土地の形状と各土地の位置関係を表しているといえる。

ただし，図上で面積が計算できるといっても，現登記簿面積がその図面によって面積計算された

57

ものかどうかは，別途検証作業が必要である。

## ⑶　コンパス（小方儀）を用いた廻り分間法

　山林の測量は，土地の区画が大きいことから，１か所から土地の全容をつかむことができないので，その筆界の周囲を回ることになる。筆界の形状は，コンパス（小方儀）により，磁石（磁針）の北を示す方向が一定であることを利用して，各筆界線がどの方向（北を基準線にして角度何度）にいくらの距離であるかを現地観測すれば，土地の筆界線の形状を測量することができる。これを図化すると，当該土地の形状が多角形として描かれるので，三角形に区分し，三斜法（底辺×高さ÷２）で求積する。

　このように，磁石（磁針）の北方向を基準に，器械の移動した形を図化することから，これもまた導線法（図解トラバース）である。

　なお，山林の場合の三斜（求積）法は，Ｑ41で説明した現地法ではなく，「図上三斜求積法」である。即ち，図化したものから面積を求めるものである[3]。

　平板測量の導線法の場合，器械を移動した先々で，複数の土地の筆界をも測っていることがあるが，小方儀を用いた廻り分間法（コンパス測量）の場合は，その土地と隣接との筆界線のみを連続して測っていることになる（部分的には放射法を用いて複数の土地の筆界を測量していることもある。）。

　測量技術に熟達していれば，作図された折線は，そのまま筆界線の形状を表すはずである。コンパスの磁針は，鉄製ゆえ，磁場の影響を受けることはあるが，それでも，見取図的に作成された公図とは，雲泥の差であって，測量された成果は，その筆界形状を直接示していると言える。もちろん，山林は傾斜地であるから，水平距離への換算の確かさや作図の技量などの問題を内在するにしても，これは文字どおり分間図（縮尺図・実測図）ということになる。

　このような地図は，地形図（等高線図）と併せて比較検証[4]することで，その図面の精確度が判明し，適切に補正することで筆界判定の直接的な資料とすることが可能となる（例として，Ｑ47の図15参照）。


# Q43　山林公図の筆界復元能力を検証するに当たっては，どのような点に注意すべきか。

**A**　⑴公図を読み取る能力を養うこと，並びに⑵地域特有の地図（地籍編製地図等）との照査，及び⑶土地台帳との照査が重要となる。

---

[3]　三斜求積図で，底辺と高さの比が縮尺図になっていないものは，現地法における見取図である。山林の場合は，傾斜や高低差があり，範囲が広く，三斜の形を現地法で測量することができないから，底辺と高さが直接測距できそうにない長い距離のもので図上の読み値が縮尺の比率に合っているものは，図上三斜求積図といえる。
[4]　鳴海邦匡「近世山論絵図と廻り検地法―北摂山地南麓における事例を中心に―」人文地理51巻６号

58

第3章　山林境界の資料

**解　説**

### ⑴　公図を読み取る能力の向上

　ほとんどの山林公図は，見取図的な公図（Q39参照）や未熟な測量によるものであるから，筆界の復元は公図の形状（地番割＝筆界）をいかに的確に読み取るかにかかってくる。

　公図の筆界復元能力を検証する方法としては，①広くは隣接する村（大字）との接続の状況及びその大字の範囲を捉え，②小字については，空中写真から作成された地形図（等高線図）の地形的特徴と，その小字の内にある地番の位置関係を比較対照することで検証できる。山林境界を表す資料としては，公図に頼らざるを得ない現状ではあるが，公図の表現方法を丁寧に見極めて，その公図がどのように作成されたものであるか，各地域による慣習又は地域の資料を発掘することにより，当該地図の表現する筆界復元能力を分析することが欠かせない。これが「公図を読む」という作業である。

　したがって，山林公図を見るときには，公図の形状が現地の地形的特徴に似通った線（ライン）の形をしているかどうかがポイントであって，山林は元々広大な区画の集まりであるから，空中写真から作成された地形図（等高線図）とセットで検証することが望まれる。山林公図はでたらめであるというような偏見を頭から拭い去っておかなければならない。

### ⑵　地籍編製地図等との照査

　先にも触れたように，公図にひずみがあるような地域でも，同時代に別途作成されたものの公図にならなかった内務省の地籍編製地図を，地元の資料から発見できることがある。この地籍編製地図は，元来，土地の境界を明らかにすることを趣旨として作成されたものであることから，公図に比べて比較的現地表現能力が高いと一般に言われている。

　しかしその一方で，それほど際立って良いともいえない地籍編製地図が存在することもまた事実である。明らかに内務省の地籍編製地図（作成書式及び奥書の文言等から分類できる。）であっても，必ずしも正確な図面とは限らず，やはり測量技術的な面において劣る図面も見受けられるのであり，それらをどのように理解するものかは，個々の判断能力に頼らざるを得ないこともまた事実であって，公図の読み方を日々研鑽し，研究することも欠かせない。

### ⑶　土地台帳との照査

　土地台帳と公図が，セットになって作成されたものであることはよく知られているが，だからといって，台帳と公図が同時に作成されたことを意味するものではない。税務署から登記所に引き継がれた土地台帳が，明治22，23年頃の作成ではあっても，公図そのものは，それまでに作成された地図を援用したものもある。公図の閲覧申請をすると，現在登記所では地図のシステム化により電子化した写しが交付されるが，公図の原図たる和紙公図も登記所で保管をしているので，この原図を確認することも欠かせない作業である。山林公図の中には，当初の山林改租の際の作成図面（いわゆる改租図[5]）がそのまま公図になっているものがある。ちなみに公図で，地番・地目のほかに，所有者・反別（面積）までを記入したものであれば（図14参照），山林改租の図面がそのまま現行

---

5）改租図，更正図の解説は，佐藤甚次郎『公図　読図の基礎』（古今書院，平成8年），藤原勇喜『公図の研究　5訂版』（朝陽会，平成18年）が詳しい。町村地図訂正手続については，毛塚五郎『近代土地所有権』（日本加除出版，昭和59年）142頁〜147頁及び佐藤甚次郎『千葉県の公図』（暁印書館，平成11年）349頁・350頁，同『神奈川県の明治期地籍図』（同，平成5年）213頁・214頁を参照。

59

の公図になっているということができる（山林改租当初の図面に，地番を修正した痕跡を残したものもある。）。なお，和紙公図に，地番・地目・等級の記載はあっても，所有者・面積の記載がない場合には，その図面は「更正図」[5],[6]に分類されることになろう。

　当該公図が何に基づいて作成されたものかは，一概に分別できるものではないが，明治期の図面を見たときに，その図面の作成年（の推定）や，地図（地番）の形状の比較をすることで，公図となった地図の元がどのような作成経過をたどったものかを理解することも大切である。

　この点，例えばQ96の裁判例2-④は，町役場備付の山岳図をもって山林境界判定上最も信頼し得る証拠資料であるとした裁判例であるが，そこでは「（本件）の山岳図は，明治9年から3年間にわたり現地につき丈量の上作成せられ明治12年9月22日に至り完成したものであり，これには当時の区長及び測量関係者の記名があるのであって，十分信憑するに足りる公図であること並びにこの山岳図に基づいて乙第五号証の税務署備附の公図が作成されたことが認められる」と説示されている。

**図14　山林の和紙公図（山林改租図がそのまま公図になっている。）**

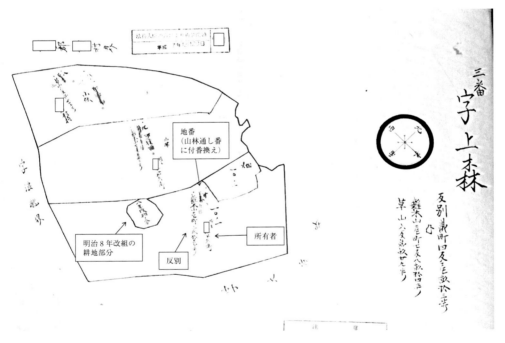

※　明治11年10月27日付けで，県令（県知事）宛に提出した図面。
　　山林改租当初の地番，反別，所有者の記載がある。
　　山林区域内に，先に実施された耕宅地の地租改正で，明治8年改租の耕地部分が図示されている。

---

6) 佐藤甚次郎『明治期作成の地籍図』（古今書院，昭和61年）336頁，342頁の図196『地図調整式』におけるロ号（字図）雛形参照。同書式における字図の記載例では，各土地においては「地番，地目，等級及び畦畔の位置」を記載することになっていて，「反別，所有者」の記載はない。山林改租図面において，「番号，地種，反別，所有者」が記載されていたものが，登記所保管公図において，「反別，所有者」が除かれたものになっていることは，この地図更正の規定に沿ったものとして仕上がっていると考えることができる。

第３章　山林境界の資料

# Q44　山林境界の資料にはどのようなものがあるのか。

**A**　図面類としては，①法14条地図・公図，②国土地理院の国土基本図，③国有林管理図，④地方公共団体の作成地図（森林管理図），⑤民間の地図（JRの鉄道用地図，電力会社の地役権図面等）などの地図類のほかに⑥空中写真がある。また，民有林を対象とした，⑦森林計画図（施業図）と呼ばれる地形図が作成されている。

## 解　説

　境界を示す地図としては，国（法務局・地方法務局）が不動産登記法に基づいて保管する①法14条地図及び公図などがある。

　これらの地図は，土地の位置関係を示すものであって，法14条地図は，市街地や山林などの区分により精度は異なるものの，総じて正確な位置・形を示す地図である。しかし，山林の場合の公図は，測量技術が未熟な明治期に作成されたものがほとんどで，地図にひずみがあることは避けられず，測量図という名に値しない見取図的なものが多く存在することもあって，おおむね土地の位置関係を示すものとされている。

　②国土地理院の国土基本図（地形図）は，国土計画のために国が基本地図として作成しているものであって，様々な縮尺の図面がある。縮尺２万5,000分の１の地形図は，全国整備されている。

　資料としては，上記①ないし⑤及び⑦の地図類のほかに⑥の空中写真（航空写真）が重要である。

　空中写真は航空測量用に撮影したもので，撮影時の対地上との位置関係（撮影高度や写真縮尺，写真の傾きなど）が正確に記録されており，地図化する際のデータとして利用される。なお，撮影高度や写真縮尺，写真の傾きなどを考慮せず，空中写真と地図とをそのまま重ねた図面を見かけることがあるが，筆界の復元手法としては不正確である（Q46参照）。

　空中写真の撮影区域は，都市部沿岸地域は国土地理院が，国有林・奥地の民有林を林野庁及び都道府県が分担して，おおむね５年毎に繰り返し撮影している。

　これらの空中写真をもとに，都道府県が作成する森林計画図（施業図）は，縮尺5,000分の１で作成された地形図である。この地形図には，山林の字地番が記入されている。この図面の作成方法は，公図に基づく地番配置を，主に聞き取りに基づいて地形図上に書き込んだものであることから，そのままを筆界線として用いることには問題がある。

　最近では，一部ではあるが民間の測量会社の撮影した空中写真が入手できる。また，小範囲を無人のヘリコプターやドローン[7]飛行機で撮影した空中写真もある。

---

7）近時ドローンを用いた地図が盛んに作成されている。その有用性は大ではあるが，問題はそこに表示された測点が筆界点を正確に反映したものか否かである。いわゆる「悪しき（不適切な）現況主義」による作図ではないかどうか見極める必要がある。

### Q45 山林境界に関する資料はどのようにして取得するのか。

**A** ①法14条地図及び公図は，法務局・地方法務局及び各支局・出張所で入手できる。②国土地理院の地形図は一般財団法人日本地図センターに申し込みができる。③林野庁が管理する国有林については，各出先の森林管理局・森林管理署において，森林管理図面を保管している。④空中写真は，一般財団法人日本地図センターや取扱業者から入手できる。⑤民間の資料としては，JR各社が旧国鉄当時から保管している鉄道用地図のほか，各電力会社が保管している電力線を敷設した際の鉄塔敷地並びに電力線の保安管理用に作成された地役権図面などがある。

#### 解説

①法14条地図及び公図は，土地の位置関係を示す地図として，法務局・地方法務局及びその支局・出張所（登記所）が不動産登記記録と共に保管しているもので，不動産の位置・形状を示す公的資料である。地図の入手については，近年のオンライン化により，どの登記所からでも入手できる。ただし，デジタル化され公示されている公図には，和紙公図に記載されている固有の情報（例えばQ31(4)，Q32，Q33，Q38〜Q43）が省略されていることも少なくない。山林筆界はその大半が原始筆界であることから，多くの場合，和紙公図の参照は必須である。

②国土地理院の地図は，縮尺2万5,000分の1の地形図（国土基本図）が全国をカバーしている。地域によっては，縮尺1万分の1の地形図などがある。これらの地図は，日本地図センターが販売している。また，④の空中写真も入手できる。

---
・国土地理院撮影区域の空中写真及び国土基本図
　一般財団法人日本地図センター：〒153-8522　東京都目黒区青葉台4-9-6
　（一部民間の測量会社が撮影した空中写真も扱っている。）
・林野庁及び都道府県撮影区域の空中写真
　取扱業者は，林野庁ホームページを参照。
　（事前に林野庁及び各都道府県担当課の承認が必要。）

---

③林野庁が管理する国有林は，各出先の森林管理局・森林管理署において，森林管理図面を保管しているので，情報公開の仕組みを利用して入手できる。

⑤の鉄道会社，電力会社の保管する資料は，民間事業者であるために，資料を誰でも入手できるわけではないが，自己所有地に関係していれば入手できる可能性はある。

なお，電力会社が，電力線保安のために土地の一部地役権の設定登記をしている土地については，登記所に地役権図面がある。また，鉄塔敷地は，所有権や地上権などの権利確保のため，分筆登記をしていることが多く，地積測量図として登記所に保管されているので，登記所で入手することができる。

高速道路を造るようになってからは，用地買収の地価及び環境等との兼ね合いで，トンネル工事

第3章　山林境界の資料

化の場所が多く，このような場所のトンネル地上部を用地買収ではなく借地契約をしている場合は，道路管理機関が借地契約図面を保管している。

■資料等（図面類）の入手先（保管場所）一覧表

| 資料等の種類 | 入手先（保管場所） |
| --- | --- |
| 14条地図<br>地図に準ずる図面（公図） | 法務局・地方法務局 |
| 国土基本図（地形図）<br>空中写真（国土地理院担当分） | 日本地図センター |
| 国有林 | 林野庁森林管理局 |
| 鉄道用地図 | JR各社用地部署 |
| 電力線保安管理図（地役権図面） | 電力各社用地部署 |
| 森林計画図（施業図） | 都道府県林務担当部署　市区町村・森林組合 |
| 林野空中写真（林野庁担当分） | （受託会社は年度別に契約） |
| 地番図 | 市区町村固定資産税課 |

## Q46　資料の利用方法と注意事項は何か。

**A**　①法14条地図は，正確な図面であるが，山林についての公図には土地の形状にひずみがあるものが多く，形状や面積についてはあまり精確ではないことからそのままでは活用できないものが多い。②空中写真については，写真のひずみを補正しなければならない。③国土地理院の縮尺1万分の1の地形図は，細かい部分まで表わすことができない。④民間の会社等が保管する地図においては，時として不精確なものもあり，入手に困難な場合もある。

### 解　説

①法14条地図は，世界測地系（地球上の全体的な位置関係を表す。）に基づく位置が示されているものであるから，万一災害等で境界標の位置が不明になった場合であっても，境界を復元することができる。もっとも法14条地図であっても，その作成は筆界の再形成を意味するものではないから，筆界情報としては不正確と判断される場合もある[8]。

一方公図は，土地の位置関係と形については，おおむね現地と合っている地図とされるが，山林については，明治期の作成当時は地価が安い（したがって地租が少額の）こともあって，見取図的な公図（Q39参照）が多い。しかし，中には当時の測量技術で測量・作図したことがうかがい知れ

---

8）寺田逸郎ほか「高度情報化社会における登記(3・完)—登記所地図のコンピュータ化について」登記研究630号104頁以下。昭和30年代，40年代に作成されたものに多いようである。

るものも見かけることがある（Q42参照）。いずれにせよ，その活用に際しては十分な吟味が必要となる（Q29～Q44参照）。

②空中写真は，変化の目立つ部分は，視覚的にも分かりやすいものの，そのままの写真では，高い山の頂上部は大きく，標高の低い部分は小さく写っており，写真の中心部よりも外側の位置に写っているところはひずみが大きく，斜めに写っていることから，そのまま焼き付けた写真には，注意を払わなければならない。一方，正射写真（＝オルソフォトグラフ；写真地図）と呼ばれるものは，それら写真上のひずみを取り除いて作成されており，視覚に訴えやすいので，実体視（立体視）を目的としない場合には，単価は少し高いが，地形図（等高線図）との重ね図に用いることができることから，有用である。

③国土地理院の縮尺1万分の1の地形図は，細かい部分まで表すことができないものの，大きな山林の外形・字の位置関係や範囲など，全体の形状を把握する場合に利用できる。

④電力線保安のため，山林に一部地役権を設定した場合には，登記所に地役権図面が保管してある。しかし，自己財産管理のために作成されたものゆえ，地役権図面そのものは，その土地の地役権の範囲を示す見取図的な意味合いから作成されており，参考図的な図面も存在する。したがって，地役権図面で筆界が復元できるものとは限らない。また，入手が困難な場合もある。

## Q47　山林境界に関する資料はどう評価されるか。

**A**　①法14条地図は，14条地図作成当時の現地を復元できる地図ではあっても，その地図により筆界が再形成されるわけではない。

②山林の場合は，ほとんどが明治期に作成された公図であって，これらは見取図的な描き方をしたものが目立つ（Q39参照）。空中写真から作成された地形図（等高線図）と山林の公図を比較してみても，大きなひずみのあるものが多い。しかし，中には山林の公図といえども，単なる見取図のようなものではなく，コンパス測量を実施した形の図面もある（Q42参照）。

③空中写真の利用は，俯瞰的に全体を捉えることに欠かすことができない。

### 解　説

①法14条地図は，沿革的には，旧不動産登記法の昭和35年法律14号改正に基づく，いわゆる法17条地図が定められていた。旧不動産登記法17条地図に由来する14条地図の中には，現行法14条1項の規定にそぐわない不精確なものも一部見られる。また，14条地図の精確性は高いが，作成当時の現地をある程度復元できる地図ではあっても，その地図により現在の筆界が当然に復元できたり，再形成されたりするとの法的効果まで有するわけではない[9]。

---
9）詳細は寳金敏明『境界の理論と実務』（日本加除出版，平成21年）87～91頁，460～462頁。なお，いわゆる法17条

②山林公図には，見取図的なものが多く，中には山林公図すら存在しない地域もある。そのような中にあって，明治期作成の公図（明治10年〜20年頃）であっても，国土調査図と対照すると，当時の測量技術でかなり正確に測量・作図したこと（Q42参照）がうかがい知れるものも見かけることがある（図15参照）。山林の公図が，どのように作成されたものかは，各地域によりまちまちであることは言うまでもないが，事業が中途になったといわれる，内務省の地籍編纂事業により作成された地図[10]が，山林地域でも存在する場合がある。このような場合には，登記所公図とともに，地域に保管されている内務省地籍編製地図などの，公図に成り得なかった資料を発掘して比較調査することが大事であって，これらにより境界が明らかになる場合もあるので，登記所公図のみに捕らわれずに，各地域における地図作成の成り立ちを解明することが肝心である。特に里山地域は，地価とも大きく関係することもあって，その地域における公図の成り立ちの分析結果は，筆界の判断に大きく影響する。

③空中写真は，正射写真を利用することで，地図との重ね図として用いることができ，一見して捉えることの難しい大きな山林の状況を俯瞰的に捉えることができる。このような利用方法は，山林の境界に精通しているという地元の古老たちの現地踏査がなくても，境界の見解を収集しやすくなる。

また，近年は空中写真をもとに動画ソフトを用い，山林を俯瞰的に見る角度を変えて見やすくしたり，山林を丸裸にして地形を鮮明に描き出すような工夫をしたものがある。とりわけドローンの活用は，山林の筆界調査を飛躍的に迅速かつ適正ならしめるものとして期待されている。[11]

図15-1　比較的精度のよい字限図と，図15-2　国土調査図の比較

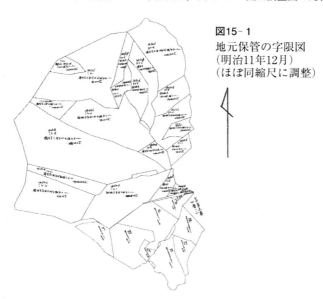

図15-1
地元保管の字限図
（明治11年12月）
（ほぼ同縮尺に調整）

---

地図（現不動産登記法14条1項地図）につき，その作成が「境界等を確定する効力を有するものでない」とする裁判例として，前橋地判昭和60年1月29日＝最判昭和61年7月14日にて維持（判例集未登載）がある。
10）佐藤甚次郎『明治期作成の地籍図』（古今書院，昭和61年）283頁以下。
11）Q44の脚注7）参照。

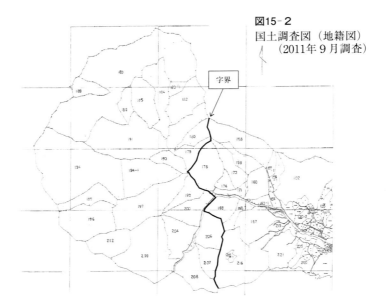

**図15-2**
国土調査図（地籍図）
（2011年9月調査）

字界

※　図15-1の地元保管の字限図の元図を50パーセントに縮小後さらに48パーセント縮小すると，図15-2の縮尺1万分の1図面（国土調査図）と，ほぼ同じ大きさになったことから，元図の縮尺は2,400分の1となる。このことは，実際に現地をコンパス測量（Q42参照）したことをうかがわせるものである。
　したがって，図15-1の字限図は，1間を6尺とする単位で測量したことが確認できる。しかも，国土調査図面と比べてみても，当時の技術としては，かなり正確な測量をしたことがわかる。
　上段の字限図の範囲は，明治11年10月調整の山岳野取帳（一筆限り図）があり，求積は三斜法で行っていて，求積の結果は土地台帳面積と同じである。
　字限図の外枠は実測図（国土調査図）とほぼ合致することから，この場所は字限図の作成に当たり，まず字の全周の形を測量・作図したものと推測できる。

## 耕地宅地の公図と山林の公図に違いはあるのか。

**A**　地租改正事業は，まず町地や耕地宅地（耕宅地）の調査をし，その後山林の調査をしたので，耕宅地公図と山林公図に分かれている。なお，耕宅地部分と山林部分が接している場所は，耕宅地の公図の方が，一般的に精度が高い図面といえる。

　　　　　　　　　解　説

　明治政府は，従来米納（物納）を主とする納税であったものを，土地を評価してこれに一定の税率を掛けて計算し，金納とすることを意図した。その方法として耕地は収穫高によって等級を定め，宅地もこれに比定した方法を採用したのである。
　地租改正事業は，この政策に基づくものであって，明治6年に地租改正法令が発布されたときには，ほとんどの地域が，まず耕宅地の調査から始め，その後山林原野地域を調査することになった。

第3章　山林境界の資料

このことにより，成果としての公図も別々に作成された。

　山林原野地域は，測量するに際し傾斜地であることや山奥の場所もあり，平地に比べて調査に手間がかかる上に，地価の安いこともあって，地価算出の根拠とする面積については，おおよそで差支えないとするものであった（Q19参照）。したがって，山林の公図は平地にある耕宅地の公図よりも一段と劣る図面となったものである。

　その後の土地の異動（開墾・地目変換・一部所有権移転等），あるいは当初からの調査粗漏などもあったことから，明治政府は，明治18年地押調査の件，明治20年地図更正の件の指令を出して，課税基礎台帳と共に公図の修正を行った。

　しかし，もともと耕宅地と山林原野の公図は，おのずとその精確度に差のあることは避けられず，一律に全域が改めて調査されない限り，別々の図面として引き継がれてきた。明治22，23年頃の土地台帳作成のときに，これに付随した地図として今に引き継がれる公図が同時に整備された。

　このとき，その土地台帳附属地図がどのような経過で作成されたものかは，地域により異なるが，付番について考察すると，耕宅地の番号と山林の番号が別個の通し番号（山地番）になっているものは，改租当時のものが引き継がれていることになる。この場合は，耕宅地の公図に比べて，山林の公図はその精度は粗いとみてよい。

　しかし，雑にみえる山林公図であっても，多かれ少なかれ筆界を判定する資料として活用できる可能性があるので，必ず最初に字限図の全形を地形図に当てはめて，その形状の比較と併せて北の方向も検証し，公図の表現している能力のチェックが必要である（Q29～Q44参照）。

　なお，耕宅地部分と山林部分が接している場所は，上記の理由により，耕宅地の公図の方が一般的に精度が高い図面といえる。

**Q49**　地元地区で保管する古い図面があり，朱色の直線に「寅　十三分，廿間」のような文字が添えてあったのだが，何を表しているのか。

**A**　「寅」は「子」を北方向とする十二支で表わす方角のことで，右周りに子，丑，寅，卯，辰……となる。「十三分」はこれに追加される角度を示す。また，「廿間」は距離を示すことから，測点間の方角と，距離を表している。

**解　説**

　測量の方法で，地図を作成する際の方角の表し方には，磁石（磁針）を用いて北を基準に，見通す方向が時計回りにどのような方角にあるかを観測する方法がある[12]。

　江戸時代に伊能忠敬が測量した『大日本沿海輿地全図』は，あまりにも有名だが，この作図のときに伊能忠敬は，地図のひずみを取り去る方法として，日中は遠方の島や高山の頭頂部等を各所か

---

12）鳴海邦匡「近世山論絵図と廻り検地法—北摂山地南麓における事例を中心に—」人文地理51巻6号

ら観測して，作図した見通し線が一点に集中するかどうかを点検し，夜間には星の観測（天測）をして，地図全体のひずみを補正する方法を採った。

遠距離や高低差の大きな場所での見通しは，大方儀・中方儀（高低角が測れる。）を，平地の短区間のような場所では小方儀（コンパス測量の器械とほぼ同じで，高低角の目盛はない。Q39の写真1参照）を用いて観測し，長さは間縄（又は歩測）で測量した。

このときに十二支で方角を表わし，長さを間で表わしたのである。十二支で1周するから360度となって，1単位が30度となる。

明治初期の測量もこの方法を踏襲しており，公図作成の時期においては，方角は十二支が用いられた。「分（ぶ）」は10分の1を表す「分」のほかに，「分」は「度」と同義で用いることがあり，この場合の，「寅（の）十三分」は，「寅の基準となる初度」にプラス13度を意味する。

距離については，少なくとも明治8年後半以降の測量であれば，1間は曲尺6尺とする単位であったといえよう。このような測量方法で地図を作成したものと考えられる。法務局の保管する公図には，北の方角が記入してあっても，図面の中に個別の方角と距離が記載されているものは，ほとんど見当たらないが，資料館や地区で保管する図面には，このような書き込みのある地図がよく見受けられる。明治期において作成された地図には，地租改正図のほかに地籍編製地図が存在する地域があり（Q47参照），地籍編製地図には，このような方角と距離の書き込みがある。その場合，公図のみでは不分明な北方向の表示であっても，当時の北方向が検証できる。この頃の公図に描き込まれた北方向は，磁北を記載したと考えてよい。[13]

## Q50 土地登記記録及び土地台帳に記載されている山林の面積（地積）の精確性は，どの程度なのか。

**A** 山林の地積は，登記記録として分筆・地積更正，あるいは，国土調査の成果による地積の異動がない場合には，登記記録の地積と現地の面積には，大きな乖離があるというのが，通常の見方である。

### 解　説

公図と土地台帳，地籍編製地図（Q43(2)参照）と地籍帳（地籍簿）とは，事業の種類は異なっても地図と帳簿は必ずセットで作成されたものであり，それらは必ず照合されている。したがって，記録を見るときにはそれらの相互確認を念頭に置くべきことになる。

登記記録上，分筆や地積更正又は地籍調査を実施していないときは，地積は地租改正当初の面積がそのまま受け継がれている。

---

13）明治期（1893年），名古屋における磁北の偏移は，西に4度41分15秒の記録がある（『東京帝国大学紀要第14冊』，昭和8年（1933年）4月初版：平凡社大百科事典127頁）。

第3章　山林境界の資料

　地租改正当時の山林原野の測量に当たっては，元々山は価値が低く租税収入も大きく期待できず，また山林地域は奥地になるほど地形が険しくなり，測量が難しいこともあって，面積の把握には消極的であった。このようなことから，面積はおおよその面積で差支えない（Q19⑵参照）という規定もあったほどである。里山と呼ばれる辺りは，調査が見取的なものであったとしても，比較的登記面積に似通ったものになっていることが多いが，奥地になるほど登記面積は実状とはかけ離れたものになっていることが多いと言われている。

　しかし，登記記録に表される面積（地積）が，各地域でどのように測量されたものか，その地域の調査経過を知らない限り，一概に言えるものではないこともまた事実である。したがって，登記面積として記載されている地積は，地番・地目の記載と共に，単に，その土地を示す（物件を特定する）名前の一部に過ぎないと考えるべきものである。例えば，隣り合って「10番　山林　一反歩（991㎡）」と「11番　山林　一町歩（9,917㎡）」の土地があるときに，これが土地台帳当初から不変の面積表示ならば，実際の現地は，10番よりも11番のほうが10倍の面積があるはずという先入観は持たないほうがよい。隣り合って存在する11番の登記簿面積が一応10倍と表示されているが，おおむねその程度の比率であろうと思うにとどめておくほうがよい。土地台帳面積を定めたときの測量方法や，公図作成の根拠を確認しない限り，単に登記面積の比例按分によって筆界を割り出そうとするのは相当ではない。

　一方で，山林であっても，地域によっては求積の根拠を記した一筆限り図が存在することがある（Q37の図8参照）。当時の測量の技術的な問題はあるにせよ，そのような一筆限り図から算出される面積は十分検討に値する。

# 2．国有林の境界に関する資料

**Q51** 国有林と民有地との間の境界については，民有地相互の場合と異なる特色があると聞いているが，どのようなものか。

**A**　民有地相互の境界の場合に比較し，精度の高い測量成果に基づいて境界判定資料が作られていることが多い。代表的なものとしては，境界査定簿・境界査定図，国有財産法に基づく国有財産台帳・同付属図面，官民境界協議書や官林図などがある。

**解　説**

　山林の官民境界は，その多くが特別な法令に基づいて管理されてきた。明治維新以降，官民有区分（Q8，Q20参照）により官有とされた国有林は，①過半を農林省山林局が，北海道の山林においては道庁が，それぞれ管理することとなった（以下，この項において「一般の国有林」という。）が，②皇室財産（御料林）については，宮内省帝室林野局が管理することとなった。それぞれの国有林についての官民境界の判定根拠法令及び判定資料の名称は異なる。

69

しかし，これらの判定資料に共通するのは，陸地測量部設置の三角点を基礎として，官の有する測量技術を用いて小三角点を測設し，図根点を設けて一筆地の細部測量を行うという，明治期の山林境界一般に用いられた測量法としては精度の高い測量を行うことを建前としていたことである。そのため，山林であっても筆界復元の可能な境界資料も少なくないと言われている。

その例としては，境界査定簿・境界査定図，国有財産法に基づく国有財産台帳・同付属図面，官民境界協議書や官林図などがある。詳細は，Q52〜56を参照されたい。

## Q52 一般の国有林について作成された境界判定資料にはどのようなものがあるか。

**A** 一般の国有林（Q51解説の①参照）について作成された境界判定資料には，官民境界査定に基づく官民境界査定図・査定簿等や，国有林野境界標識巡検成績表（Q96の裁判例2−⑬参照）・巡検簿等がある。

<hr>

**解　説**

### (1) 官民境界査定

農林省山林局（戦後，御料林所管の宮内省帝室林野局と北海道国有林所管の内務省北海道庁と統合し，林野局。林野庁の前身）が管理する一般の国有林については，官民境界の判定について明治17年10月から昭和23年3月までの間，「境界査定処分」が実施されていた。

その法令上の根拠は，明治17年10月14日から同23年10月末までは，官林境界調査心得（明治17年10月14日外340号達）1条，同23年11月1日から同32年6月末までは，官林境界踏査内規（明治23年10月20日農商務省訓令丙林371号）1条，4条，同32年7月1日から大正11年3月末までは，旧国有林野法（明治32年3月22日法律85号）4条ないし7条，大正11年4月1日から昭和23年6月末までは，旧国有財産法（大正10年4月7日法律43号）10条ないし13条であった。

### (2) 官民境界査定の手順と成果資料

官民境界査定の目的は，官有地を保全するため，土地の官民境界をはっきりさせることそれ自体にあった。その点，一般の境界判定作業が，地租改正作業の一環として，徴税目的，すなわち地目や地積が分かれば，あとは大雑把な位置関係を知ることで足りるという状況の中で行われたのとは，決定的に異なる。そのため，国有林においては，次の手続が履践される[14]。

#### ① 境界査定・境界標の設置

境界査定においては，㋐隣接地所有者の立会の下に，決定した各境界点に杭打ちをし，㋑要所要所に石標・木標を設置するという作業がまず行われる。

<hr>

14）根岸秀治『蔵王県境裁判三十年の軌跡』（㈶林野弘済会秋田支部，平成8年）101頁以下の記述に同裁判に関わった著者（寳金）が若干補足したもの。

70

② 境界査定（野）簿・境界査定図の作成

上記①で得られた各境界点の位置は，境界査定（野）簿・境界査定図に記録する。

同図簿には，㋐何号点にどのような種類の境界標識を設置したのか，㋑各点の地形上の位置，㋒境界線はどのような地形のところを通っているか（例えば，尾根筋か，道の中央線か），㋓境界線の国有林側と反対の隣接地の状況（字名・地番・地目等，所有者・管理者の氏名），㋔測定された各境界点間の方位・距離，㋕境界線の進む方向（例えば，峰を上がる，沢を下る等）を記入する。

③ 測量手簿・境界図・境界簿の作成

上記①で得られた各境界点の位置は，国有林野の外周を形成するものであることから，精密に測量され，国有林野の面積が算定される。国有林野の周囲測量の成果は，測量手簿に記録される。三角測量も合わせ実施しつつ精密測量の方法によって測定されたその成果は，各境界点間の標高値・座標値として経緯距計算簿（縦横線計算簿）に記載され，縮尺5,000の1の境界図が作成される。

これらの周囲測量の測量結果と境界査定の地籍・界線記事を一つにまとめた境界簿も作成されている。

④ 検 測

草木が繁茂するなどして現地における境界点の位置が分からなくなった場合，上記③の測量手簿を資料として境界点の位置を検出し，その位置が上記(2)②の境界査定野簿に記録されている位置にあるかどうかを確認する作業を行う。これを検測という。

⑶ 官民境界の保全

これらの査定処分の成果を記載した境界査定簿・境界査定図は，公図等と異なり，古い時代のものであってもかなり信頼性が高いものが少なくない。しかも，国有林管理のため，引き続き境界標識の巡検（境界検測及び境界標の改設等）を行い「国有林野境界標識巡検成績表・巡検簿」等が作成されることもある。上記(2)④の検測もその一つである。

⑷ 官民境界査定の法的効果

民間相互の境界協議が誤っていた場合，所有権界については，錯誤無効を生じる可能性があり，また，民民の境界協議それ自体によって移動することはない（Q7参照）。これに対し，境界査定処分には形成的行政処分としての効果が与えられていたことから，査定の成果が仮に旧来の所有権界及び筆界と齟齬を来していたとしても，所有権界及び筆界を書き換える効果が付与された。言い換えれば，所有権界のみならず，筆界も査定成果どおりに移動するという形成的効果さえ認められていた。[15]

官民境界についての境界査定制度は，新国有財産法（昭和23年7月1日施行）にて廃止されているが，廃止の理由は違憲だからというわけではなく，その効果は現在でも有効であり，とりわけ官民境界査定図・査定簿，国有林野境界標識巡検成績表・巡検簿は境界判定資料として重要である。

---

15）東京高判昭和43年3月27日訟月14巻5号494頁等。

## Q53 戦前の御料林については，どのような境界資料が作成されたのか。

**A** 御料地境界簿・御料地境界標識巡検台帳等がある。

### 解　説

御料林（Q51解説の②）についても，一般の国有林（Q51解説の①）と同様に，明治18年発足の御料局（明治41年に帝室林野局に改組）おいて官民境界査定を行っている。その根拠規定は，御料地疆界踏査内規（明治26年1月20日3486号御料局長達），御料地測量規程（明治27年1217号御料局長達），御料地疆界踏査規定（明治32年12月14日6522号御料局長達），御料林野疆界査定規則（明治44年12月29日宮内省令11号）等である。御料林においても，一般の国有林と同様に，境界巡視が行われ，その成果としての「御料地疆界標識巡検台帳」等も所有権の帰属や境界判定等の資料とされることがある[16]。

なお，帝室林野局は戦後廃止され，御料林の大部分は以後，上記一般の国有林に編入した。

## Q54 戦前の北海道内の国有林については，どのような境界資料が作成されたのか。

**A** 土地連絡査定図が主な資料である。

### 解　説

明治初年の北海道は大部分が原生林や原野・湿原等であり，農耕社会特有の土地私有制度が十分生成していなかった。そのような土地は，すべて官有に編入され，民間への売渡しや譲与が行われていった。

その売渡し，譲与の土地範囲を明確にするために，旧北海道国有未開地処分法（明治30年3月30日法律26号）に基づく「土地処分図」（売払図・付与図・交換図などとも称される。）が昭和20年まで作成された。道庁・支庁，登記所に備え付けられている。

上記の土地処分図は，簡易測量ゆえの誤差が大きく，処分後に境界標識が腐朽するなどして，官民，民民の筆界が不明となる事態が多発した。そこで，各筆ごとに位置・形状を実測する「土地連絡調査」が行われた。その成果が，北海道土地連絡査定調査規則（明治29年庁令26号）に基づく「土地連絡査定図」である。道庁・支庁，市町村役場，登記所に備えられている。

---

16) Q98の裁判例4-⑨。御料地の官民境界が争われた例として，Q96の裁判例2-⑬。もっとも同裁判例による限り，そのケースにおける境界資料は大雑把なものに留まっているようである。

第3章　山林境界の資料

　土地連絡査定図には，一筆地ごとの土地台帳，処分図等を参考に，土地所有者が立会の上，実地調査した状況及び筆界が記入されている。調査に際しての測量は，陸地測量部の三角点を基礎として小三角点を測設し，図根点を設けて一筆地の細部測量を行っている。そのため，同時代に作成された本州等の一般的な公図と異なり，正確性は相当高いものがある。

　土地連絡調査は，昭和40年に国土調査法に基づく地籍調査に移行し，終了した。[17]

## Q55　官林図とは何か。

**A**　旧幕藩体制下の藩有林につき作成された図面。精度の高いものとそうでないものの2種類がある。

**解　説**

　営林官署が保管している図面として，旧幕藩体制下の藩有林につき作成された①官林調査仮条例（明治9年3月内務省決議）に基づく官林図（差出図）と，②官林境界測量製図規程（明治15年農商務省令）に基づく官林図がある。①は大ざっぱな見取図であるのに対し，②は官林界を多角線で表示した，いわゆるコンパス測量（Q42参照）による図面であり，明治9年から明治22年頃までの間に作成されている。[18]

## Q56　国有・公有山林についての境界協議に基づく図面・帳簿としては，どのようなものがあるのか。

**A**　官民・公民境界確定協議書及びその添付図面，払下関係図簿がある。

**解　説**

　国の財務局や都道府県・市町村の財務事務所等，財産管理権能を有する公官署の職員が隣接地所有者と協議して作成した官民・公民境界確定協議書及びその添付図面，払下関係図簿は，筆界の判定について最も重要な資料の一つとなる。官が作成した官民土地境界図のほか，市区町村職員の立会の下で行われる民有地所有者が測量・作成した土地境界図もある。調査対象の筆界に直接関係す

---

17)『土地境界基本実務　Ⅲ』303頁以下（日本土地調査士会連合会，平成14年）。
18) Q96の裁判例2-⑬。

る境界協議書でなくとも，例えば同一の道路や街区全般を考慮しての境界協議書であるときは，少し離れた土地に関する境界協議書であっても，資料としての価値は高い。

　もっとも，その協議書が古い時代のものであるなどの理由のため，測量や製図の技術が拙劣で資料価値が低いという例もあることは，他の図面と同様である。のみならず，筆界と公物管理界の混同や，境界協議を担当する公務員の不慣れ，手抜き慣行等の理由により，時代のいかんを問わず信用しがたい境界確定協議書も少なくない。

# 3．公図利用上の問題

地番はどのように定められたか。

**A**　多くは，大字又は字の区域ごとに起番したが，耕宅地と山林原野を別々に起番した地域もある。

―――解　説―――

　元々一村（大字）単位で起番するとされていた（地租改正条例細目3章1条）が，その筆数が数千から一万にも及ぶような場所は，字ごとに起番した地域もある。江戸時代には数村であったものが，明治になってから村が合併したようなときには，一村の内でも旧村ごとに甲，乙，丙などと地番に冠して，起番区域を分けたようなものもある（図16参照）。

　一村通し番の場合は，耕宅地・山林原野を通じて任意の場所を起点に一番から自然数を用いて地番を振り，その字の付番が済めば次の字に移り，前の字の番号に引き続いて付番し，その一村（大字）の全部を終える。民有地のみを付番したわけでなく，中には，官有地のため池に付番したようなものもある。

　どの場所を起点に起番したかは区々であり，当時の有力者の屋敷に一番を付けたようなものもあれば，その付近一帯の任意の方角から起番したものもあるので，地域差がある。

　土地台帳編製の最初から，地番に枝番があるような場合は，通し番に付番後，土地台帳作成前に分筆したか，あるいは関連土地（飛び地・同一所有者の漏れ地等）であったと推測することができよう。

　一方，一村（大字）通し番ではなく，その大字の耕宅地の番号とは別に，山林原野に別の通し番で付番したものも見られる。いわゆる山地番である。[19] これは，どの地域にも見られることで，元々公図上も耕宅地と山林原野の図面は別葉である。

　地番は，改租時に付番されたまま変更がないものとは考えないほうがよい。改租の際に付番され

―――
19）佐藤甚次郎『公図　読図の基礎』（古今書院，平成8年）147頁。

74

た地番が，土地台帳作成までに分割のあった場合に，枝番を付したものもあれば，その地番区域（大字）の地押調査の結果で大量の変更土地が生じたときには，改めての通し地番を振ることもある。また，改租後に村（大字）が合併した場合や字名（区域）変更により，付番のやり直しがあった場合もあろう。

また，隣接同士が合筆したときには，必ずしも合併番ではなく，土地台帳作成時点で，大きい番号が欠番になっている場合もある。このようなときに，公図がどのように表わされているかも注意が必要である。

公図の地番順は，地番を付け直していなければ，現地の地押順である可能性もあろうが，それとて，「一筆限り野帳（日記形式）」を見ないことには，地押順であるかどうかは，確認できないことである。

公図で地番順をたどる作業は必要なことだが，地番の付け直しがあったような場合は，机上で付番のやり直しをしているので，現在の公図に現れた地番順は，必ずしも改租の現地調査の順番を表しているとはいえないのである。公図で地番順をたどることは，単にその区域の土地を漏れなく潰していくという作業にすぎない。

図16　甲乙丙丁の村の表示のある閉鎖公図

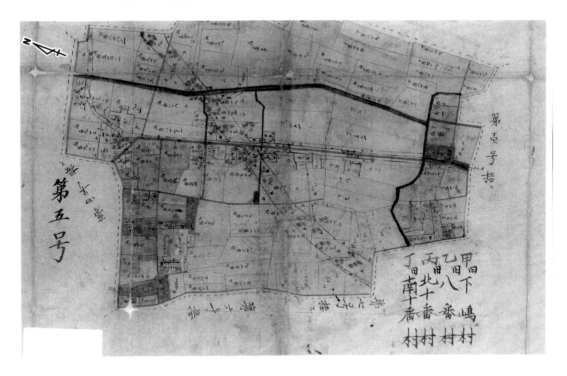

## Q58 字の区画はどのように発生したか。

**A** 大字が地番区域であるとき，より小さい区域として「字（小字）」がある。字の名称は，その場所を具体的に示すものとして名付けられた。

■ 解　説 ■

村（大字）名は，自然的地名から発生したものなど，その由来は様々であるが，特に小字名にはその場所を表す地形的な特徴から名付けられたものが多い[20]。

現在のように，その場所を示すための地番は，明治以降に定められたものであって，それ以前は，ある小範囲の耕作地や山林の場所を指すものとしてそれぞれの呼び名があった。土地の最小単位は，「その呼び名の何某耕作地」とすることで特定できた。

明治になって，税を金納とする方針から，百姓持ち地に個別の所有権が認められ，その最小単位に地番を付すことが図られた。従来の呼び名をそのまま地番に付けたのでは，あまりにも細切れになるため，適当な範囲をまとめたものが現在の小字名である。したがって，字名が整理された現在においても，地方の集落に行けば，正式な小字名でなくても，その名称を言えばどの場所を指しているかが特定できる俗称があるが，これなどは字名整理前の従来の呼び名の名残りといえよう。

字の名称は，改租の際にすべて統一されたというものではなく，改租以後の村（大字）の合併や地押調査の後に変更されたものもあり，特に更正図作成の際に字の整理を実施し，複数の字を合併したことで，消えた字名もある。

一村（大字）の範囲を超えた地域に，同じ字名を使用しているものは多い。例えば，「宮ノ前（後），宮ノ谷，家ノ前（後），清水，堤」など挙げればきりがない。上記は，神社がある場所，集落の場所，湧水の場所，ため池のある場所などのように誰にでも分かりやすい場所を用いて，字名を付けたということができる。

呼び名に対して，どのような文字を当てるかは様々であり，ある呼び名の場所一帯が，村の区域を設定した際に分割され，所属する村により字名に当てる文字が異なる場合がある。これなどは，同じ場所でも文字を変えることで所属を区別することを意図したのか，それとも，ばらばらに適当な文字を当てたというのであろうか。

いずれにせよ，字名には，その場所の地形的特徴を示すものが多いので，字の範囲を把握する場合は，その字名の意味する内容をも踏まえて検証しなければならない。

---

[20] 佐藤甚次郎『公図　読図の基礎』（古今書院，平成8年）131頁以下，同『神奈川県の明治期地籍図』（暁印書館，平成5年）72頁以下。

第3章　山林境界の資料

## Q59　公図における字名の表現に注意する点があるか。

**A**　耕宅地区域と山林原野区域の字名が同一であるために同じ字限図に仕上がっている場合には，図面を編集した可能性があるので，その場合は，改租の際の元の耕宅地図面・山林原野図面を確認することが重要である。

### 解　説

耕宅地と山林原野は調査が別であったために，図面も別々に作成されたが，現存の元の和紙公図を確認しても，同じ字限図に耕宅地と山林原野が描かれているときは，①改租以降，現存の公図に到るまでの間に字名を変更したり，②耕宅地と山林原野の字名が同じであるために，耕宅地部分と山林原野部分を同じ字限図に編集した場合がある。

このような字限図には，耕宅地部分と山林部分との接続関係が現地と齟齬する場合がある。そのときは，地番と共に公図に記入された地目及び土地台帳の最初の地目を対査し，元々の耕宅地と山林部分の境目がどの部分にあるかを確認する必要がある。地押調査を経て更正図が作成されたといっても，改めて現地の測量をし直したものばかりではなく，同じ字名ということで図面を編集合成したにすぎないものも多い。

編集前の改租時の耕宅地図面や山林原野図面を，必ずしも発掘できるとは限らないが，現地の地番配置の確認に当たっては，まず耕宅地部分の位置関係を重視し，その次に山林原野部分がどのように接続しているかを，一旦分けて考えるのが相当であって，同一図面であるから最初から字限図どおりの地番配置であるとは考えずに，一呼吸おいてみることが肝要である。

耕宅地図面と山林原野図面は縮尺が異なることもあって，うまく接合しないとよく言われるが，むしろ別々であるからこそ，平地部分と山林部分がどのように隣接するかが確認できるのであり，机上の下手な編集図はかえって有害であって，一利なしと言わねばならない。現地あっての字限図であるから，現地との比較なしに字限図をうのみにしないことが肝要である。

## Q60　第二次世界大戦後に実施された農地改革は，山林境界と関連することがあるのか。

**A**　戦後の農地改革により，農耕地は，不在地主の土地や一定規模以上の貸付地を国が買収して，小作人に売り渡した。山林についても開拓が見込める山林原野を対象に，買収したことがある。

77

## 解　説

　これは，山林原野を対象に，開墾して農地を造成し，自作農に売り渡すことを目的としたもので，未墾地買収（自作農創設特別措置法30条以下参照）と呼ばれるものである。現状が山林原野のまま国が買収し，開墾できた部分を売り渡すものであって，中には，買収対象土地でありながら開墾できずに，急傾斜部分が山林原野の形態のまま残ったような場所もある。

　農地（農家宅地のような農用施設（自作農創設特別措置法15条1項）を含む。）の場合は，既に出来上がっているので，その地番のままか，あるいは分筆して売渡しをした。山林原野は開墾を要することもあり，また区画を適度な大きさにしないことには，そのまま売り渡すことができなかった。

　買収は，土地の一筆を丸ごと対象にする場合と，明らかに開墾に難しい場所を残し，開墾可能な場所を分筆して買収する場合があった。高原の開拓地などには，このような未墾地買収の対象となった山林原野をルーツとするものが多いであろう。

　このような山林原野は，開拓営団を組織して開墾事業を実施した。開墾できた場所について，当初は自作農創設特別措置法に基づく売渡しを行い，農地法制定後はその規定は農地法に引き継がれた。不動産登記法では，新たな区画は分筆手続をすることになるところ，農地法の特例により，買収した土地の登記簿を閉鎖して，新たに区画した土地の表示登記（表題登記）と，売渡し先の名義人による直接保存登記を嘱託するという特殊な手続が採用された。

　このときに，公図は当該買収部分を紙張等により閉鎖し，その売渡し部分については新たな地図が作成されることになる。これら未墾地買収地を売り渡した土地についての所在図がある場合には，以下のようなことが見られるので注意が必要である。

　買収された土地は，一筆全部・分筆地にかかわらずその公図の従来の地番部分は閉鎖されるが，売り渡されたときに作成される土地所在図は，開墾売渡しの部分（管理道水路を含む。）のみの図面であって，必ずしも閉鎖された公図の範囲全部が新所在図に表現されているとは限らない。開墾しやすい部分のみ区画されて表示登記（表題登記）され，所在図には有地番部分が描かれていても，元々の隣接筆界との間に現地では隙間ができており，そのような隙間の土地が新所在図に表現されていないことがある。

　したがって，机上で地図同士をつなぎ合わせても，直接既存の隣地番に接するか，あるいは隙間があるかさえ明らかでないことがある。中には，開墾地売渡し後の地図と従前の公図を見比べただけでも，明らかに急傾斜の山林部分に該当する場所の地図が欠損していることもある。この地図の欠損部分は，開墾地売渡しのときに従来の公図を閉鎖しながら，明らかに新所在図に描かれなかった部分であり，国（農林省）が買収したものの，登記簿は閉鎖されているので，未登記状態になっていることになる。

　この隙間の未登記部分は，農林水産省所管の財産であり，近年盛んに財産整理が行われているが，その境界についての問題はかなり潜在しているといえよう。

　また，山林と耕地の境目付近でも，耕地が自作農創設特別措置法の売渡し対象地であるときは，上述と同様にその境界付近の原始筆界移動の有無の判定に際しては，過去の自作農の記録を十分に読み込むことが肝要である。

第3章 山林境界の資料

　公図の内に，地番の記入のない区画が見られるが，無番の国有地と考えてよいか。

A　無番の区画に着色がないからといっても，その区画が国有地であるとは限らない。
　公図に地番の記入がない場合には，無番地の国有地のほかにも，民有地や公有地が飛び地等になっていて，その地番表示が脱落している場合がある。

**解　説**

　地図・公図上，土地区画の記載はあるが，地番の記載のない土地がある。さらに，地図・公図上，土地区画の記載も地番の記載もないが，現地には実際に存在する土地（無番の土地）がある。図表化すればQ28のとおりである。

⑴　(旧) 法定外公共用財産・国有無番地
　地租改正の公図の表し方として，地所処分仮規則8条では「渾テ官有地ト定ムル地所ハ地引絵図中ヘ分明ニ色分ケスヘキコト」と規定している。この規定は，官有地の内でも里道，水路，堤塘等を指しているが，着色していない無番の区画であっても，財務省の所管する土地の場合がある。これらのうち，里道水路として機能している国有地は，平成12年4月1日施行の「地方分権の推進を図るための関係法律の整備等に関する法律（地方分権一括法）」により，平成17年3月31日までに，国から地元市区町村に譲与できるとされた。そのため財務省の所管する無番の土地であっても，現に里道水路として機能しているものは，市区町村に譲与されていることがあるので，市区町村及び財務省で譲与対象土地であるかどうかの確認を要する。

⑵　民有飛び地
　公図上無番であるからといって，国有地（であった）とは限らず，民有地であるにもかかわらず，単に図示が誤っている場合もある。公図の成立経過において，地租改正の当初は一筆の土地であったが，後に道路や水路ができたために民有地が飛び地になったようなことがある。このようなときは，その土地を分割地として枝番を付すときと，めがね地の扱いをするときがある。その場合，現在の公図として仕上げるときに，枝番を書き洩らしたり，めがね地表示を書き漏らしたりしたために無番地の区画となっているものがある。

⑶　字所有（公有）の飛び地
　無番の箇所が同じ地番区域（大字）の別字地番のこともある。
　地租改正当初その場所が，他村（大字）所有の飛び地であったようなときには，当該大字の地番が付されることがないので，その部分に，「何某村」又は「他村」と記入されることがある。「何某村」と記入されれば確認しやすいが，「他村」ではどこに所属するのか探すのに困ることになるので，差し当たり隣接の大字を探すことになる。元々このような錯雑地を整理するために，村界の整理を図ったのであるが，依然大字の飛び地も多く見られる。このような飛び地があるときに，その所属する村名（大字）を書き漏らして無番という状況を呈したものもまれにある。
　大字の飛び地はその市区町村で大抵確認できるが，小字の飛び地は市区町村でも難しいときがあ

る。ましてや，里道水路をまたぐ同一所有者の場合は，現地では隣接関係者の確認ができていても，その裏付けに苦労することが多い。このような場合は，地元の保管図や，場合によってはいわゆる土地宝典[21]などから，その内容を確認できるときがある。

それらの図書で，改租当初の所有者及び面積，複数の図面から里道水路及び近隣の区画の変更（分割・合併）経過，枝番，めがね地表示の記載等に注目することで，現在の公図の表し方が誤っていることを発見できる場合がある。

## Q62 土地台帳・登記簿に記録があるのに，山林の字限図が見当たらないのはなぜか。

**A** その地域一帯の山林公図が存在しない，あるいは公図全図が存在しないような地域（地図空白地域）は別にして，各字の字限りの範囲の図面（字限図）が見当たらないときには，公図の全図が字限図に代わるものとしてその字の範囲及び地番の配置を示している場合がある（図17参照）。

### 解　説

公図は別名字限図とも呼ばれるように，元来，その字の範囲の地番配置を示すものである。山林は広大地が多いため，その地番配置を表すには縮尺を小さくすればよいが，山林公図が見取図的なもので，一字一筆のようなときなどは，特に個別の字限図は作成せずとも，隣接字との位置関係を示す全図があれば足りる。このような場合には，その字限図がなくても全図の当該字の部分に地番を書き込めば事足りるのだが，全図にその地番書き込みを書き洩らした状態で作成された公図もある。

このような一字一筆でない場所でも，その字限図の見当たらないときもある。これも上述と同様であって，本来全図に地番を書き込めばよいところを，公図作成の際に，地番の書き込みを単に脱落したということである。中には，その字内の面積の小さい土地については，字限図があるが，その周りの大きな土地（何十haもの規模）だけの全形を示した字限図がないときもある。その場合は，大きな土地の字限図は，全図が兼ねているということがある。

これは，明治9年5月23日内務省達丙35号（別紙）地籍編製地方官心得書の12条「高山広野ニシテ字限図ヲ製シ難キモノハ之ヲ省キ村町図ニ譲リ一筆毎ヲ記載スルモ妨ケナシトス」という規定を援用したもののようである。本来，凡例部分にその注記をすべきところ，その注記や地番の記載を漏らしたものであろう。

---

21）精度の差に注意を要する。大羅陽一「土地宝典の作成経緯とその資料的有効性」歴史地理学137号1～20頁。

第3章　山林境界の資料

図17　字限図の作成に代えて，全図（一村図）の字限りの区画に地番を記載した事例

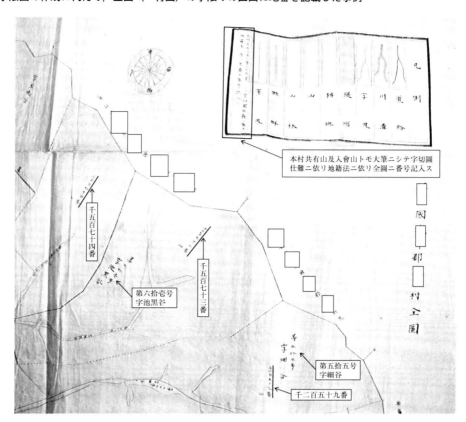

## 4．山林の空中写真

**Q63** 一般的に山林の公図は精度的に問題があると言われている。そうだとすれば，これら公図から現地確認をすることは無意味なのではないか。

**A**　Q29からQ62までに詳述したとおり，公図に表記されている情報を，他の資料をも参照しつつ丁寧に読み取ることを行えば，山林公図といえども筆界判定の資料として有用である。ここでは，空中写真を用いてその例証を行う。

――――― 解　説 ―――――

(1)　山林公図の読み取り方
　後掲84〜88頁に掲げた3事例は，公図（更正図）をオルソ化（正射）した空中写真（Q44，Q46，Q47③参照）に重ねて現地との対照による位置の検討を実施したものである。一見して明らか

81

なとおり，公図と現地とが大体合致している。「公図は地形図である」（Q31⑷参照）と評されるゆえんである。このように現地の詳細な位置関係までは明確には特定できないが，大枠としては現地の位置関係がおおむね特定できている。公図の作成された時期，その経緯，作成精度等を総合して，現地と比較対照してみると，この事例のような検証は，最近では多く報告されている。

　つまり，公図に表記されている情報を，どれだけ丁寧に読み取るかによって大きく評価は変わるものと思われる。言い換えれば，公図は不精確ゆえ筆界資料として使えない，と評価する者は，自らが公図を丁寧に読み取る能力を欠くためではないかと省みる必要があろう。

　最近のコンピュータ処理システムとドローンを活用した情報技術は日々変化しており，これら技術により開発されたソフトの利用による公図の分析・解析結果は，過去の公図についての評価を大きく見直すことにもなりかねない。

　これらの3事例は，一般的な山の公図からの現地対照の一端を紹介している。結論から言うと見事に公図は現地と合致し，それを表記している。

　しかし，実務で，事例1〜3のような公図（図18-2，19-2，20-2）を読者諸氏が見た場合，どう見るか，どう評価するのかを想起されたい。閉鎖された旧公図（図18-1，19-1，20-1）を確認するであろうか。「いい加減な現地復元性のない公図」と即断して旧公図を無視する向きも少なくないのではなかろうか。

　旧閉鎖公図（図18-1）を確認すると，筆書きで，太い線と細い線で囲った土地があり，その中に四角で囲った土地が二つ書いてある。「何やら山の絵が描いてあるだけ」と読んで，それで公図の評価は終わってしまうのかも知れない。

　図18-1の中の二つの土地に書かれている社や神社の文字，官林という文字，この情報をどう読み取るのか。この図18-1が山の絵を描いたと評価するなら，この絵はどこから見た絵なのか。どこから見るとこのような絵が描けるのか。その場所は現地のどこかと思わないだろうか。現地のふもと（細い線）の側から見たとき，中腹に二つの神社が見えて，その向こうに稜線（太い線）が見えた。その状況を描いたと合理的に推測できよう。そうすると，太い線が表された筆界は稜線を指し，細い線で表された筆界は山裾と耕地との筆界を示すものであることが判明する。事例1は，そうした単純な疑問から始めてみたならば，公図は決してでたらめな地図ではなかったことが判明した実例である。

## ⑵　尾根筋，沢筋と筆界との関係

　山の所有権が付与されたときの状況を想定するとき，山を丸ごと一筆とする場合以外であれば，通常は地形的な特徴に合わせて区画すると考えられるから，まずは山が造成される過程を思い浮かべてみて，そのことから現地との対比を始めることも山の境界を見る上では大切な事柄である。そのため，地形図と公図とは常に一体として読む必要がある。火山の噴火による溶岩の堆積物や，水に流されて堆積した土砂が水成岩となって，地球の褶曲運動によって盛り上がってできた山が，その後の風雨によって土砂が流れ出して，山岳部分には背骨のような形状や渓谷部が形成される。そのことから，これらの縦状の筋の位置を捉えて現地の区画をすることが，土地の管理上最も境界線として認識されやすいということになる。すなわち，このことは，ほとんどの地形が，縦状のもの（尾根筋，沢筋）が多く目立つことから，面としての広がりを区分する際に，所有権の範囲（すなわち地番界）は，ほとんどが縦状のものとして区画されること（Q29〜Q31参照）を物語っている。

第3章　山林境界の資料

### (3)　傾斜変換線と筆界との関係

　さらに，区画を増やしたいときや，地形の高低差や傾斜度の異なる部分（例えば山の腹部から背にかけた中間の位置に横断するような目立つ特徴がある地形，傾斜変換線と呼ばれる地形）をとらえて，管理がしやすい部分の区画を考えるときには，それらを筆界線として区画されたものも見受けられる（Q 31(2)，(3)参照）。したがって，公図上，横の線が入っている場合（図20-1参照）には，現地に傾斜変換線に基づく筆界線があるのではないかという視点が重要である。

### (4)　まとめ

　実務の中では公図は「定性的評価はあるが定量的評価は低い」「定性的も定量的にも精度は低い」さらに言えば「評価以前の問題」という否定的な取扱いがあるようだが，事例からすると必ずしもそうではないといえよう。確かに現地測量を実施していない地域においては，上記評価のとおりだと思われるが，鳥瞰図として山の形を描画していると思われる地図（公図）においては，上記に事例紹介したような公図の読み方も必要であろう。

　明治時代の山林公図の作成は，現代と違い，衛星からの映像や飛行機，ドローンから撮影された空中写真からの地図作成ではないと考えると，現地測量を実施していない地域においては，鳥瞰図として山の形を描画することは当然である。そう考えると山の公図の評価も変わり，その見方，読み方については過去の評価のみに頼ることなく，頭を白紙に戻しての検証もまた必要なこととして今後は求められるのではないかと思われる。

83

【事例1】

図18-1　和紙公図（明治23年頃作成）

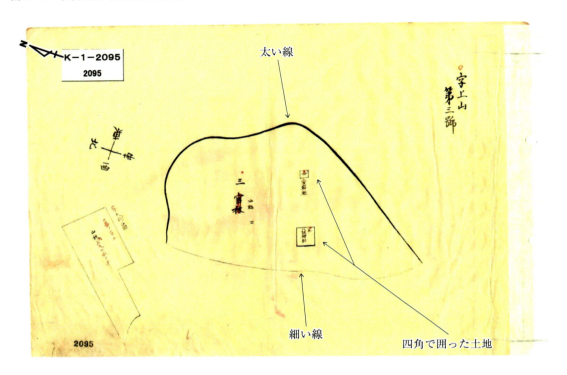

図18-2　現公図（電子化された図面）

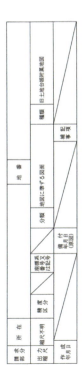

84

第３章　山林境界の資料

【事例２】

図19-1　和紙公図（明治23年頃作成）

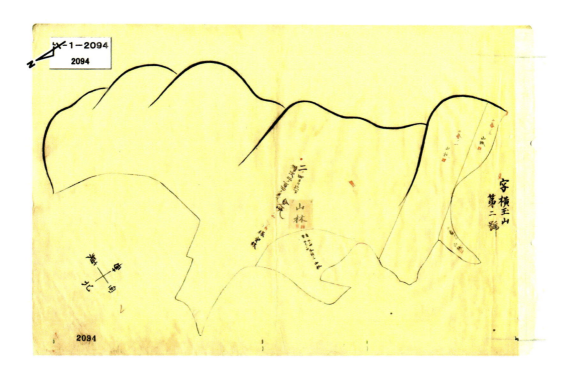

図19-2　現公図（電子化された図面）

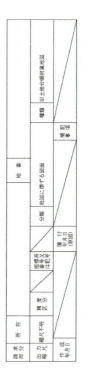

85

【事例3】

図20-1　和紙公図（明治23年頃作成）

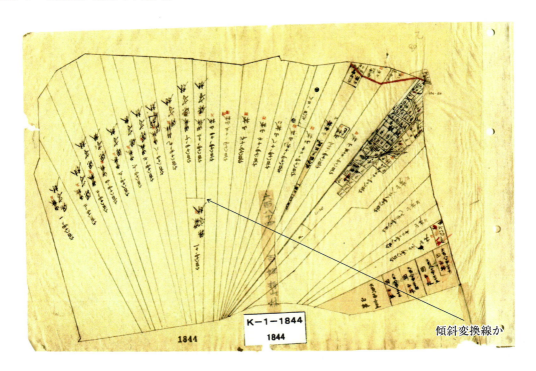

傾斜変換線か

図20-2　現公図（電子化された図面）

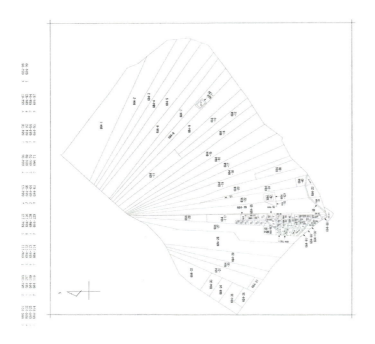

第3章　山林境界の資料

図18-1と空中写真を重ねたもの

国土地理院撮影の空中写真

図19-1と空中写真を重ねたもの

国土地理院撮影の空中写真

87

図20-1と空中写真を重ねたもの

国土地理院撮影の空中写真

【参考】18-1，19-1，20-1と空中写真を重ねたもの

国土地理院撮影の空中写真
※ 村が異なっても高い精度が保たれていることが分かる。

第4章　山林の境界問題の現状とその是正策

# 第4章 山林の境界問題の現状とその是正策

## 1．山林の境界問題の現状

**Q64** 今，山林の境界にどのような問題が起こっているのか。その背景と具体的問題点を知りたい。

**A** 　山林事業の衰退に伴い，山村の過疎化と高齢化が顕著に進行し，その結果，①森林の間伐や下草刈り等が行われずに荒廃し，②所有者が不明・不在のまま放置される，③所有者情報が集まらない，④高齢化により，所有者が境界立会できない，⑤もともと山林境界についての資料が乏しいことに加え，地物が不明確となり，境界判定が不能に近くなる，そのため，⑥森林組合による林業集約化の働きかけが困難になる，⑦集約化しても，施業に必要な作業用道路を開設できない，などの問題が生じている。

### 解　説

　森林は有史以来，伐採が進んで荒廃し，明治政府も森林法（明治30年法律46号）を制定して，従来の禁伐林（官林），伐木停止林（民有林）等を統一して保安林制度を創設した。

　保安林の範囲は地番で特定されるため，その範囲（筆界）が問題となることも少なくない。

　さらに戦後の荒廃期には植林を盛んにしたため，現在では森林が毎年1億㎥の割合で増え続け，わが国の木材需要7,000万㎥を上回っているといわれている。[1]

　しかしながら，外材輸入の急増と木材需要の低迷で，①森林は間伐や下草刈り等をせずに放置され，豊かな山林が極度に荒廃して価値を下げ，境界も分かりにくくなるに至っている，②山林価格の低下のため，相続登記もなされず，所有者が不明となり，法定相続による所有者の多数化・共有化が進んでいる，加えて③若者の村離れにより，山村が過疎化（極端な場合は限界集落化）して所有者が離散し，所有者情報が集まりにくくなっている，④残存する山林所有者やマタギなど地元の古老も高齢化が進み，自分で植林したり，枝下しや下草刈りをしたり，あるいは，獲物を追って山林を走破したりして，現地の沢や岩，植生などの地形地物や境界を熟知している者も，山に入れな

---

1)　平成16年林政審議会資料3によれば，昭和41年の森林の蓄積量は，人工林5億5,800万㎥・天然林13億2,900万㎥であったものが，平成14年には，人工林23億3,800万㎥・天然林17億20万㎥に達しているという。林業が衰退したことにより，伐採量が減り，森林の蓄積が増加しているためである。

89

くなり，現地立会ができなくなりつつある，⑤公図の精度が低いことに加え，高齢者の現地に係る記憶を書面化する作業が行われていないため，地形地物を境界判定に導く資料がない，⑥山村活性化施策により，森林組合による林業集約化の働きかけを所有者にしようとしても，所有者，所有地の範囲双方の把握が困難になって所有者の取りまとめが困難になっている，⑦集約化しても，施業用機械の搬入や木材の搬出に必要な作業用道路を開設するための所有者の承認を取れない，など種々の問題を生じている。

これらのことから，山林の境界に関する人証も物証も急速に失われつつあって境界判定が難しくなり，ひいては林業の振興に大きな障害を生じているといえる。

 所有者不明の山林は，どのくらいの数になるのか。

 2050年には47万ha，日本の総森林面積の1.9％と予測されている。

解　説

相続時に登記手続がされず，国や地方自治体が所有者を把握できなくなっている森林は，現時点では統計がないが，[2]　国土交通省の2014（平成26）年8月時点における試算では，所有者が不明となる山林は，2030年までに倍加し，2050年には，47万haの森林が所有者不明となり，わが国の総森林面積の1.9％に及ぶとのことである。同省は「所有者不明の土地は虫食い状に発生するため，土地集約に与える影響は広範囲にわたる。」とコメントしている（日本経済新聞平成26年8月14日朝刊）。筆界不明地の多発につながるため，例えば，林業施業のための作業用道路設置については，立法的手当てが施されるに至っている（Q69参照）。

 地籍調査が行われていない地域の森林組合は，実際にどのようにして山林所有者及び山林の境界を把握しているのか。

A　①森林簿・施業履歴等から所有者を把握し，境界は，②所有者本人に確認する，③隣接地所有者や地元精通者に確認する，④それでも不明のときは登記所・市町村で確認するとの作業を

---

2) 山林の価値は昭和55年以降急落。総務省がまとめた2012（平成24）年度の「固定資産の価格等の概要調書」では，わが国の森林単価は1㎡当たり14円であり，森林を相続しても司法書士費用を含む登記費用が資産価値を上回ることが多いという（日本経済新聞平成26年8月14日朝刊）。
　ちなみに，法務省の平成27年の統計によれば，立木の登記件数は，全国で221件にとどまっている。

第4章　山林の境界問題の現状とその是正策

行っているとのことである。

░░░░░░░░░░░░░░░░░░░░░░░░░░░ 解　説 ░░░░░░░░░░░░░░░░░░░░░░░░░░░

　森林組合は，施業予定地域内の一筆一筆の山林所有者を特定し，施業の提案・働き掛けをして，その同意を得る作業を行う。そのためには，①森林簿・森林計画図さらには森林組合員名簿をもとに所有者情報を収集して，登記情報も参考にしながら所有者を特定していく。次に，山林境界確認のために，②隣接地所有者や地元精通者に確認する，③それでも不明のときは登記所・市町村で確認するとの手数を踏んでいるとのことである[3]。

　ちなみに，森林整備・路網整備等のために森林組合がなすべき所有者情報等の収集について，国土交通省のホームページ（平成28年3月現在）に詳細なガイドラインが掲載されている[4]。

　なお，同ガイドラインにおいては，都道府県・市町村は森林に関するデータベースの整備その他森林に関する正確な情報を把握するために必要な措置を講ずるものとされている（森林法191条の4）ことを踏まえ，条例に基づく個人情報取扱事務登録簿等に森林簿等を記載し，その利用目的として森林経営計画の作成等を，その提供先として，森林所有者，森林組合，林業事業体等をそれぞれ規定することにより，森林経営の受委託，森林施業の集約化等に取り組む林業者への情報提供を適正に進めるよう呼びかけている[5]。


# Q67 明治以来，登記が動いてない山林は，境界の確定にどのような問題を生じているのか。

# A

　相続人が多数に及ぶ共有林となっているため，森林組合による施業集約の推進に大きな障害となっている。

░░░░░░░░░░░░░░░░░░░░░░░░░░░ 解　説 ░░░░░░░░░░░░░░░░░░░░░░░░░░░

　山林所有者の把握は，法の建前としては，不動産登記によることとなるが，相続登記は権利の取得要件でなく，対抗要件にすぎないことから，相続人の任意となっている。

　そのため，明治以来，相続登記が全く行われていない山林も数多く存在する。さらに山林価格の低迷のため，相続しても分割協議の対象とすらしていない例も多いようであり，その場合，現在の山林所有者は，相続の累積により，多数の共有となる。

　古来，相続登記がなされていない山林について調査するときは，現行法と異なる相続法に留意が必要となる（後掲第8章参照）。加えて，多数の共同相続人の現住所等を把握して協議をすることは，

---

3）東京弁護士会の2013（平成25）年度環境シンポジウム報告書「森林の再生」による。森林簿・森林計画図等については，Q72参照。
4）「所有者の所在の把握が難しい土地に関する探索・利活用のためのガイドライン（第1版）」（国土交通省HP）112～117頁。
5）上掲ガイドライン172・173頁。

一般に相当の手間を要する。そのことが，森林組合による施業集約の推進に大きな障害となっており，司法書士会との連携が図られるゆえんである。

この問題に対処すべく，近時の森林法改正により，①所有者変更の届出を義務化し，②要間伐森林制度の新設，③使用権設定制度，④所有者情報の収集高度化の仕組みの構築が図られている（Q69参照）。

## 2．山林の境界問題の行政による是正策

**Q68** 山村を活性化するための施策は，何か採られているか。

**A** 農山漁村の活性化のための定住等及び地域間交流の促進に関する法律（以下，「山村等活性化法」という。）により，土地所有権の移転，又は地上権・賃借権・使用貸借権の設定・移転の促進が図られている。

**解　説**

山村等活性化法は，人口の減少，高齢化の進展等により農山漁村の活力が低下していることに鑑み，山村等における定住等及び山村等と都市との地域間交流を促進するための措置を講ずることにより，山村等の活性化を図ることを目的としている。

境界問題と関連するものとしては，市町村が農業委員会の決定を経て，都道府県知事の承認を受けて山林等の所有権移転等促進計画を定め（山村等活性化法7条），公告したときは，計画の定めるところによって所有権が移転し，又は地上権・賃借権・使用貸借権が設定，移転される（同法9条）との規定が注目される。

**Q69** 近時の森林法改正は，山林境界の判定にも資するという。その概要を知りたい。

**A** ①所有者変更の届出の義務化，②要間伐森林制度の新設，③土地使用権設定制度，④所有者情報の収集高度化の仕組みの構築などがある。

第4章　山林の境界問題の現状とその是正策

```
解　説
```

**(1)　山林所有者届出制度**

　平成24年4月以降，地域森林計画の対象となっている民有林の土地の所有者となった者は，90日以内に取得した土地のある市町村長に届出をすることが義務づけられるに至った（森林法10条の7の2第1項）。個人・法人を問わず，売買・贈与・相続等，所有権移転の原因を問わず，また面積の大きさにかかわらない。この届出に基づいて作られる台帳を，林地所有者台帳という。

　不動産登記は対抗要件にすぎず（民法177条），届出義務がないので，今後，山林の所有者情報は，登記簿情報と市町村保有の情報とで，相当の違いを生じることとなる。

　林地所有者届出制度には，平成25年1年間に全国で1万7,000件（フローのデータ）の届出があったということであり，その累積により山林所有者情報がより正確なものになっていくことが期待される。

**(2)　要間伐森林の強制間伐制度（要間伐森林制度）**

　森林所有者が，早急に間伐が必要な森林（要間伐森林）の間伐を行わない場合に，所有者が不明であっても公益の必要があれば，行政（最終的には知事）の裁定により，施業代行者が強制的に間伐を行うことができるものとした（森林法10条の10，10条の11の2・同6）[6]。

**(3)　森林施業に必要な土地の使用権設定手続の改善（路網整備）**

　林道には，①国や都道府県の管理する基幹路線のほか，②主として市町村の管理する林業専用道，③施業を行う森林組合等の事業主体が，トラックや大型林業機械・木材等の搬入・搬出等のために造成し管理する森林作業道などがある。これらのうち，特に③森林作業道は，所有者や境界が不明の山林内に新たに設置することとなるケースが多い。

　山林事業の集約のために，森林組合が新たにこの森林作業道（取付け道路）を開設しようとする場合に山林所有者が協力せず，あるいは行方不明のときには，森林施業に必要な土地の使用権の設定をできるとする手続を改善した。すなわち，①土地所有者等が公開意見聴取の通知に応じず不出頭の場合には，手続を終了して使用権を設定できることとし，②土地所有者等が不明の場合には，公開意見聴取の通知に代えて掲示することにより，通知が相手方に到達したものとみなされるとの規定を新設した（森林法50条，10条の11の6）。

　これにより，所有者が不明で取付け道路を設置できないというとき，最終的には行政の裁定によって道を通すことができることとなった。森林境界が不明のため，道路予定地の所有者が明らかでない場合にも活用できるであろう。

　もっとも，例えば，司法書士に調査を依頼すれば，登記簿や戸籍の記載から容易に所有者が判明する場合に，その者を「所有者不明」扱いしたならば，損害賠償法上の「過失」責任を追及されることがあり得ることに留意が必要である。

**(4)　森林所有者情報の共有化**

　地籍，不動産登記，固定資産税など，各部局が持っている森林所有者情報を，共有することができるという規定も森林法に盛り込まれた（森林法191条の2ないし4）。境界に係る様々な電子データ

---

6）その詳細は，「要間伐森林制度の運用について」（平成24年3月30日付23林整計316号林野庁長官通知），「要間伐森林制度の運用上の留意事項について」（同日付23林整計355号林野庁計画課長通知）参照。

93

等を，地籍調査等の関係土地部局に提供して役立てるのが主たる目的の一つである。

## Q70 森林簿で山林所有者を特定できるのか。

**A** 森林簿の所有者情報と登記情報とは，必ずしも一致しないことに留意する必要がある。

―― 解　説 ――

　法令上は「森林簿」という言葉はないが，都道府県が作る地域森林計画に付属する資料として一定の事項を記載したものを指す（森林法５条３項，同法施行規則３条あたりが一応の根拠規定であろう。）。森林所有者ごとの森林面積，立木の材積，森林の年間成長量等が記載されるが，記載事項は都道府県ごとに差がある。森林行政において森林の情報を一つにまとめた情報簿冊は，森林簿以外に存在しないことから，森林組合その他の関係者には，森林情報として貴重な役割を果たしている。

　ただ，森林簿の所有者や境界の形状に係る情報の精度は低い。所有者として故人の名があることもまれではないようである。そのため，調査の契機として活用されているにとどまるのが実情のようである。しかし，近い将来には，山林所有者届出制度（Q69参照）の成果を取り入れた精度の高いデータとなることが期待されている（森林簿・森林地図・森林台帳等の証拠価値については，Q72参照）。

## Q71 森林の境界調査について，公的支援はないのか。

**A** 林野庁は，森林境界明確化促進事業の一環として，境界の確認や，山林所有者との合意形成にも森林整備地域活動支援交付金を利用できるとしている。ただし，筆界特定申請に利用するためには，費用負担者（山林所有者）と交付金の申請者（森林組合等）が異なるという課題がある。

―― 解　説 ――

　地籍調査作業の一環としての境界確認と異なり，私人が任意に行う境界確認のための調査・測量には公費は支出されないのが原則である。

　これに対し，林野庁は林業の活性化の施策として，森林整備地域活動支援交付金を用意している。同交付金は，森林所有者等による施業の集約化や，森林施業の実施に不可欠な地域活動を実施するための経費について，メニューごとに定められた交付金の上限額の範囲内で交付するという仕組み

第4章　山林の境界問題の現状とその是正策

となっている。
　助成の対象項目の第2には，「現場での森林施業の集約化をする際に必要となる伐採量の把握のための森林調査，境界の確認，森林所有者との合意形成」が掲げられていることから，境界確認のための調査・測量費用につき支援を受けることができる。
　なお，施業予定地域内に所有者不明や境界に争いがある山林がある場合には，筆界特定制度を利用するのが有効であるが，その際の測量費用等の支援を受けることは可能かという問題がある。筆界特定の申請人は山林所有者であるのに対し，交付金の申請者は施業集約化を図る森林組合等であることから，形の上では一致しない。いずれ施業集約のため支出ゆえ，交付金の対象となるよう，制度改革が必要であろう。

森林地図データ，森林台帳データには，どのようなものがあるか。

A　民有林については，森林基本図，森林計画図（施業図），森林簿などがあり，国有林については，その実測図がある。

### 解　説

**(1) 民有林の森林基本図（地形図）**

　民有林については，林野庁の指導により各都道府県単位で地域森林計画を立て，民有林の森林管理をしている。それらの基礎データとして，縮尺5,000分の1の地形図を作成し，森林計画の基礎的な図面としている。この図面は，地籍調査を完了した地域を除き，航空測量により作成したもので，森林基本図と呼ばれている。

**(2) 民有林の森林計画図（施業図）**

　上記の森林基本図は各市町村別に作成されており，その地形図に民有林を林班・準林班・小林班等に区切り，その範囲を書き込んだものが「森林計画図（施業図）」である。最小単位は所有者ごとの地番であるが，現実には植林の状況により大くくりに区分されている。森林の施業計画・管理に当たっては，地番ごとの単位（小面積も大面積もある。）とするよりも，一定の地域をまとめて森林計画を立てることが好ましいとの趣旨から，その森林計画の範囲を設定することにした。この区域を整理する方法として，元々国有林で採用していた区分の「林班」方式を採用した。大林班の下には小林班（準林班，小林班等）の単位もあり，必ずしも大字，小字の区域や登記地番を単位とするものではない。あくまで，森林計画を立てるための地域の範囲が独自に（合目的的に）設定されているのである。地域の森林計画を主とすることが目的であるため，所有者の範囲を跨げて一括して森林施業しているものもあろう。それゆえ，森林計画図には登記地番を単位とする筆界が示されているとは必ずしもいえないことになる。

95

⑶　民有林の森林簿

　森林計画図の作成と同時に，各都道府県において民有林の地番，所有者，植林の有無（植林した年），樹種等を記載した台帳が作成されており，この台帳を「森林簿」という名称で呼ぶことが多い。

　森林計画図及び森林簿は，都道府県の森林担当課により作成されたもので，市町村又は都道府県に植林の届や伐採届（保安林は許可制）が提出されると，その情報が更新される。

⑷　森林計画図・森林簿と筆界情報との関係

　字地番の書き込みのある森林計画図は，公図の地番割をもとに，現地と対照しながら，主に地元の古老等に聞き取りをして作成されたものである。したがって，作成当時の地番配置が記載されたままというものも多い。中には，大規模に植林したことなどで，改めて現地測量に入った場合には，所在位置が修正，更新されたものも見られるが，その頻度は少ない。

　地籍調査の成果に基づかない森林計画図は，元々聞き取り中心で作成されたこともあって，その情報の確実性を保証するものではないので，これをそのまま境界図として利用することには，難点がある。したがって，この図面を管理する部署（都道府県担当課・施設森林組合等）においては，閲覧を許容することはあっても，複製を入手することは制限されていることが多い。

　森林簿については，所有者・地番ごとに植林の有無などの情報が記載されていることから，一般に閲覧は制限されている。

　したがって，地籍調査の成果に基づかない森林計画図や森林簿によって，境界が確認できるものとはいえないが，どの部分に誰がいつ植林をしたかという情報は，現地と比較する場合の参考とすることができる。

　なお，各都道府県や市町村のホームページにおいては，森林簿や森林計画図は，所有権，境界，面積等，土地に関する権利情報を証明するものではないと明記する例が一般的である。

⑸　国有林

　国有林にあっては，各地域に森林管理局（以前は営林署・営林局と呼ばれた部署）が置かれ国有林を管理している。明治の頃から国有林の範囲を示す境界標が設置されて，その実測図が作成されていることから，民有林に比べて一層確実な境界資料が保管されている。

　当初に作成した図面は，主にコンパス測量によるものであるから現在の測量に比べてひずみのあることは避けられないが，その後に確定測量したものは，現地の境界標とも合わせることで，復元性のあるものになっている（Q51～Q56参照）。

　民有林が国有林の境界に接している場合は，まずこれらのデータを入手することになる。

第 5 章　山林境界紛争の予防と解決

# 第5章 山林境界紛争の予防と解決

## 1．筆界特定制度の活用

### Q73 筆界特定制度とは何か。

**A**　法務局の筆界特定登記官が筆界調査委員の意見を参考に行う筆界の公的な認定判断制度である。山林の筆界においても活用できるが，精度の荒い公図等しかない場合には，筆界「線」でなく，筆界が存在するはずの土地範囲が「幅」で特定されることもあり得る。

**■ 解　説 ■**

　筆界特定とは，一筆の土地と相隣接地との筆界が現地において明確でないとき，現地における筆界の位置を特定するか，その位置を特定できないときは，当該筆界が存在するはずの土地範囲を特定することをいう（不動産登記法123条2号）。筆界特定制度は，所有権登記名義人等の申請に基づき，筆界特定登記官が筆界調査委員の意見を参考に行う筆界の公的な認定判断制度として，平成18年1月に発足した。

　この制度は，相隣接地所有者が争う形でなく，自分の所有地の筆界が分からないと思う土地所有者が，筆界特定登記官に筆界の位置を特定するように求め，それに筆界特定登記官が答えるという仕組みになっている。施業集約のためであるのなら，裁判で争うより平和的な手段であることから，活用が期待される。

　ただ，筆界特定制度は，筆界確定訴訟と異なり，筆界を確定するまでの効力はなく，いつでも筆界確定訴訟で覆すことができる。また，筆界線についての確たる証拠がないときは，筆界特定登記官は，当該筆界が存在するはずの土地範囲を特定するにとどめることとされている（不動産登記法123条2号カッコ書）。一般的には不都合であるが，森林経営に限って言えば，筆界が多少の幅をもって判定されたとしても，経営上さほど支障とならない場合も少なくないであろう。

　したがって，ADRの連携は望まれるところである。

97

# Q74

森林組合でも筆界特定を申し立てることができるのか。また，職権で筆界特定手続を開始することはないのか。

**A** 土地の所有権登記名義人等でなければならない。また，職権で筆界特定手続を開始することはできない。

### 解 説

筆界確定訴訟と同じく，申請者が土地の所有権登記名義人等に限定されている（不動産登記法131条）。そのため，森林組合には申請人適格はない。

また，職権開始の手続も存在しない。森林組合等が施業のために，一定区域を集団で筆界特定したいが，筆界特定の申請が虫食い的になったり，所有者不明地が連続していたりしたような場合，職権による筆界特定が認められてよさそうなものである。しかし，ここでも筆界確定訴訟とパラレルに，職権による手続の開始は否定されている[1]何らかの立法的手当てが必要であろう。

# Q75

林業の施業集約の段階で，筆界特定が活用されることは少ないようである。どのような支障があるのか。

**A** 筆界特定制度は「紛争」の解決手段と認識され，敬遠されているようである。そのため争いを避けるかたちで「施業界」を設定して施業していることも少なくないようである。

### 解 説

森林組合は山村地域住民とのつながりが深いことから，紛争のタネは避けたいという思いが強いという。そのため筆界付近での施業は回避するかたちで「施業界」を設定することもあるという。公園や水路等の公物の管理者が，筆界の争いを避けるべく，「公物管理界」を筆界と別の位置に定めることがあることと似ている（もっとも，公物管理界の場合には，管理の必要から，あえて筆界・所有権界を越えて公物管理界を定めることも少なくない。）。

施業界を設定して施業管理をすること，それ自体は問題ない。しかし，将来の地籍調査において，この施業界が筆界と混同されないよう，手当てをしておくことが重要であろう。

---

1) 立法の段階すなわち法務省民事局の要綱案では，職権による手続も一定の場合に肯定されていたが，最終的に削除された（寳金敏明『境界の理論と実務』（日本加除出版，平成21年）361頁）。将来的には職権開始の仕組みも再度，検討されるべきであろう。

## 2．集団和解方式による解決

山林の境界を集団和解の手法で確定することはできないのか。

**A** 土地の所有・占有関係が安定している場合には、対象地域に係る利害関係人の全員の合意に基づく、①地図訂正（不動産登記規則16条）の方法による是正や、②国土調査法19条5項指定地図の作成による成果の備付けが可能である。

### 解　説

**(1) 集団和解の前提条件**

　山林については、旧来の和紙公図からは容易に境界（筆界）が分かりにくい地域がある。このように、①公図等があっても、ないに等しいような地図空白地域、②一定範囲の広範な地域で、その全部にわたって、公図等に表示された土地の位置及び区画（筆界の形状）と、現在の土地の位置及び占有状況（占有界）が著しく相違し、登記簿・登記図面上の土地を現地で特定することのできない、いわゆる地図混乱地域[2]について、土地の所有・占有関係が安定している場合には、対象地域に係る利害関係人の全員の合意に基づく、①地図訂正（不動産登記規則16条）の方法による公図等の是正、あるいは、より抜本的に②国土調査法19条5項による指定を受けた地図（以下、この項において「国調19条5項地図」という。）の作成による成果の備付けが可能とされている。

**(2) 集団和解の要件**

　具体的には、①土地所有者や抵当権者など登記上の利害関係人全員の所有権界に係る合意と関係市町村等の協力が得られること、②現地における各筆が境界標等により明確に区画されており、現況区画について占有及び権利関係が安定し、将来とも係争が生じるおそれがないこと、③対象区域内の里道・水路等の（旧）法定外公共物[3]のうち、無断で付け替えられ、あるいは占拠されているものについて、付け替え、払下げ等の法的手続をとることができること、④登記事務に活用し得る現況図面の作成が可能であること、⑤登記及び地図訂正に関する事務手続等について、取りまとめ役を果たす申請代理人等の選定が可能であること、⑥地図訂正の申出書及びそれに添付される同意書等に印鑑証明書の添付が可能であることの要件を満たすときは、地図訂正の申し出によって地図混乱の是正を図ることが可能とされている[4]。

　山林の場合、「一定範囲の広範な地域」とは、どの範囲を指すのか問題となる。農耕作地と山林が混在する地域についての、見取図程度の旧公図しかない地域については、集団和解方式による地

---

[2] 寳金敏明『境界の理論と実務』（日本加除出版、平成21年）114頁。
[3] 上掲・寳金272頁。
[4] 小林康行「地図訂正をめぐる諸問題」法務研究報告書74集4号137〜138頁。これらのうち、②の状態は長年継続していることが当然の前提であろう。

図訂正を活用することによる地図の明確化が特に必要であり，有効である場合も少なくないと思われる。そのため，例えば，林班単位で地図訂正を行うことは，その林班の外枠（尾根や沢など）を確定する客観的な数値情報がある限り，積極的に認められるべきであろう。

### (3)　国調19条5項地図の作成

上記(1)，(2)の要件を満たす場合，単に旧公図を訂正するにとどめず，集団和解の成果となる図面につき，国調19条5項地図の指定を受けて，地籍図と同様の信頼度の高い図面として備え付けることが可能となる。すなわち，集団和解のために精度の高い測量・調査を行った場合，その成果の精度・正確さが国土調査と同等以上と認められる場合には，当該成果につき国土交通大臣等の指定を受けることにより国土調査の成果と同様に取り扱うことができ，法務局でも法14条地図として備え付けられることが予定されている（国土調査法19条5項）。

Q77　一定地域において集団和解を試みたが，ごくわずかの山林所有者の同意が得られない場合，どうすればよいか。

A　集団和解は不成立というのが実務である。しかし，「集団境界確定訴訟」というべき境界（筆界）確定訴訟が認められてよいのではないかと考える。

**解　説**

集団和解は，土地所有権者の全員が土地の位置・区画（筆界の位置形状）につき合意することが要件となる。例えば100人いて最後の1人Pが反対という場合，99人がそのPの所有権なり筆界を不当に侵害している可能性があるので，集団和解の効力は否定されることとなる。

集団和解の場合，地図の空白地域であるとか，地図混乱地域であることが前提なので，P所有地番の隣接地がどの地番の土地であるのかも不明ということになる。そうすると，一般の筆界確定訴訟の原告は，原則として相隣接地番の所有者であることが前提となる[5]ことから，筆界確定訴訟を提起しようとしても，その原告適格が定まらず，裁判による解決もできないこととなろう。しかし，そうであっては，裁判所が民事紛争の最終的な紛争解決の場であるとの機能を放棄することとなり，適切ではない。上記設例の場合は，P所有地と筆界を接する可能性のある99人全員が原告となって（集団和解については合意しているが提訴を好まない者は，被告として）「集団境界確定訴訟」を提起すれば，原告適格の関門はクリアできるものと考える。

---

5)　賓金敏明『境界の理論と実務』（日本加除出版，平成21年）501頁。

## 3．山林境界とADR

 ADRとは何か。

**A** 　裁判外で紛争を解決する手続（機関）を言い，「Alternative」（代替的）「Dispute」（紛争）「Resolution」（解決）の頭文字をとり，ADRと呼ばれている。

#### 解　説

　裁判手続（特に訴訟手続）は厳格な手続に則り，裁判所が証拠によって判断を示し，判決まで相当の時間を要し，かつ公開が原則となっている。これに対しADRは，簡便な手続で，話合いを中心とした当事者の互譲による解決をしたい，しかも早期で，安価で，秘密に解決したいとするニーズにも応えようとする柔軟かつ公平な裁判外での解決手続をいう。
　この制度は「ADRが，国民にとって裁判と並ぶ魅力的な選択肢となるようその拡充，活性化を図るべきである」との司法制度改革審議会での意見書で目標を提示し，その後「裁判外紛争解決手続の利用の促進に関する法律」（平成16年法律151号。通称「ADR法」という。）として公布されている。

 土地の境界に関するADR機関にはどのようなものがあるか。

**A** 　いわゆる司法型，行政型，民間型という3類型のADR機関がある。

#### 解　説

　司法型としては裁判所での調停手続，行政型としては法務局での筆界特定手続，民間型としては土地家屋調査士会と弁護士が協働する「境界問題相談センター」（以下「調査士型ADR」という。）での調停手続があり，これらは全国に設置されている。

## Q80 調査士型ADRと筆界特定手続の違いは何か。

**A** 筆界それ自体を対象とした手続か否かに決定的な差異がみられる。

### 解 説

筆界特定は「登記された時の地番と地番の界」（筆界）について，登記記録及び不動産登記法14条地図，地積測量図等を基本資料として，現地における筆界の位置について登記官の認識を示すものであるのに対し，調査士型ADRは，土地所有権の範囲（所有権界）の確認等に係る紛争を当事者間での話合いにより解決するものである。話合いでは専門家である土地家屋調査士と弁護士が調停委員となって当事者の紛争解決の支援を行う。

## Q81 調査士型ADR，筆界特定手続は山林の境界紛争でも有効に利用できるか。

**A** 有効に利用できると思われる。

### 解 説

調査士型ADR，筆界特定手続のどちらの手続によっても筆界についての専門的知見を有する土地家屋調査士が基本的には関与しており，対象とする土地間の筆界の位置を探求するための資料（例えば，登記簿・公図・地籍編製地図・地積測量図・林班図・施業図・地元保管図・古文書等）を参考とした分析，既存測量図面等との整合性の確認，現地の地勢，地形との関係，その他現地精通者の証言等を参考とした中での総合的判断が可能である。

## Q82 調査士型ADR利用の特徴は何か。

**A** 土地の境界は土地制度とその歴史的沿革を的確に把握し，そこで一筆地として形成確認された画地界を基本的にはいう。明治初年に実施された地租改正事業で定められた一筆地の区画にはそれぞれ所有権が与えられ今日に至っている（Q15～17参照）。この筆界，つまり登記に反映する

第5章　山林境界紛争の予防と解決

土地の境界について専門的に扱っている土地家屋調査士と，法律の専門家である弁護士が紛争当事者に寄り添い一緒に解決案を見つけていくという手続が調査士型ADRである。

**解　説**

　土地家屋調査士と弁護士が協働することにより，土地を現実に利用している当事者にとっては登記に反映されている地番と地番の界（筆界）だけを確認するのではなく，現に占有利用している所有権の対象とする範囲の確認もでき，さらに，当該範囲が万一，筆界と相違した場合の善処についても，それぞれ専門家の意見を聴きながら一緒に検討し紛争解決への道を探ることができるというメリットがある。

　さらに，手続は公開ではなく，秘密を守ることが原則となっており，話合いと互譲による柔軟かつ公平な解決が可能となっている。話合いが成立すると当該紛争を解決した約束事を和解契約書面として作成し，当事者双方と調停委員が署名捺印を行い証としている。

　また，ADR法の認証を受けた機関では和解が成立する見込みがないことを理由に終了した場合の時効中断効も認められている（ただし，終了の通知を受けた後1月以内に提訴することが必要である（ADR法25条）。）。

　なお，裁判所における調停においても民事調停法・民事調停規則に基づき手続が行われ，調停が成立すると調書が作成され当事者双方に交付されている。なお，裁判所での調停調書は判決と同一効力を有することとなっているが，調査士型ADR，筆界特定はこのような効力はない。それゆえ，話合いでの解決が難しいと判断される場合は訴訟手続に委ねることになる。

## Q83　筆界特定手続と裁判との連携はあるか。

**A**　現在ではない。ただし，将来的には裁判の前置的な手続として筆界特定手続の利用が図られたり，裁判手続の早い段階で筆界特定手続に付するという運用（以下，これを便宜仮に「付筆特」という。）が期待されている。

**解　説**

　筆界特定手続は職権で様々なところから多くの資料が収集されている（不動産登記法123条2号対象土地関係人，同条4号関係土地関係人，同法138条参照）。そのため裁判で提出される証拠資料等とは資料においては大きな差がある。そして，多くの資料をさらに分類分析し，そして現地との整合性や資料の精確性について検討され，現地地物と筆界との関係についても現地測量を実施して調査がされる。つまり裁判での鑑定と同様の検討が行われる。そして，その結論と結論に至る理由が鑑定類似の専門家意見だとしても，その結論を導き出すために関わる専門家の人数が裁判とは異なる。裁判では通常は1人の専門家による判断で行う。そして，資料は訴訟当事者が提出した訴訟資料や

103

証拠資料に基づき実施される。他方，筆界特定手続では筆界調査委員（不動産登記法127条，134条～137条）をサポートする補助登記官がいる。彼らが筆界調査委員とチームを組み（最低でも筆界特定登記官との３人体勢。ちなみに大阪では関与人数がさらに多い。），事件の処理がされている。つまり１人の目，１人の耳，１人の知識判断ではなく，複数の専門家による目で，耳で，知識経験で，より確かな筆界の探求の作業が行われている。

このように筆界特定手続は高い精度と高い品質のもつ制度として，平成18年１月20日から10年が経過した。裁判所においても，このような手続で示された筆界の判断については一定の評価があるものとされており，今後訴訟の中でも積極的活用が期待されている。

**Q84** 調査士型ADRと筆界特定手続との連携はあるか。

**A** 現在ではない。ただし，将来的には調査士型ADRと筆界特定手続との連携が予定されている。

**解 説**

既に法務省民事局と日本土地家屋調査士会との間では，平成20年からよりよい連携の在り方について検討がなされている状況であり，連携の運用によって土地境界紛争の早期解決が図れ，不動産の取引の安全に資することが期待されている。

# 第6章 山林の地籍調査

## 1. 地籍調査の概要と山林の地籍調査の現状

地籍調査とは何か。山林ではどの程度、進んでいるのか。

**A** 地籍調査とは、国土調査の一環として地番ごとに行われる所有者・地目・境界・地積等の調査であるが、山村部については全体の44％しか進捗していない（平成27年度末時点）。

**解　説**

「地籍調査」とは、国土調査の一環として、毎筆の土地について、その所有者、地番及び地目の調査並びに境界及び地積に関する測量を行い、その結果を地図及び簿冊に作成することをいう（国土調査法2条5項）。

地籍調査の作業工程は、境界（筆界）を確認する一筆地調査とその成果に基づく地籍測量に大別される。一筆地調査では対象地域について区域界の調査が行われ、次いで調査図素図が作られる。調査図素図は基本的には登記所にある公図をつなぎあわせて作るが、分筆時に作成される地積測量図、公共工事の調査図面、その他の図面も幅広く調査対象とされる。

山林については旧公図の精度が悪い地区が多いので、都道府県作成の森林計画図（Q72⑵参照）が使用されることが多いが、それ自体、精度は必ずしも高くないので、境界調査の進捗の妨げの一要因となっている。

森林の施業が適切に行われるためには、森林の土地の境界（筆界）の確定が重要であることに鑑み、林地の地籍調査の実施の一層の促進を図ることは、国の責務とされている（森林法191条の3）。

地籍調査は、第6次10か年計画が始まった平成22年度時点の全体の進捗率は49％で、計画が終了する平成31年度末までに57％とすることを目標としている。また、農用地については72％終了しているのに対し、山村部は43％（平成27年度末時点で44％）にすぎない。第6次計画で50％にすることが目標とされている。

地籍調査で確認された境界については、座標値をもつ地籍図上明確に筆界情報が記載されるほか、現地の境界標識として、プラスチック杭や金属プレートが設置される。この点、筆界特定が行われても境界標識の設置が予定されていないのと大いに異なり、境界の保全に資するところが大きい。

## 2．山村境界保全事業等

### Q86 「山村境界保全事業」とは，どのようなものか。

**A** 山村地域にあり，土地の境界（筆界）を明確にしたいが，すぐには地籍調査を実施する状況にない山林について，将来の地籍調査に向けておおむねの筆界を調査・記録する事業である。国土交通省土地・水資源局が実施するものである。

**解　説**

地籍調査は，山林の筆界の明確化に有効だが，遅々として進まない。一方で，近年進行する土地所有者の高齢化・山離れ，山林の荒廃によって，筆界・所有権界に関する物証の消失などにより，土地所有者が自力で筆界を調査し，保全することは一般に困難な状況にある。

そのため，山村地域にあり，土地の境界（筆界）を明確にしたいが，すぐには地籍調査を実施する状況にない山林について，将来の地籍調査に向けておおむねの境界を簡易な手法等により一筆ごとの位置調査・記録する「山村境界保全事業」を，平成16年度以降，国土交通省（土地・水資源局）が国の直轄事業として実施している。

その概要は，①高齢化や山離れ等によって境界保全の困難化が予想される山村部において，現地の境界精通者等が健在なうちに，その協力により，境界（筆界）のおおよその位置を調査する，②DGPSやデジタル方位距離計（光波距離計と磁方位角測定器を組み合わせたもの）など，小型・軽量で扱いやすい器械を使用し，地籍調査よりも簡易な手法で測量を行うことにより，迅速に境界の位置を求め，座標値として記録する。そして，①と②の成果を用いて，「山村境界保全簿」及び「山村境界保全図」を作成し，将来の地籍調査に備えた資料とするというものである。

この調査は，平成16年度から平成20年度までの間に，延べ41地区で実施されている。

### Q87 「山村境界基本調査」とは何か。

**A** 国土交通省が平成22年度から国の基本調査として実施している施策で，土地の境界に詳しい者の踏査によって，山村の境界情報を調査し，簡易な測量をした上で，境界（筆界）に関する情報を図面等にまとめ，保全する事業をいう。

第6章　山林の地籍調査

> **解　説**

　国土交通省は平成22年度から，山村境界保全事業に続いて，山村境界基本調査を国の基本調査として実施している。

　この事業は，山村境界保全事業と同じく，土地の境界に詳しい者の踏査によって，山村の境界（筆界）情報を調査し，簡易な測量をした上で，境界に関する情報を図面等にまとめ，保全することとしている。地籍調査のように土地所有者による立会や精密な測量は行われないが，簡易な手法により広範囲の境界情報を調査・保全することとしている。山村境界基本調査で整備する成果を後続の地籍調査で活用することにより，市町村等は地籍調査を効率的に実施することも可能となる。

## Q88　「山村境界保全事業」と「山村境界基本調査」は，どう違うのか。

**A**　地籍調査の事前調査としての法的な位置づけが与えられているか否かが異なる。

> **解　説**

　山村境界基本調査には，地籍調査の事前調査としての法的な位置づけが与えられており，今後10年程度以内に地籍調査が開始される区域を対象に，境界線の交点及び境界線の主要な折点（主要調査点）に境界標識を設置し，DGPS測位により座標値を与えるだけでなく，主要調査点の中から地籍調査の細部測量の与点となる箇所を選び，GPS測量により補助基準点を設置することとしている。[1]

## Q89　「山村境界保全事業」ないし「山村境界基本調査」によって把握される「境界」を「筆界」とみてよいのか。

**A**　旧公図の精度が高いために容易に旧公図から原始筆界を復元できる山林の場合を除き，山村境界保全事業ないし山村境界基本調査によって把握される「境界」を「筆界」とみることは，多くの場合，結果において相当であると考える。

> **解　説**

　山村境界保全事業ないし山村境界基本調査の方法は，筆界復元の一般的手法からいささか外れてはいるが，地籍図ないし法14条地図を作成するに当たっても，基礎資料の著しく乏しい地域にあっ

---

1）鮫島信行『新版　日本の地籍』（古今書院，平成23年）167頁。なお，「GPS測量」は，「GNSS測量」に改称された。

107

ては，いわゆる集団和解の手法（Q76参照）によらざるを得ない。山村境界基本調査は，現地の地形・地物や人証を重視した筆界調査を先行させ，その後，地籍調査が開始されれば，「追認」の方法により集団和解を進めるというものであって，もとより合理的である。ただし，旧公図の精度が高いために容易に旧公図から原始筆界を復元できる山林もある。その場合には，容易に復元可能な原始筆界を無視した地籍調査の成果は，違法・無効となるので注意が必要である。

# Q90 山村境界基本調査を実施する際に，留意すべき点は何か。

**A** (1)「現地精通者」の選択を誤ってはならない，(2)精通者の経歴，経験等を記録しておく，(3)ふもとからの目視・空中写真[2)]における確認など，当該筆界点の確認の仕方（方法）につき具体的に記録する，などに留意すべきである。

## 解　説

### (1) 「現地精通者」の選択を誤ってはならない

「山村境界基本調査」は，山林地域において，近い将来における地籍調査の基礎資料として「公図等に表示された土地の区画又は位置及び形状を構成する点のうち三筆以上の土地の境を構成するもの（山村境界基本調査点。山村境界基本調査作業規程準則2条2号）」を緊急に調査記録することを意図している。この作業を進める場合には，必要に応じて「現地における位置に精通している者（現地精通者）の証言」（同準則13条）を求めることになっている。

「現地精通者」とは，個人的に何十ha規模の山林を所有する篤林家以外では，一般に「古老」と呼ばれる世代であることが多く，山林の境界状況に精しいものは既に80歳以上の高齢になっていて，現地の立会に赴くことさえ困難な状況にある。これより若い，小規模山林所有者の60〜70代になると，ほとんど山林に立ち入らない世代であり，境界についての引継ぎが十分にできているとはいえず，境界に精しい者が少ない現状にある。

山林の境界に精しいといっても，それら精通者と呼ばれる者の多くは，現地の植林の有無や，その管理をしている者が誰であるかを認識しているにとどまるのであって，いわば，山林の管理の境界（管理界ないし占有界）に精しいということである。したがって，その地点を，地番の「筆界」点としての捉え方ができているという意味での精通者といえるかどうかは，別問題である。

### (2) 精通者の経歴，経験等を記録しておく

この事業における測量の基準点設置は，地籍調査に基づくものと同等の内容で設置されるもので

---

2) 空中写真は，空中から地表を見た中心投影としての画像であるから，標高の高い位置は大きく写り，中心から離れるにつれて，より外側に傾いて写っている。したがって，実体視をしない段階での利用においては，対象とする土地の単枚での空中写真による現地確認は，写真に写っている位置によって傾きの度合いが異なっているので，これらに注意をしながら現地との確認を行う必要がある。なお，傾きのない写真画像として「オルソフォトグラフ」（凡例参照）も地域によって国土地理院から提供されている。

はあるが，重要な境界点（筆界点）として記録される「山村境界基本調査点（3点以上の「境界交点」）」及び「山村境界基本調査補助点（主要な境界折れ点）」に，地籍調査における土地所有者の立会と同様の現地確認の意味合いを持たせるためには，以下のような情報の記録を残すことが望ましい。

　設置した境界標は，測量法における平面直角座標値を記録するものではあるが，土地所有者の立会のないままに設置されたその境界標が，どのような精通者の確認によるものか，その者の経歴，経験等を記録するなどの措置を講じておく必要があろう。人証と言われるものは，その証言者の立場が中身の判断に大きく影響するといえよう。

(3)　当該筆界点の確認の仕方（方法）につき具体的に記録する

　「山村境界基本調査点」は「筆界点」としての意味を持たなければならないのは当然のことであり，記録された「山村境界基本調査点（補助点）」の場所は，精通者が直接立会したか，あるいは，ふもとからの目視やドローンなど空中写真[2]による確認であるかなど，境界確認，聞き取りの状況を詳しく記録しておく必要があろう。

　聞き取り調査というものは，写真や地図を見ながら説明していても，概して，聞く側と答える側に思い違いがあっても，それに気付かずに進んでしまうことが多く，注意が必要であり，後の検証のためにも，当該筆界点の確認の仕方（方法）の記録が欠かせないと思われる。また，後日において，当該調査点を山林所有者が確認することがあったときには，その確認の内容をも記録することが必要と考える。

　このように記録された「山村境界基本調査点（補助点）」であれば，地籍調査の際には，改めて検証できることになる。

# 3．地籍調査

地籍調査とは何か。

**A**　土地所有者による境界の確認を基本とし，その位置について一定精度の測量を実施することにより，土地の基礎情報である地籍を明らかにするための事業をいう。

――――――　解　説　――――――

　地籍調査とは，一筆ごとの土地の所有者，地番，地目を調査し，境界の位置と面積を測量する調査を指す。国土調査としての地籍調査の目的は「地籍の明確化」にある（国土調査法1条）。国土調査法に基づく地籍調査は，「実態調査」を主旨としていることから，一筆地調査においては，相隣接地所有者が相互に「そこが境界であるとの認識で一致」している境界線（筆界）を地図情報とすることを目的とする。したがって，地籍調査においては，土地所有者による境界の確認を基本とす

ることになる。そのため，地籍調査の成果として作成される地籍図に表わされた地図情報は，相隣接地所有者間で紛争を生じていない情報ということになり，取引の安全に資するところが大きい。

山林についての地籍調査は，まだわが国の山林全体の43％程度（Q85参照）にすぎないが，その成果として作成される地籍図及び地籍簿の写しは，法務局に送付され，「法14条地図」として活用されている。取り分け昭和63年以降に実施された地籍調査の成果は数値法によるいわゆる数値測量によるものとされ，現地復元能力が高いことから，国土調査は筆界把握のための重要なシステムとして機能し，事実上，相当程度の紛争予防機能を果たしているといえる。

## Q92 山林の地籍調査の成果としての「境界」は「筆界」を正しく表しているものといえるのか。

A 調査手順に違法があるなど，特段の事情がない限り，「筆界」として扱うのが相当である。

### 解 説

山林の地籍調査においては，現状保全のため，山林所有者の立会を経ることなく，いわば緊急避難的に仮杭が設置され，後日，地籍調査に活用されることが予定されている。そうなると，土地所有者による境界（筆界）の確認を基本とする地籍調査の本旨に反するかのようでもある。

しかしながら，山林に係る多くの公図には厳密な意味での現地再現性がなく，地図混乱地域ないし地図空白地域に準じる状況にある。そのため，山林の地籍調査は，その大部分が，集団和解方式（Q76参照）によらざるを得ず，上記の緊急避難的な仮杭もそれを山林所有者が追認する限り，「争いのない境界」として是認されなければならない。

このように，山林の地籍調査によって確認された境界（筆界）は，決して筆界を作り変える法的効果を持つものではない。しかし，調査手順[3]に違法があるとか，不動産登記法や税法の理念に反するなど，特段の事情がない限り，仮に筆界確定訴訟に持ち込まれたとしても，裁判所は改めて地籍図記載の筆界情報をもって筆界と確定することとなろうから，山林の地籍調査の成果としての「境界」は「筆界」を指すと事実上推定され，新たな筆界情報として事実上機能することとなる。

ただし，調査手順に違法がある場合，すなわち①山林所有者に対する立会要請を欠くなど手続的な保障を欠き，あるいは，②当該山林については，例外的に現地再現性のある公図等の証拠資料が存在するのにそれをあえて無視する，③不動産登記法や税法の理念に反するなど，特段の事情がある場合には，上記推定は破られ，山林の地籍調査の成果としての「境界」といえども「筆界」を表す情報とはいえないとされることになる。

---

3）「土地所有者等の所在が明らかでない場合における筆界の調査要領」の作成について（平成23年3月2日国土国572号国土交通省土地・水資源局国土調査課長通知）参照。

第6章　山林の地籍調査

## Q93 山林所有者等の所在が判明しない場合，立会を省略して筆界を確認することができないか。

**A**　「筆界を明らかにする客観的な資料が存在する場合」には，関係行政機関と協議の上，立会を省略できる。ただし，山林で「筆界を明らかにする客観的な資料が存在する場合」はむしろまれであろうし，「所在が判明しない」との認定にも慎重さが求められる。

**解　説**

　地籍調査では，土地の所有者等に立会を求め（地籍調査作業規程準則20条），立会の成果をもとに筆界を確認すること（同準則23条2項）とされ，筆界について相隣接地所有者の認識の一致がない場合には「筆界未定」として処理するのを原則としている（同準則30条4項）。これは，相隣接地所有者間に筆界につき争いがあるかどうかにかかわらず，地籍図上に誤った筆界線が記載される場合には，それにより当該所有者の土地所有権が不当に侵害されるおそれを否定できないからであり，関係当事者の手続参画権として保障されている。

　そのため，従来，土地上の所有者等の所在が判明しない場合[4]には，筆界の確認ができず，当該土地に接する土地を含めて筆界未定として取り扱ってきた。しかし，筆界未定となると，土地の分筆や取引ができない場合を生じるなど，隣接土地所有者に大きな不利益となることも否定できないことから，平成22（2010）年の地籍調査作業規程準則の改正により，土地の所有者等の所在が判明しない場合であって，筆界を明らかにする客観的な資料が存在する場合には，関係行政機関と協議の上，当核土地の所有者等の確認を待たずに調査ができることとされるに至っている（同準則30条3項）。

　それ自体は適正な改正だが，①「所在が判明しない場合」，②「筆界を明らかにする客観的な資料が存在する場合」との認定がずさんに行われると，上記の手続参画権を侵害する結果となり，国家賠償請求の対象ともなり得る[5]ことから，注意すべきである。

## Q94 地籍調査によって，筆界は変動するのか。

**A**　見掛け上の筆界は変動するが，真の筆界を法的に再形成するものではない（Q7(2)参照）。

---

4) 国土交通省作成の「所有者の所在の把握が難しい土地に関する探索・利活用のためのガイドライン（第1版）」（平成28年3月）を順守することが必要である。
5) 登記簿上の旧住所への通知が届かなかっただけで所在不明と即断し，住民票のチェックや資産税担当部門への照会を怠った場合には，国家賠償法上の過失責任を問われることとなる。旭川地判平成5年3月30日判時1487号125頁。

111

ただ，地籍調査の成果は，特段の違法事由がない限り，裁判所も尊重することから，事実上，筆界の再形成に似た効力を有するに至る。

■ 解　説 ■

　地籍調査の成果によって，現地の実態が分筆・合筆の登記をすべき状態にあることが判明した場合，当該土地所有者の同意の下に，分合筆等の処理が行われることがある（国土調査法32条・32条の2）。この手続は，便宜的に代位登記の一種を認めたものであって，地籍調査の法的効果として真の筆界が移動したり，再形成されたりすることを認めたものではない。地籍調査は，土地区画整理等の換地処分の効力を有する行政行為とは異なり，原始筆界その他の既存の筆界を変動する効力まで有するものではない[6]。

　しかし，相隣接地所有者間に境界（筆界）についての認識の一致があることが確認され，地籍図（ひいては法14条地図）上に，争いのない筆界と記載されている以上は，裁判所（筆界確定訴訟）においても，他に強力な反対証拠があるなど特段の事情がない限り，そこを筆界と認定する（言い換えれば，その位置を筆界とみなして筆界を再形成する。）こととなろう。そのため，①当該地図を作成するにつき，所有者に対する立会要請を欠くなど手続的な保障を欠き，あるいは，②当該山林については，例外的に現地再現性のある公図等の証拠資料が存在するのにそれをあえて無視する，③不動産登記法や税法の理念に反するなど，特段の事情がある場合には，上記推定は破られるものの，そのような特段の事情がない限り，地籍図の筆界は正しいものであるとの「事実上の推定力」が強く働く。その結果，国民は原則として地籍調査の成果に従って行動すればよく，地籍図は取引の安全に資することになる。

---

6）判例は，地籍図，地籍簿作成は，事実行為にすぎず土地の区画を画するなど国民の権利義務に影響を及ぼすものではない（岡山地判昭和59年3月21日判タ534号210頁，最判昭和61年4月4日にて維持），法17条地図（現行・法14条地図）の備付によって実体的に土地の権利関係，境界等を確定する効力を有するものではない（前橋地判昭和60年1月29日訟月31巻8号1973頁＝最判昭和61年7月14日（判例集未登載）にて維持）としている。

第 7 章　山林の境界と所有についての裁判例

# 第 7 章　山林の境界と所有についての裁判例

　　山林の裁判例を子細に検討すると，境界だけの争いよりも，所有権の帰属（官民査定の処分性・取得時効）や盗伐，損害賠償，当事者適格など訴訟法上の争点が絡むことが多い。それゆえ，ここでは山林の境界と所有に関連するの裁判例を広く収録することとした。

## 1．各種の境界相互の関係

**Q95**　山林の境界と，市町村界その他の行政界との関係についての裁判例にはどのようなものがあるか。

**A**　一筆地の筆界は市町村界を越えることはできない，しかし，所有権界は市町村界とは関わりなく成立する，とするのが裁判例である。

**解　説**

　市町村界の判定資料及び筆界と所有権界との関係についての裁判例は，以下のとおりである。

### 1-①　市町村界の判定資料

【水戸地判昭和38年 4 月16日行集14巻 4 号844頁】

　（市町村相互間の）市町村の境界の確定にあたっては，絵図，公図，記録等によって認識される沿革，境界を明確に識別させる地勢上の特性等の自然的条件，従前からの関係市町村の行政権行使の実状，都道府県または国の行政機関の事務処理の実状および住民の社会，経済上の便益等を考慮して総合的，展望的な見地からする資料をも加味したうえ決定しなければならないとした事例。

113

## 1-② 市町村界～分水嶺ではなく傾斜変換線であるとした例～
【東京高判昭和57年6月30日判時1047号50頁】

　山をもって画する甲乙両町の山頂付近の境界につき，山の分水嶺が境界となるのではなく，古来からの沿革に基づき，甲町に属する山頂の神社の境内地と，当該境内地に接し現在は乙町に併合あるいは編入されている村との幕末期における境界（傾斜変換線）が，そのまま現在の両町間の境界としても存置されているとした事例（Q31参照）。

**【参考】**　地方自治法5条1項は，明治政府によってそのまま存置された古来からの沿革に基づく従来の区域が現在の市町村の区域を定める基礎となるとの趣旨であると解されている。


## 1-③ 市町村界の争いと所有権界の争いとの関係
【岐阜地判昭和38年12月18日下民14巻12号2559頁】

　市町村界の確定について地方自治法9条所定の手続が行われていない場合，同市町村界の確定を前提とする私人間の所有権確認の訴えは認められるのかが争われた事例。

　「地方自治法9条は関係市町村の間ないし数都道府県にわたる市町村の間で境界に関し意見の相違があるため紛争が生じた場合における境界確定の手続を定めた規定であって私人間における境界についての紛争の解決を予定するものではない。従って右調停，裁定又は訴訟はいずれも関係市町村の申請又は提起に基づくことを必要とするものであって，私人である原告が右手続による境界の確定を求め得ないことは右条項により明らかであるから，もし仮りに被告ら主張のように原告の本件訴が右手続による境界の確定がなされていない以上不適法となるとするならば，原告は被告らにより原告主張のように所有権の侵害を蒙っているにもかかわらず関係市町村が同手続をとらない限り裁判所による救済を拒否されてその侵害に甘んじなければならないという不都合を来す結果となる。他方また原告の本訴請求，殊に山林所有権確認の訴は前記のとおり既に客観的に存在する八尾町と河合村の町村界，従つて岐阜県と富山県との県界の一部についての確認を前提とするが，しかし境界確定の訴ではないから，境界についての確認は単に理由中において判断されるにすぎず，それ自体既判力を有するものでない。従って右地方自治法の規定と抵触する虞れもない。」

**【参考】**　これに対し，筆界は公法上の境界であり，一筆地が同時に2以上の市町村界に属することはない（不動産登記法34条1項1号，同規則97条・98条）。


## 1-④ 所有権の時効取得（所有権界の移動）が筆界に及ぼす影響
【東京高判昭和30年2月28日判タ49号62頁】

A地番の土地とB地番の土地と隣接する場合に，B地番の所有者が境界（筆界）を越えてA地番の一部を時効取得しても，これによって当然にAB地番の境界（筆界）が移動するものではないとした事例。

【参考】　時効取得により民法上の所有権の範囲（所有権界）に移動は生じるが，不動産登記法上の筆界には変動を生じないという趣旨。時効取得により所有権が相手方に移った場合には，その部分につき，改めて分筆と時効取得を登記原因とする移転登記手続を経る必要を生じる。

## 2．筆界の判断資料

　筆界の判断資料についての裁判例にはどのようなものがあるか。

**A**　原始筆界とその後の分筆界（創設筆界）とを峻別した上，それぞれにつき，公図・地図の精度を勘案し，位置・形状・面積・境界標識・占有管理の状況・公簿面積割合等を参酌するというのが，裁判例の傾向といえる。

――――――――――解　説――――――――――

### (1) 原始筆界と分筆界（創設筆界）の峻別の必要についての裁判例

> **2-①　山林の筆界を判定するに当たっては，原始筆界とその後に創設された筆界を峻別して検討する必要がある**
> 【長野地飯田支判昭和31年4月9日下民7巻4号903頁】

1．山林の筆界は，沢や尾根に限らず，大きな石を見通す線などによることもあり，要するに自然的境界が利用せられることが多いというに止まり，私所有山林の境界として，特に一定の自然的形態を（沢や尾根のみを）採用するという原則はないとした事例。
2．山林の筆界を判定するに当たっては，原始筆界まで遡って古い関係資料を調査しなければならないとし，その結果，公図に引かれた分割線（創設筆界）のみが誤っていることを認定しつつ，筆界は峰筋でなく，沢筋であると認定した事例。

【参考】　この判決には，後に「境界確定の訴について」最高裁判所事務総局編『境界確定訴訟に関する執務資料』を著わした倉田卓次裁判官が関与しており，公図の筆界復元資料としての価値を等閑視することを戒めている点において意義深い（Q16，Q17，Q39(2)参照）。

## (2) 公図・法14条地図の証拠価値についての裁判例

### 2-② 公図の定性的正確性
【神戸地洲本支判平成8年1月30日判例地方自治158号83頁】

　公図は，定量的にはそれほど信用することができないとしても，水路，堤とう等が存在するか，境界が直線であるか曲線であるかなど定性的な問題についてはかなり信用することができ，里道，水路などの官有地の位置や幅員を決定するにあたり，公図より信用性の高い資料がないときは，公図上の位置，幅員に基づいて官有地と隣接地との境界を定めるのが通例であるとして，公図（旧土地台帳附属地図）の記載を根拠に堤とう敷部分の存在を認め，民有地と国有地との境界を確定した事例。

### 2-③ 公図と副図の証拠価値
【前橋地判昭和40年5月17日判タ176号145頁】

　法務局備付けの公図と町役場備付けの土地図面（副図）とは本来一致すべきだが，副図への謄写の誤りか，当該公図が検地に基づかないで作成されたことが認められるとして，現地と整合性のある公図を基本に保安林相互の筆界を確定した事例。

### 2-④ 山岳図（公図の一種）
【東京高判昭和28年11月26日東高民時報4巻6号189頁】

　町役場備付の山岳図につき，明治9年から3年間にわたり現地につき丈量の上作成され，明治12年9月22日に至り完成しており，当時の区長及び測量関係者の記名があることから，十分信憑するに足りる公図であると認定し，この山岳図に基づいて税務署備附の公図が作成されたことが認められるとして，山林の筆界判定上最も信頼し得る証拠資料であるとした事例。

### 2-⑤ 山林・原野の公図の正確性
【青森地判昭和60年4月16日訟月32巻1号23頁】

　山林，原野等に関する公図はその作成の沿革，目的等からして方位，距離等定量的な面において不正確であるなどとして，公図の記載を根拠とする所有権確認請求が認められなかった事例。

第7章　山林の境界と所有についての裁判例

## 2-⑥　法14条地図
【甲府地判平成17年6月29日（裁判所ウェブサイト）】

　山林の所有者が，隣接する山林の所有者と公衆用道路の所有者を相手にして，境界確定を求めた事案（本訴）において，不動産登記法14条1項の定める地図に基づく本件土地の境界として別紙図面に復元された境界は，正しい境界であるとして，土地の境界線を確定した事例。

## 2-⑦　公図の信用性が低い場合の境界資料
【名古屋地判昭和53年9月22日下民29巻9～12号276頁，判タ373号93頁】

　境界確定訴訟において，公図上の距離・角度の正確性に疑問が多い場合に，占有状況及び公簿面積と実測面積の比較から境界を定めるのが相当とした事例。

### (3)　証拠資料についての裁判例

## 2-⑧　占有状況，隣接地の実測面積と公簿上の地積の対比
【東京高判昭和39年11月26日判時417号44頁】

　土地境界確定の訴において境界を定めるに当たっては，係争地域の占有状況，隣接地の実測面積と公簿上の坪数の関係は，特別の場合を除いては，これを確定し，双方の関係を参酌して定めるべきであるとした事例。

## 2-⑨　位置，形状，面積，境界標識，占有管理の状況
【東京高判昭和52年2月17日判時852号73頁】

　山林の境界確定訴訟において，両土地の位置，形状，面積，境界標識，占有管理の状況を詳細に認定することにより境界線を確定した事例。

## 2-⑩　コンクリート杭，公図（耕地整理図）上・実測上の距離と面積の対比
【名古屋高判昭和51年2月18日判時826号49頁】

　耕地整理が行われた際に，図面上で区画して後に現地を実測し，境界線上の要所要所に耕地整理組合がコンクリート杭を打設した山林の境界が不明である場合，そのコンクリート杭を重要な資料

117

とし，さらに公図（耕地整理図）上，実測上の距離と面積の対比をすることによって境界（筆界）を確定した事例。

## 2-⑪　境界木～牛殺し～
【東京高判昭和54年6月19日判タ392号71頁】

いわゆる「牛殺し」と称する境界木を植える慣習の存在を主たる根拠としてなされた境界の確定に違法はないとした事例。

## 2-⑫　山林分割が行われた場合の筆界～所有権の移動，地形，地物及び地積～
【仙台高秋田支判昭和39年3月25日下民15巻3号605頁】

山林筆界確定の訴えにおいて山林の分割による所有権の移動，地形，地物及び地積その他諸般の事情を総合して筆界を確定した事例。

## 2-⑬　国有林の筆界～沿革，付近の地形，登記簿上の面積と実測面積との比較，境界踏査時における地元関係者の言動等～
【長野地諏訪支判昭和56年12月21日訟月28巻2号296頁】

国有林に係る筆界確定請求事件において，係争山林の沿革，付近の地形，登記簿上の面積と実測面積との比較，明治37年に行われた宮内省御料局職員による境界踏査時における地元関係者の言動等を参酌して筆界が確定された事例。

「本件山林については，前述のとおり明治37年に境界を確定して「八ヶ嶽御料地疆界簿」を作成し，境界に界丙イ一ないし五の境界標識を設置したが，それ以後にも「御料地疆界標識規定」「同施行手続」に基づいて右境界の保全管理を行っており，その成果の一部は「御料地疆界標識巡検台帳」及び「自大正九年度至大正一五年度御料地疆界標識巡検台帳」のとおりである。本件山林が昭和22年御料林から国有林に編入されたあとにおいては，「国有林野管理規程」に基づき境界の保全管理を行っており，その状況の一部は「国有林野境界標識巡検成績表」及び「巡検簿」のとおりである。右のとおり，本件山林については明治37年以降管理者において境界標識の巡視を行い，御料林又は国有林として境界の保全管理を行ってきている。」

## 2-⑭　占有・公簿面積比
【福岡地判昭和58年6月15日判タ508号192頁】

第7章　山林の境界と所有についての裁判例

　山林境界確定訴訟において，原・被告主張線以外に境界とすべき適当な線はないが，字図によって原・被告主張線のいずれかが境界であると確定することはできず，双方主張線を境界と仮定した場合に得られる甲，乙両地の面積の増減割合によっても，そのいずれかの主張線をもって境界と確定することはできないとして，係争地域の占有状況から被告主張線を境界と確定した事例。

### 2-⑮　公簿面積割合
【東京地判昭和51年4月30日下民27巻1～4号246頁】

　土地境界確定訴訟において，境界不分明の場合に，両土地の公簿面積と実測面積の割合を斟酌して境界を定めた事例。

# 3．筆界に係る行政法上の問題

**Q97** 官民有区分，境界査定，上地処分，下戻し処分，地籍調査，地図訂正等が境界に与える影響についての裁判例にはどのようなものがあるか。

**A**　質問にある行政作用の中には，筆界を再形成する効力を有するものと筆界に与える影響は事実上のものにすぎないものとがあるとするのが裁判例である。各別については解説を参照。

解　説

## (1)　官民有区分についての裁判例

### 3-①　官民有区分の法的性質
【東京高判昭和60年1月24日訟月31巻9号1997頁，判時1140号52頁】

　地租改正に伴う官民有区分は，いったん公有地とされた山林，原野等について国の行政機関が法令等に基づき公権力の発動として，改めてこれを「官有」と「民有」のいずれかに区分し，その所有権の帰属を決するものであるから，狭義の行政処分の一種とみることができ，その対象となった山林原野等は，これに従い，終局的に官又は民のいずれかの所有に帰したものと言うべきであり，地租改正に伴う官民有区分が無効であるか又は取り消されてその効力を失った場合には，改めてその対象となった山林原野等について，国有土地森林原野下戻法に基づく下戻し又は下戻判決等の行政上の措置若しくは払下げ等の私法上の措置が採られた場合は別として，当該山林原野等は官又は民のいずれの所有とも決せられない状態のままに推移したものということができるとした事例。

119

## 3-② 官民有区分の無効主張と信義則
【東京地判昭和47年4月13日訟月18巻7号1051頁】

　地租改正に伴う山林の官民有区分の法的性格及びその無効主張が信義則に反し許されないとした事例。

## (2)　境界査定処分についての裁判例

## 3-③ 立会欠けつと境界査定処分の効力
【青森地判昭和60年4月16日訟月32巻1号23頁】

　旧国有林野法（明治32年法律第85号）に基づく国有林野の境界査定処分につき，隣地所有者に対する境界査定立会通知書及び境界査定通知書が現存しなくても，他の隣接所有者らには適法に立会の機会が与えられていたことが認められる以上，係争地の隣地所有者に対しても事前の境界査定立会通告書が発せられてその立会の機会が与えられていたものと推認できるとして，当該境界査定処分に査定手続上の瑕疵がないとした事例。

## 3-④ 実測の一部省略と査定処分の効力
【福岡高判平成5年9月7日訟月40巻9号2184頁】

　旧国有林野法に基づく境界査定処分が確定したときは，行政処分の効力として，重大かつ明白な瑕疵がない限り，境界及びこれによって区分された国有地の範囲が確定するとし，行政庁が内部通達に従って境界線の実測を一部省略してした当該境界査定処分の効力は，行政処分の公定力により一般人を拘束するとした事例。

## 3-⑤ 国有林野法施行以前の境界査定
【大判明治41年5月13日民録14輯573頁】

　「明治32年法律第85号国有林野法施行以前と雖も国有林野の境界査定に不服ある隣接地所有者は同23年法律第105号訴願法第1条第5号並に同年法律第106号行政庁の違法処分に関する行政裁判の件第5号に依り訴願及ひ行政訴訟を提起し得るものとす。明治24年勅令第144号並に同26年勅令第147号大小林区署官制は孰れも大林区署の管掌事務として官林の境界調査及ひ分合に関する事項を掲記したるか故に当時の大林区署も亦官林相互間は勿論官林と民有地と隣接せる場合に於て其境界を実地調査し各自を区分するの権限を有したるものとす。土地官民有の区分明確にして査定を要

120

第7章　山林の境界と所有についての裁判例

すへき場合に非さることを論争するは即ち査定処分に対して不服を訴ふるものに外ならす。国有林野の隣接地所有者か土地所有権を主張して当該官庁の建設したる標柱を変更せしめんとする請求は境界査定なる行政処分を争ふものとす。」

## 3-⑥　境界査定処分と所有権の帰属
【東京高判昭和35年9月21日訟月6巻10号1895頁】

「国有財産法の規定に基き当該官庁のなす境界査定は，単に隣接する官民有地の境界を調査確定するに止らず，その境界によって区分される官有地の区域を決定することを目的とする行政処分であるから，仮りに事実の誤認に基き不当に境界を認定した場合であっても，それが権限ある官庁の裁決又は判決により取消されることなくして確定するときは，本来民有地たるべくして官有地に編入された区域については，最早その所有権の帰属を争い得ない結果となり，その限りにおいて民有地の所有権は消滅するに至るものと解される。」

【参考】　境界査定により，筆界と共に所有権界も移動するとの趣旨である。同趣旨の裁判例として，福岡高判昭和34年1月31日下民10巻1号215頁，仙台地古川支判昭和36年4月24日訟月7巻5号1038頁，東京高判昭和43年3月27日訟月14巻5号494頁，東京地判昭和53年8月17日訟月24巻11号2161頁，高知地判昭和56年12月17日訟月28巻3号539頁。Q8参照。

## 3-⑦　境界査定の立会の機会が与えられたと推定された事例
【青森地判昭和60年4月16日訟月32巻1号23頁】

旧国有林野法（明治32年法律85号）に基づく国有林野の境界査定処分につき，隣地所有者に対する境界査定立会通知書及び境界査定通知書が現存しなくても，他の隣接所有者らには適法に立会の機会が与えられていたことが認められる以上，係争地の隣地所有者に対しても事前の境界査定立会通告書が発せられてその立会の機会が与えられていたものと推認できるとして，当該境界査定処分に査定手続上の瑕疵がないとした事例。

## 3-⑧　故人に対する立会通知と境界査定の効力
【福岡地小倉支判昭和34年7月15日訟月5巻9号1210頁】

未登記の土地の土地台帳上の所有者が死亡している場合，死亡した所有名義人を所有者として同人あての境界査定の立会通知並びに査定通告書を，相続人が死者名義で委任した代理人に送達することによってされた査定処分が相続人に対する処分として有効と認められた事例。

121

## 3-⑨　記録消失と境界査定の効力

【東京高判昭和34年4月14日訟月5巻5号672頁】

　国有林野の境界査定に関する記録が火災によって焼失したため，隣地所有者に対する境界査定立会通告書及び境界査定通告書が存在しない場合において，境界査定処分が適法に行われたと認められた事例。

## 3-⑩　境界踏査

【仙台高判昭和57年9月29日訟月29巻4号575頁】

　官林境界踏査内規（明治23年農商務省訓令丙林371号）に基づく境界踏査が適法になされたと認められた事例。

## 3-⑪　境界査定の一部無効

【熊本地判昭和40年9月28日訟月11巻11号1603頁】

　国有林についてなされた境界査定処分は，査定当時国有地と民有地が隣接していた場合には当該処分の確定により査定線が境界線となる効力を有し，隣接の状態になかった場合には効力を生じないとした事例。

【参考】　同趣旨の裁判例として，前橋地判昭和57年9月28日訟月29巻3号400頁。

## 3-⑫　境界査定後の境界検測の方法

【山形地判昭和62年3月30日判時1240号104頁】

　国有林界について，正規の手続で境界が確定した以上，その後境界の位置を確認するに当たっては，既往の測量成果に基づく境界検測で足り，関係市町村吏員の立会いを要しないとした事例。

## (3)　上地処分，下戻し処分についての裁判例

## 3-⑬　上地処分の効力

【熊本地判昭和39年12月23日訟月11巻1号33頁】

第 7 章　山林の境界と所有についての裁判例

　明治 4 年正月 5 日の太政官布告（社寺領上知令）の施行による上地により土地所有権が国に帰属したと認めた事例。

## 3-⑭　下戻し判決の効力
【最判昭和57年 7 月15日訟月29巻 2 号192頁】

　国有土地森林原野下戻法に基づき，行政裁判所が行政庁に対し，係争山林を下戻申請者に下戻しすべき旨の判決をしたときは，当該判決によって下戻申請者は新たに当該山林の所有権を取得するとした事例。

## 3-⑮　下戻しの効力
【広島高判平成13年 6 月28日訟月48巻10号2371頁】

　国有土地森林原野下戻法 4 条の規定に基づく下戻処分を受けた者は，当該土地につき新たに所有権を取得するものであり，下戻処分は創設的効力を有するとした事例。

## 3-⑯　下戻し対象土地と元所有地との範囲の同一性
【東京高判昭和40年12月 6 日訟月11巻12号1748頁】

　国有土地森林原野下戻法により国有林の下戻しを命じた行政裁判所の主文に表示された土地の地積が，該土地を特定するために用いられた地積であるに過ぎず現実の当該土地の地積はそれより揺かに狭少なものであると認定された事例。
　国有土地森林原野下戻法に基づく下戻しによって土地所有権は創設的に取得されるもので，かつてその者に属していた所有権の単なる回復ではないとした事例。

## ⑷　国有財産法に基づく境界決定の効力についての裁判例

## 3-⑰　境界決定の処分性
【大阪高判昭和60年 3 月29日判夕560号205頁】

国有財産法31条の 2 ないし 5 の境界決定は抗告訴訟の対象となる行政処分ではないとした事例。

123

## (5) 地籍調査の効果についての裁判例

### 3-⑱ 地籍調査の法的効果

【東京地判平成20年10月24日（判例集未登載）】

　被告国に対して，佐賀地方法務局長の行った裁決の無効確認請求，被告唐津市に対して，地籍調査の成果の取消及びそれに基づく原状回復措置をとることの請求，地積更正の登記請求，地図の訂正の請求が求められた事案において，①国土調査法による地籍調査の成果に基づいてなされる土地の表示に関する登記又は所有権の登記名義人の表示の変更の登記は行政庁の処分その他公権力の行使に当たる行為ではない，②地籍調査は，土地の現況を調査記録するという単純な事実行為に過ぎず，その成果である地図及び簿冊は行政庁における内部資料にとどまり，その取消及びその表裏としての原状回復措置をとることの義務づけを求める訴えは抗告訴訟に当たらない，③地積更正の登記請求及び地図の訂正の請求は，不動産登記法37条及び38条の規定する地積の変更又は更正の登記の請求並びに不動産登記規則16条1項の規定する地図の訂正等の申出等の手続によらなければならない，としていずれの訴えも却下した事例。

【参考】　同趣旨の裁判例として，福島地判昭和39年9月24日行集15巻9号1874頁。Q7(2)②，Q91，Q94参照。

### 3-⑲ 地籍調査に際しての境界合意の効力

【福岡高判平成11年2月25日訟月47巻11号3205頁】

　地籍調査に際して境界の合意があれば，地籍調査等の効力としてではなく，当該合意の効力として所有権移転の効果が生じることがあるとした事例。

## (6) 分筆の効果についての裁判例

### 3-⑳ 分筆無効とその対応策

【東京高判昭和59年10月30日訟月31巻7号1487頁，判時1136号60頁】

　土地台帳の分筆の登録及びこれに応じた分筆の登記がなされていても，その分割線が全く不明な場合は，分筆後の各土地が特定されないから，その分筆の登録及び登記は無効であるが，このような場合のじ後の処理としては，その所有者が同一である限り，分筆を無効として申請により合併するか，又はそのうちの一筆の土地を不存在として登記官が職権により滅失に準じた登録をして土地台帳を除却し，他の一筆の土地については地積の変更の登録をすることができるとした事例。

### 3-㉑　公図訂正行為の無効確認請求の当否
【盛岡地判昭和30年10月11日訟月2巻1号94頁】

　登記官吏が甲，乙両名の隣接して有する山林についてした公図（旧土地台帳付属地図）の訂正処分によって，甲，乙各所有山林に隣接する土地所有者丙がその隣接地所有者丁（丁所有土地は乙所有土地にも隣接する。）との間に現に係属している境界確認訴訟において訴訟法上きわめて不利な立場に立たされているときは，丙は，右訂正処分の無効確認を求める利益を有するとした事例（当該事案では，当該土地以外の土地所有者が土地台帳付属地図訂正処分の無効確認を求める利益を有するものの，公証行為たる土地台帳付属地図訂正処分につき重大かつ明白な瑕疵がないから無効ではないとされている。）。

# 4．所有権の帰属

　山林の所有権の帰属をめぐる裁判例にはどのようなものがあるか。

A　紛争の態様ごとに様々である。それぞれについては解説を参照。

**解　説**

### 4-①　山林売買の方法〜公簿売買と現地売買〜
【大判昭和18年5月3日法学12巻998頁】

　山林の売買には，公簿上の地番に重きを置く場合と現地について売買地域を指示しその地域が売買の地番に該当するものとして売買される場合とがあるとした事例。

### 4-②　山林売買の方法〜地番で売買したときの所有権移転の範囲〜
【広島高判昭和23年7月21日高民1巻2号152頁】

　ある地番号の一筆の土地の所有権移転登記の効力の及ぶ範囲は，客観的に定まっている境界線によって囲まれた地域の範囲に限られ，たとえ当該地番号の土地の売買に当たり当事者が任意に当該地番号の地域の範囲を越えて他の地番号の土地の一部を当該地番号の地域の範囲であると指示して売買しても，当該地番号の所有権移転登記の効力は，その範囲を越えた地域に及ぶものでない（Q

5参照）とした事例。

## 4 -③ 所有権界の合意の効力
【盛岡地一関支判昭和40年7月14日判時 421号53頁】

相互の土地所有権の限界についての当事者の合意は効力を有するとした事例。

## 4 -④ 背信的悪意者
【大阪地判昭和48年2月12日判タ302号215頁】

　土地が登記簿上未売却のままで残されているのを奇貨として，隣接土地所有者に対し登記簿上の面積に相当する部分の返還を受ける目的のもとに廉価で右土地を買受けた行為が，公序良俗に反し無効とした事例。

## 4 -⑤ 立木所有権の対抗
【和歌山地新宮支判昭和34年8月26日判時199号29頁】

　甲が山林を買受けたが移転登記を受けないうちに，乙が同山林を二重に買い受けて登記をした場合でも，甲が買受当時，生立していた地上立木を伐採してその跡へ植林し，かつ明認方法を施しているのみならず，仮に明認方法に十分でない点があっても，植林当時少なくとも甲の対抗要件欠缺を主張し得る正当な第三者がいなかったときは，当該立木の所有権は民法242条但書により甲に帰属するとした事例。

【参考】　(1)　古い裁判例（上記裁判例と異なる判旨だが，先例性は疑問とされている。）
　　　　　　・山林についての所有権取得の登記がない以上，立木について明認方法を施しても，第
　　　　　　　三者に立木所有権の取得を対抗できない（大判昭和9年12月28日大民集13巻2427頁）。
　　　　　(2)　明認方法による対抗関係の詳細
　　　　　　・山林所有者Aが，先に地上立木のみを甲に譲渡して明認方法を施し，次に乙に山林底
　　　　　　　地を譲渡して登記を経由した場合，甲は乙に立木所有権を対抗できる（大判大正10年
　　　　　　　4月14日民録27輯732頁）。
　　　　　　・山林所有者Aが地上立木の所有権を留保したが明認方法を施さないまま山林底地のみ
　　　　　　　を甲に譲渡したところ，甲は地上立木を含む山林全部を乙に譲渡し，山林の移転登記
　　　　　　　を経由した場合には，Aは立木所有権の留保を乙に対抗できない（最判昭和34年8月
　　　　　　　7日民集13巻10号1223頁）。
　　　　　　・立木所有者Aは伐採期間を定めて立木を甲に譲渡し，期間経過後には立木所有権をA

に復帰させる旨の約束をしていたが，期間経過後に甲が乙に立木を譲渡してしまった場合，Aは明認方法を施していない以上，Aへの立木所有権の復帰を乙に対抗できない（大判昭和8年6月20日大民集12巻1543頁）。

## 4-⑥　明認方法～立札等～
【最判昭和37年3月2日裁判集民59号33頁】

　Aから立木を買い受けたBが，山林の3箇所（山林入口，山林内路傍，山林頂上）の立木に，幅約20cm，長さ約45cm，厚さ約2cmの板に「A山林六町七反八畝歩はBにおいて買受けたから伐採を禁ずる」旨を記載した立札を釘で打付けた場合，その立札は立木所有権の公示方法として有効であるとした事例。

【参考】・同趣旨の裁判例として高知地判昭和59年5月18日判タ542号257頁参照。Q2参照。
　　　　・立木を薪炭製造用として買い受け，山林内に小屋・炭がまその他製造用の設備をして製炭事業に従事すれば明認方法となる（大判大正4年12月8日民録21輯2028頁）。
　　　　・山林入口に「A会社枕木生産作業場」と示した公示札がかけられ，そこに製材作業現場の跡が歴然としており，かつ集積原木の多数の所有者表示のための刻印がある場合につき，明認方法としての効力を認めた事例（最判昭和30年6月3日集民18号741頁）。
　　　　・立木引渡請求権を被保全権利とする仮処分命令の執行として，立木を執行官保管し，執行官が処分禁止の公示をしても，同公示は明認方法とは認められない（最判昭和38年11月7日民集17巻11号1330頁）。

## 4-⑦　明認方法の存続時期
【最判昭和35年3月1日民集14巻3号307頁，最判昭和36年5月4日民集15巻5号1253頁】

　樹木所有権の明認方法は，第三者が利害関係に入ったその時点で存在しなければ，対抗要件としての効力を有しないとした事例。

## 4-⑧　共有の性質を有する入会権の成立
【岐阜地高山支判昭和60年1月22日判時1166号132頁】

　旧慣のあった公有地の売渡により分離成立した私有地入会権が時代の変遷とともに共有地になったと認められた事例。

## 4-⑨　民有地に孕在するため池の所有権

【京都地判平成２年９月27日訟月37巻11号1971頁】

　公図上無番地の池につき，明治26，27年ころ作成の字限図に「官有溜池」と記載され，同字限図を引き継ぐ形で土地台帳附属地図（旧公図）上青色で色分けされている等の事実が認められるとして，右池は官有区分された国有地であると認定した事例（すり鉢池）。


## 4-⑩　ため池の帰属

【名古屋地判昭和62年７月31日判時1268号85頁】

　西暦1646年に築造された溜池の権利関係につき，歴史的経緯，地券の表示等を検討した上，詳細な認定をした事例。


## 4-⑪　河川内民有地

【大津地判昭和53年１月23日訟月24巻３号425頁】

　河川区域内にある土地をその所有者及びその相続人が長年の間全く維持・管理せず放置してきたこと，付近住民や行政官庁の土地使用にも何ら苦情を述べなかったこと等を理由に，当該土地所有者の所有権放棄を認めた事例。


## 4-⑫　道路内民有地

【旭川地判平成27年12月８日（判例集未登載）】

　道路を保有する町側は「道路拡張に向けて土地の寄付を求めた。これに対しＡは自己所有地が組み込まれた道路用地の閲覧図を確認したが，異議を申し立てなかった。」と主張したが，判旨は，その事実だけでは寄付を認定できないとして，土地登記をＡに戻すよう町側に命じた事例。


## 4-⑬　契約の錯誤

【大判昭和２年10月３日新聞2771号13頁】

　売買の目的たる山林中に他人の所有地が存在し，一部につき境界に争いがあるため契約の要素に錯誤がある場合においても，当該山林が買主の居村に存在する一事によって買主に重大な過失があると判示した判決は，理由不備の違法があるとした事例。

第7章 山林の境界と所有についての裁判例

### 4-⑭ 相隣関係～「こせ」～

【京都地園部支判昭和62年11月13日判時1278号109頁】

　田畑の耕作者が，日照，通風の妨害となる山林の草木を自由に伐採することが許される「こせ」という慣行の性質を判示した事例。Q33参照。

**【参考】** 「こせ」と同様の慣行上の伐採権として「くろ」がある。Q33，Q34，Q101の裁判例7-①参照。

# 5. 時効取得

### Q99 山林の時効取得の成否をめぐる裁判例としてはどのようなものがあるか。

**A** 　時効取得（民法162条）の成否をめぐる裁判例は多い。否定例，肯定例それぞれ解説を参照。なお，Q6を併せ参照。

**解　説**

## (1) 時効取得否定例

### 5-① 広大な係争地の一部に杭打ち

【盛岡地判昭和44年6月19日訟月15巻8号900頁】

　旧国有林野法に基づく境界査定処分により，民有林の位置範囲が適法に確定したと認定された事例。

　境界標識の設置が自主占有の一徴表として重要な認定資料となり得ることはいうまでもないけれども，広大な係争地域の境界線の一部に，しかも所々に杭を打ったところで排他的な事実上の支配が成立したとはいえないとした事例。

### 5-② 時効取得の基礎となる占有

【東京地判昭和62年1月27日判タ639号165頁】

129

係争山林に立札や境界石を埋設したり境界線の一部に鉄条網を張り，時々現地を訪れて様子を見たというだけでは，時効取得の基礎となる占有があったとは認められないとした事例。

【参考】　時効取得の要件としての占有継続は，客観的に明確な程度に排他的な支配状態の継続でなければならない（最判昭和46年3月30日裁判集民102号371頁）。Q6(2)参照。

### 5-③　占有の競合が認められる場合
【東京高判昭和55年12月16日判時993号57頁】

係争地について甲と乙との管理・占有が競合しているとして甲主張の取得時効の要件たる占有継続を否定した事例。

### 5-④　脱落地につき時効取得の要件たる占有を否定
【東京地判平成21年1月27日（判例集未登載）】

登記簿が作成されず公図上地番が付されていない脱落地である本件土地につき，隣接する山林を所有する原告が，原告の亡父訴外Aが20年間にわたり所有の意思をもって占有してきたことにより時効取得したと主張して，国に対し，所有権の確認を求めた事案において，訴外Aの本件土地の占有態様は，客観的に明確な程度に排他的な支配状態を続けたものと認められず，また，その占有の範囲も不明確であるとし，訴外Aが本件土地につき取得時効の要件となる占有を継続したとはいえないとして，原告の請求を全部棄却した事例。

### 5-⑤　占有開始の過失を理由に時効取得を否定
【仙台高判昭和47年6月19日判時677号69頁】

隣接土地の一部の時効取得につき占有の始めに過失があるとした事例。

### 5-⑥　要存置国有林の時効取得
【山形地判昭和33年10月13日訟月4巻12号1502頁】

要存置国有林（行政財産）について，取得時効の適用はないとした事例。

【参考】　行政財産の取得時効については，特殊な要件が加重されている（最判昭和51年12月24日民集30巻11号1104頁）。その詳細については，賓金敏明『里道・水路・海浜　4訂版』81頁以下参

照。

> ### 5-⑦ 公図のない地域〜無過失による時効取得を否定〜
> 【東京高判昭和53年9月26日訟月24巻12号2525頁】

　公図のない地域において，不動産会社が他人の土地を自己所有地の分筆後の地番の土地と称して多数の者に別荘地として分譲した事案について，不動産会社の同土地に対する占有の開始は善意・無過失とはいえないとして，被分譲者らの時効取得の主張が認められなかった事例。

> ### 5-⑧ 訴え変更と時効中断
> 【仙台高判昭和34年7月30日下民10巻7号1590頁】

　境界確定の訴えを所有権確認の訴えに交換的変更をした場合において，前者の訴えの提起によって生じた時効中断の効力についての事例（積極）。

## (2) 時効取得肯定例

> ### 5-⑨ 山林・絶家財産
> 【福島地平支判昭和31年3月30日下民7巻3号792頁】

　寺による山林所有権の時効取得を認めた事例（絶家財産について詳細な判断がある。）。

> ### 5-⑩ 所有者不明土地
> 【最判平成23年6月3日集民237号9頁，判時2123号41頁，判タ1354号94頁】

　表題部所有者の登記も所有権の登記もなく，所有者が不明な土地を時効取得した者は，自己が当該土地を時効取得したことを証する情報等を登記所に提供して自己を表題部所有者とする登記の申請をし（不動産登記法18条，27条3号，不動産登記令3条13号，別表4項），その表示に関する登記を得た上で，当該土地につき保存登記の申請をすることができるとした事例（傍論）。

> ### 5-⑪ 国有地（旧境内地）
> 【東京高判昭和55年4月15日訟月26巻9号1491頁】

寺が寄贈を受けた土地として管理を開始した時点で，他主占有から自主占有への転換ありとして
寺による国有地の時効取得を認めた事例。

## 5-⑫　自己植栽立木
【最判昭和38年12月13日民集17巻12号1696頁】

　他人の所有する土地に権原によらずして自己所有の樹木を植え付けてその時から右立木のみにつ
き所有の意思をもって平穏かつ公然に20年間占有した者は，時効により右立木の所有権を取得する。

【参考】　樹木の物権変動の対抗要件としての「立札」の有効性を論じるものとして前掲4-⑥参照。

## 5-⑬　共同入会地
【東京高判昭和33年10月24日下民9巻10号2147頁】

　「本件係争区域たる仙ノ倉日影平は往古より長窪古町同新町及び和田村青原区の共同入会地で，
地租改正後右村々の公有地たるべきところ，関係各村の合意に基く民有地編入願が許可された結果，
長窪古町の所有とされ，同町は地券の下付をも受けて完全な権利を取得したものであることが明ら
かである。被控訴人は係争地は一旦国有地に編入されると共に入会権は消滅し，その国有地が更に
長窪古町所有として民有地に編入されたものであるかの如く主張するけれども，これは本件土地が
かつて土地台帳上，和田村字仙ノ倉山国有原野として重複記載されたことを唯一の根拠とする以外，
確たる証拠なく，採用の限りでない。また条理上から言っても一旦国有に編入された土地を更に民
有地に編入する場合には，払下，下戻等何等かそれ相当の手続を必要とすべく，その手続によらな
いで直ちに民有地に組替えることはなかるべき筋合であると思われる。しかしそれは何れにせよ，
本件係争地が民有地編入により長窪古町の所有と確定したことは変りがない。仮りに右民有地編入
による所有権の帰属を論外に置くも，長窪古町は爾後所有の意思を以て善意無過失平穏且つ公然に
本件土地の占有を継続し，時効によってもその所有権を取得したと認むべきことは，原判決説示の
とおりである。」

## 5-⑭　錯誤主張につき「重過失」が否定された事例
【最判昭和32年3月26日裁判集民25号947頁】

　山林に生立する立木を買い受けるにあたり，山林の範囲を直接売主から指示を受けず，世話人の
指示を信じて買受の意思表示をしたからといって，必ずしも買主に重大な過失（民法95条ただし書）
があったものとは言えないとした事例。

第 7 章　山林の境界と所有についての裁判例

# 6. 損害賠償

**Q100** 山林をめぐる紛争につき，損害賠償請求の成否を論じた裁判例はあるか。

**A** 損害賠償請求を否定した例も肯定した例も多数あり，その論拠は様々である。詳しくは解説参照。

**解　説**

## (1) 損害賠償否定例

### 6-① 境界石の移動
【東京地判平成19年7月26日（判例集未登載）】

　購入した土地の開発を計画していた原告らが，境界石を移動させた上これを境界と主張するなどした被告らに対し，経済的，精神的損害を被ったとして，不法行為に基づく損害賠償を求めた事案につき，境界石が置かれている土地は市道の一部をなす土地であって，被告らがその土地について所有権等を主張したとしても，それが当然には原告らの権利を侵害する不法行為となるものではないとして，原告の損害賠償請求を棄却した事例。

### 6-② 牧場・観光目的の山林買受け
【神戸地判平成16年1月13日（裁判所ウェブサイト）】

　被告市から山林を買い受けたのは，同山林での牧場及び観光事業が目的であったにもかかわらず，同山林が開発制限の課される保安林に指定され，同山林の一部が第三者である被告会社に二重に売却されたことにより，また，売買対象地の一部の所有権移転登記を受けていないことなどにより損害等を受けたと主張する原告が，被告市に対しては，損害賠償，所有権移転登記手続，保安林指定の解除手続，山林の所有権確認等を求め，被告会社に対しては，損害賠償，本件山林の一部の明渡し及び所有権確認等を求めた事案において，各被告に対する確認の訴えの一部については不適法であるとして却下した上で，被告市に対する種々の請求のうち一部を認め，被告会社に対する請求は全て認めなかった事例。

133

## 6-③　土地家屋調査士・登記官への賠償請求を否定

【東京地判平成15年2月25日（判例集未登載）】

　境界に争いのある土地につき，占有者（隣地所有者）の取得時効が認められ，原告の所有権確認請求が棄却された事例につき，隣地所有者及び土地家屋調査士のした土地の合筆登記手続，地積更正登記手続，地図訂正の申出が原告の権利を侵害するものではなく違法性がないとして，原告の被告らに対する損害賠償請求が棄却され，上記登記を行った登記官の違法を理由とする国家賠償請求が棄却された事例。

## 6-④　山林分筆につき登記国賠を否定

【岐阜地高山支判昭和57年8月24日判時1071号120頁】

　登記官が山林の分筆登記申請に対して申請書及び添付図面の地積の測量図により分筆した結果，登記に表示される面積が実際の地積の約1000分の1になった場合において，登記官には故意過失がないとした事例。

【参考】　後掲裁判例7-⑥（登記官の犯罪肯定）を比較参照。

## 6-⑤　所在不明地についての損害賠償請求，過失否定

【名古屋地判昭和59年6月14日判時1140号100頁】

　抵当権に基づく競売がなされた所在不明地につき抵当権設定者以外の所有者がいたことを理由とする競落人の損害賠償請求につき，鑑定人及び執行裁判所に過失はないとした事例。

## 6-⑥　結果的に違法であったものの，仮処分執行には無理からぬものがあったとして損害賠償請求を否定した事例

【徳島地判昭和56年5月28日判時1021号128頁】

　被告が，本件山林は長く自己の所有する山林の一部であり原告がこれに対し急迫な侵害をなすものと考えたことは，まことに無理からぬものがあったと言わなければならず，またこの判断を覆すに足る事実も提示されていないとして，伐採禁止の仮処分の執行に及んだことについては，過失の推定を覆すに足る特段の事情があったものと解すべきであるとして，違法性を否定した事例。

## (2) 損害賠償肯定例

### 6-⑦ 森林伐採を行った買主・転買人の過失責任を肯定した事例
【大判昭和17年12月26日法学12巻432頁】

山林の買主が，売主の所有および占有に属する部分をも，買受けた山林の一部として転売し，転買人が売主の現に占有する立木を伐採した以上，買主・転買人は少なくとも過失の責を負うべきであるとした事例。

### 6-⑧ 公図を無視した森林伐採につき，過失を肯定した事例
【仙台高判昭和32年6月5日不法下民昭和32年度】

甲は公図上乙の所有となっている土地上の立木を，当該公図には誤りがあると主張して伐採した場合，諸般のことから当該公図は誤りであるとする証拠がない以上，甲の行為は少なくとも過失に基づき乙の山林を侵害したものといいうるとした事例。

### 6-⑨ 公図に従った森林伐採につき，過失を肯定した事例
【熊本簡判昭和32年4月30日不法下民昭和32年度】

甲が自己の地所に隣接する乙所有地上の立木を，その土地がたまたま役場備付の字図によれば甲の所有地に存在するように記載されていることを理由として，伐採使用した場合，一般に字図と称せられる図面には，往々真実に合致しない記載が存在することがあり，また甲が伐採した山林は，乙の先々代からその所有であり，乙家が毎年管理・手入れを施してきたものであることが認められるときは，甲は故意（少なくとも過失）に乙所有の山林を伐採したものといいうるとした事例。

【参考】　公図ごとにその信頼性には大差がある。そのことを等閑視して，議論するのは誤りである。前掲6-⑧は公図の信頼性が決して小さくない場合の裁判例であり，6-⑨はその山林公図が信頼性の乏しい場合であるといえる。

### 6-⑩ 森林伐採の賠償責任肯定例
【福岡高判平成18年3月2日判タ1232号329頁】

他人所有の山林の杉立木11本を不法に伐採した者につき，22万円（一本当たり2万円）の損害賠償の支払いを命じた事例。

## 6 -⑪ 県境紛争に藉口した職権乱用があるとされた事例

【仙台高判平成７年１月23日高民48巻１号１頁，判時1604号78頁】

　県境に跨る地域の相近接した場所にリフトを建設しようとした甲社がA営林署に，同じく乙社が隣接のB営林署にそれぞれ国有林野の貸付申請をした場合に，A営林署長らが乙社を支援しこれに協力する意図の下に，両社の申請区域が共に隣接B営林署の管轄内にあることにしようとして，それまで県境に関して特に紛争がなかったにもかかわらず，しかも地方自治法所定の紛争解決手続を経ずに，営林署部内で検測した結果のみに依拠して，従来県境とされてきた線とは別の線をあたかも定まった境界であるかのようにして行政上の措置を強行したなど，判示の事実関係の下においては，A営林署長らは甲社に対して貸付権限の濫用による拒否や妨害をしたというべきであり，差別的取扱として違法な公権力の行使に当たるとし，差別的取扱により開業が遅れた期間中の逸失利益は，先駆した乙社が右期間中現実に得た収益を基礎とし，双方の事業経験や集客力等を勘案して算定するのが相当であるとした事例。

## 6 -⑫ 執行官国賠が肯定される要件

【最判平成９年７月15日民集51巻６号2645頁】

　執行官は，現況調査を行うに当たり，通常行うべき調査方法を採らず，あるいは，調査結果の十分な評価，検討を怠るなど，その調査及び判断の過程が合理性を欠き，その結果，現況調査報告書の記載内容と目的不動産の実際の状況との間に看過し難い相違が生じた場合には，目的不動産の現況をできる限り正確に調査すべき注意義務に違反したものというべきであり，本件の執行官が，山林の現況調査を行うに当たり，自ら案内を申し出た町役場職員の指示した土地が現況調査の対象ではなかったにもかかわらず，職員に対する質問や他の調査結果との照合により職員の指示説明の正確性を検討することを怠り，また，携行していた不動産登記法17条所定の登記所備付地図の写しと現地の状況との照合を十分に行わなかったために両者の相違に気付かず，その結果，職員の指示した土地を現況調査の対象と誤認して，当該土地の現況を現況調査報告書に記載したなど判示の事実関係の下においては，執行官は，目的不動産の現況をできる限り正確に調査すべき注意義務に違反したものと認められるとした事例。

## 6 -⑬ 森林組合の参事が越境伐採で損害を与えたことを理由に求償請求等された事例

【釧路地判平成10年５月29日労判745号32頁】

1．部下の行った越境伐採につき，関与したか否かが明らかにされないうちに，１年間の昇給停止処分や越境伐採の賠償金の５パーセント相当額の補填請求を受けた参事が，同処分を不服として

理事会を退席し，弁明の機会を与えられながら出席しない等の態度をとっても，そのような態度をとる理由は理事会も十分把握しており，またそのような態度をとることに無理からぬものがあるとして，当該参事に対するこれら反抗的態度をとったことを理由とする懲戒解雇を無効とした事例。

2．森林組合が従業員の越境伐採により第三者に損害を与えたとして行った損害賠償についての，日常業務の最高責任者である参事に対する求償権の行使が，越境伐採が過失に基づくものであること等の事情を総合し，損害額の５パーセントの限度で許されるとした事例（①～③は詳細）。

① 森林組合の日常業務の最高責任者である参事は，部下が越境伐採をしないよう防止すべき雇用契約上の義務を負っているにもかかわらず，その義務を怠り越境伐採を発生させた過失があり，それにより損害を賠償した使用者からの求償義務を免れない。

② 民法715条３項に基づく雇用者の被用者に対する求償権の行使については全額の行使が常に許されるものでなく，諸般の事情に照らして信義則上相当と認められる範囲に限って許されるものと解すべきである。

③ 森林組合の越境伐採は，その最高責任者である参事の故意によるものではなく，監督上の過失によるものであること，森林組合の処分で，過失による伐採を前提に参事の損害賠償債務を85万円とする通知を行っていること等の諸般の事情を総合すると，組合の参事に対する求償権の行使は信義則上，85万円の限度で許されるものと解すべきである。


## 6-⑭　山林売却・伐採につき損害賠償を肯定した事例
**【宮崎地都城支判昭和48年３月５日判タ306号230頁】**

他人所有山林の売却並びにその地上立木の売却及び伐採につき故意又は過失があったとして不法行為責任を認めた事例。


## 6-⑮　伐採者に対する損害賠償請求と共有持分権者の地位
**【広島高岡山支判昭和41年10月14日判時476号37頁】**

土地の共有者は，その土地の一部が自己の所有に属すると主張する隣地所有者に対し，各自単独で，係争地が自己の共有持分権に属することを前提として，これに対する妨害の排除を求めることができるとした事例。

共有立木の伐採による損害賠償請求権の行使は，民法252条にいう保存行為に該当せず，また同債権は同法428条の不可分債権にも当たらないとした事例。

# 7. 犯 罪

## Q101 森林をめぐる犯罪が認められた裁判例はあるか。

**A** 森林窃盗罪（森林法197条），不動産侵奪罪（刑法235条の2），境界損壊罪（刑法262条の2）などがある。主な裁判例を解説に掲げる。

### 解 説

### 7-① 「くろ」の慣行と森林窃盗の成否
【東京高判平成4年10月5日高検速報2967号】

山間の農地耕作者による森林窃盗の事案において，同耕作者に対し耕作の障害になる隣接山林の立木伐採等を認める「くろ」なる慣行の存在を認めながら，本件伐採行為は「くろ」が認める範囲をはるかに逸脱するものであって，正当な権利の行使とは認められないとした事例。Q33，Q34，Q98の裁判例4-⑭「こせ」を参照。

### 7-② 不動産侵奪の未必の故意
【福岡高判昭和62年12月8日判時1265号157頁】

隣接している他人所有地の一部を取り込んで宅地造成した事案について，未必的故意があるとして不動産侵奪罪の成立を認め，不動産侵奪罪の公訴時効の起算点を判断した事例。

### 7-③ 不動産侵奪罪の認定例
【東京高判昭和50年8月7日高刑28巻3号282頁】

告訴するとの警告を無視し，ブルドーザーを用いて他人の所有・占有にかかる山林約190アールを，山林上に生立している松立木約4,000本を掘り起し敷き込むなどして，陸田に造成した被告人の所為は，これを耕作・使用し，年間多量の米を収穫していることとあいまって，不動産侵奪罪における他人の不動産を侵奪した場合に当たるとした事例。

第7章 山林の境界と所有についての裁判例

### 7-④ 境界合意手続の未了と森林窃盗罪の成否
【仙台高判昭和28年11月25日高刑6巻11号1606頁】

　町当局，町議会総務委員および甲が現地に立ち会って，町所有林と甲所有林との境界を合意してその境界線に杭を打ち込んだ以上は，たとえ手続上町議会の議決を経ていないため当該合意の効力の発生が町議会の議決を停止条件としている場合でも，甲が当該合意により町側のものとされた山林内の立木をほしいままに伐採したときは，窃盗罪を構成するとした事例。

### 7-⑤ 境界損壊罪の認定例
【東京高判昭和38年4月2日下刑5巻3・4号194頁】

　Aが調停条項に基づきB等の立会の下に測量士をして測量せしめた上設置した境界標は，関係当事者間において正当に設定された境界を表示するものであって，刑法262条の2所定の境界標として同条により保護される対象となるものというべく，これをほしいままに損壊除去し，土地の境界を認識すること能わざるに至らしめた被告人の行為は同法条に違反するものといわねばならないとした事例。

### 7-⑥ 公電磁的記録不正作出，同供用罪の認定例
【名古屋地判平成21年9月8日（裁判所ウェブサイト）】

　法務局表示登記専門官である被告人Aおよび法務局総務登記官である被告人Bが，他の登記官らおよび分譲宅地等造成事業等を行っていたCと共謀の上，法務局の事務処理を誤らせる目的で，登記官の権限を濫用して，不動産登記ファイルに，真実の面積が約39平方メートルである本件土地の面積が5万9,253平方メートルである旨の虚偽登記事項を記録した上，同ファイルを備え付けたという事案で，被告人両名は，本件当時，本件土地の地積更正登記手続の申請内容が虚偽であることを知っていたと認められるとして，公電磁的記録不正作出，同供用被告事件につき被告人らを有罪とした事例。

# 8. 訴訟手続

山林に関する訴訟手続に言及した裁判例としてはどのようなものがあるか。

$\overset{\text{\Large A}}{}$ 　訴訟の入り口から判決主文に至るまで，山林に関する訴訟手続を論じた裁判例は数多くある。主なものについて，略説する。

$\qquad\qquad\qquad\qquad\qquad$ 解 説

## (1) 訴訟要件・訴えの利益

### 8-① 無番地と有番地間の境界確定訴訟の成否
【最判平成5年3月30日裁判集民168号517頁，訟月39巻11号2326頁】

　記録によれば，地番の付されていない本件国有地と被上告人らの共有地とは隣接していることが認められるから，この訴えを不適法であるとすべき理由はなく，本件境界確定の訴えは適法であるとした事例。

### 8-② 占有権確認の訴の可否
【宇都宮地判昭和47年1月27日下民23巻1〜4号17頁】

　「控訴人らは，当審において新しく控訴人らが本件土地の占有権を有することの確認を求めるが，いうまでもなく確認の訴は，権利または法律関係につき当事者間に紛争があるため起訴者の法律上の地位が不安定または危険な状態にある場合にこれにつき確認判決を得ることによってその権利関係を確定して起訴者の地位の不安定または危険を除去して将来の紛争を未然に防止することを目的とするものであるから，そのような必要または利益がある場合に，はじめてその訴の利益があるところ，占有権はなるほど一個の法律上の権利である点においては確認の訴の訴訟物たりうることを否定することはできない。しかし，占有権は自己のためにする意思をもって物を所持するという事実状態に基づいて発生し右事実状態の推移に即して変動するものでありしかもそのような事実状態は常に変転してやまないものであるから，占有権もその事実状態の推移にしたがって変動する特質を有すること，山林などのように，排他的全域的事実支配の確立が比較的困難でその占有の帰属者を外形的事実から判別することが容易でない物件にあっては過去から現在にいたる占有の帰属が争われる事例が稀ではないが，そのような場合，裁判所が現在の事実状態に基づいて紛争当事者の一方がその占有権を有することを確認，確定しても，右のような占有権の特質上，それはその時点での事実状態に基づく判断にすぎず，相手方はそれ以後における右事実状態の変動があった場合には（占有者が任意に占有をやめようが，あるいは相手方が当該土地を侵奪しようが，その原因を問わず）それだけを理由に容易に右確定判決の内容と異なる主張をすることができ，したがって右判決の確定力は右当事者に対しその法律上の地位の不安定または危険を除去するためのなんらの救済をも与えるものでないこと，このような場合にはむしろ本権による訴によって右の目的を達しうるべく，そうでないとしても占有権に基づく個々の法律効果例えば取得時効を主張し，あるいは占有保

持の訴，占有回収の訴等を提起すれば足ること，などの点を考え合わせると，一般に占有権の確認を求める訴は特段の事由がないかぎり訴の利益を欠き許されないものといわねばならない。」

## 8-③　隣地の地積更正についての訴えの利益
【最判昭和54年3月15日裁判集民126号253頁・判時926号39頁】

　甲地の所有者は，隣接乙地につきされた土地地積更正登記の取消を求める訴の利益を有しないとした事例。

## (2)　当事者適格を肯定した例

## 8-④　当事者適格～相隣接地所有者～
【最判昭和47年6月29日裁判集民106号377頁】

　争いのある境界によって隣接する土地の所有者は，境界確定の訴につき，当事者適格を有する。

## 8-⑤　Aが所有者であることにつき裁判上争いのない場合における実質的には前所有者にすぎない者の当事者適格
【最判昭和31年2月7日民集10巻2号38頁】

　境界確定の訴えの当事者が相隣地の所有者であることが争いのない場合において，事実上相隣地の所有者でない者を当事者としてされた裁判につき，当事者が相隣地の所有者であることについて争いがない以上，たとえ被告Aが口頭弁論終結前その所有地を他に譲渡し移転登記を了したとしても，裁判所が当事者についての要件に欠けるところなしとして判決しても違法でないとした事例。

【参考】　筆界確定訴訟については，弁論主義の適用が事実上大幅に制限されているが，当事者適格の基礎となる事実（相隣接地所有者か否か）については，なお弁論主義の適用があるとするのが判例である。

## 8-⑥　森林の所有者は，損害賠償請求をする前提として，境界を争う隣接地元所有者兼伐採者を被告として境界確定訴訟をする当事者適格が肯定される
【前橋地判昭和28年4月21日下民4巻4号553頁】

　甲番は現に原告Xの，これに隣接する乙番は現に被告Jのそれぞれ所有するところであり，同被

告は両地の境界を争い，しかも被告Mが甲番の地上立木中小赤沢と滝の沢の分水嶺以東にある部分を伐採した当時においては乙番の所有者であり，当時原告Xが甲番を所有していたのであるから，被告Mが右両地の境界を争う限り，原告Xは被告Mの右伐採を不法行為として損害賠償を求める前提として，同被告に対しかかる境界確認の請求をすることも許されると解すべきであるとした事例。

## (3) 当事者適格を否定した例

### 8-⑦ 当事者適格～前所有者につき否定～
【東京地判昭和48年5月22日下民24巻5～8号303頁】

　境界確定訴訟は，隣接する土地（地番）の所有者間に存する境界紛争を公権的に解決する制度であるから，同訴訟において当事者適格を有するためには，相隣地の所有者であることを要すると解せられるところ，原告は所有権を譲渡した結果，係争地全部について被告らに対し所有者でなくなったと認められることから，原告は境界確定訴訟における当事者適格を有しないものと解するのが相当であるとした事例。

**【参考】**　前掲8-⑤を比較参照。

### 8-⑧ 当事者適格～信託法違反の売買につき否定～
【東京地八王子支判昭51年3月15日訟月22巻5号1159頁】

　原告の売買による土地所有権の取得が信託法11条に規定するいわゆる訴訟信託に該当し，無効であるとした事例。

### 8-⑨ 当事者適格～所有名義の兄につき否定～
【最判昭和38年2月26日裁判集民64号679頁】

　登記名義は被告の弟名義となっており，真実の所有者が被告であるとの認定もない山林については，被告が法律上何らの利害関係をも有しないから，被告が原告の当該所有権を争うからといって，それにより原告として不利益をこうむるものとは認め難く，原告が被告に対し当該山林の所有権確認を求める訴は利益を欠くものと判断するのが正当であるとした事例。

142

第7章　山林の境界と所有についての裁判例

## 8-⑩　当事者適格〜隣接地の間に「沢流れ」がある場合〜
【東京高判昭和55年12月16日判時993号57頁】

　境界確定訴訟の両当事者所有山林の間には国有「沢流れ」敷地が介在し，両当事者所有山林は隣接していないとして，被告の当事者適格を否定した事例。

## 8-⑪　当事者適格〜額縁分筆につき否定〜
【甲府地判昭和53年5月31日訟月24巻8号1609頁】

　いわゆる額縁分筆がされた後に，当該分筆後の隣地所有者の承諾書を添付してなされた地積更正登記の申請につき，登記官が当該土地分筆及び所有権移転の経緯等から実地調査の必要があるとしてこれを実施したところ，分筆前の土地の隣接地所有者から境界について異議が述べられ，また他に境界を認定し得る資料が存しないため，「隣接地との境界が一部確認できない」として当該申請を却下した処分に違法がないとした事例。

## 8-⑫　当事者適格〜相隣接地の全部を同一人物が時効取得した場合につき否定〜
【名古屋地判昭和53年9月22日下民29巻9〜12号276頁，判タ373号93頁】

　境界確定訴訟において，原告は隣接地の所有権を時効取得し，境界を接する双方の土地の所有者となったので，境界確定の訴えの当事者適格を欠くに至ったとして当該訴えを却下した事例。

## 8-⑬　当事者適格〜債権者代位権につき否定〜
【千葉地判平成13年6月5日訟月48巻8号1899頁】

　所有権移転登記請求権を被保全権利として，相隣接している土地の所有者でない者が債権者代位権に基づき境界確定請求をすることは不適法であるとして訴えを却下した事例。

## 8-⑭　当事者適格〜賃借人につき否定〜
【東京高判昭和55年2月27日訟月26巻5号732頁】

　控訴人は本件土地の地上権者である旨主張するが，その前提となるべき同人主張の湯本村とＨ間の地上権設定契約の締結を認めるに足りる証拠がないばかりでなく，およそ地上権者は当該土地の処分権能を有しているとはいえないから，控訴人が本件境界確定の訴について当事者適格がないこ

143

とには変わりがないとした事例。

## 8-⑮　当事者適格〜地上権者につき否定〜
【最判昭和57年7月15日訟月29巻2号192頁】

　地上権者は，土地境界確定訴訟の当事者適格を有しないとした事例。

## 8-⑯　地上権の範囲の確認の訴えの適否
【富山地判昭和41年5月31日下民17巻5・6号459頁】

　地上権者から隣地所有権者又は隣地地上権者に対する地上権範囲確認の訴えは許容されるが，これに対し，地上権者その他の他物権者は，境界確定の訴を提起するにつき，当事者適格を有せず，ただ，土地所有権者の補助参加人として，これに参加しうるに過ぎないものといわねばならないとした事例。

## 8-⑰　当事者適格〜立木所有者につき否定〜
【東京地判昭和46年10月8日訟月17巻11号1720頁】

　立木の所有名義人は境界確定訴訟における当事者適格を有しないとした事例。

## (4)　境界確定訴訟

## 8-⑱　境界確定訴訟の性質〜固有必要的共同訴訟〜
【最判昭和46年12月9日民集25巻9号1457頁】

　隣接する土地の一方または双方が共有に属する場合の境界確定の訴えは，固有必要的共同訴訟と解すべきであるとした事例。

## 8-⑲　共有地の境界確定訴訟の当事者適格〜必要的共同訴訟〜
【広島高松江支判昭和39年9月30日下民15巻9号2400頁】

　共有地に関する境界確定訴訟は共有者全員が共同して当事者となるとした事例。

第7章　山林の境界と所有についての裁判例

## 8-⑳　持分権確認訴訟は，必要的共同訴訟に当たるか
【最判昭和40年5月20日民集19巻4号859頁】

　共有持分権確認訴訟は，持分権者単独で提起できるとした事例。

## 8-㉑　境界確定訴訟～不利益変更の許容性～
【最判昭和38年10月15日民集17巻9号1220頁】

　境界確定訴訟の控訴裁判所は，第一審判決の定めた境界線を正当でないと認めたときは，第一審判決を変更して，正当と判断する線を境界と定めるべきものであり，その結果が実際上控訴人にとり不利であり，附帯控訴をしない被控訴人に有利である場合であっても，いわゆる不利益変更禁止の原則の適用はないものと解すべきであるとした事例。

## 8-㉒　境界確定訴訟～地番の一部のみの筆界確定を肯定～
【盛岡地一関支判昭和43年4月10日判時540号68頁】

　境界確定訴訟において地番と地番との境界線の一部のみについての確定が許されるとした事例。

## 8-㉓　境界確定訴訟～地番の一部のみの筆界確定を否定～
【横浜地判平成11年1月21日判例地方自治225号66頁】

　境界確定訴訟において，一筆の土地の境界の一部の確定を求める訴えは，不適法であるとした事例。

【参考】　8-㉒と異なる論調であり，実務は分かれている（寳金敏明『境界の理論と実務』（日本加除出版，平成21年）499頁参照）。

## 8-㉔　第2審で裁判中に新所有者が境界確定について当事者参加をしてきた場合の第2審判決の主文内容
【最判昭和39年12月17日裁判集民76号547頁】

　山林の境界確定訴訟の係属中山林の所有権を譲り受けた者が第2審において第1審被告を相手方として境界確定について当事者参加をしたときと第2審の判決主文についての事例。

145

山林の境界確定訴訟の係属中山林の所有権を譲り受けた者が第2審において第1審被告を相手方として第1審判決主文と同旨の境界確定を求める旨当事者参加をした場合においても，第2審は，右山林の境界線が第1審判決の結論と同一の結論に達しても，控訴棄却の判決をすべきではなく，新請求として新たな判決をすべきであって，もし，第2審判決が控訴棄却の主文を記載したときは，上告審は第2審判決を破棄して，自判することができるとした事例。

## 8-㉕　境界確定訴訟～確認訴訟か形成訴訟か～
【広島高判平成13年12月13日（裁判所ウェブサイト）】

　境界確定訴訟について，当事者相互の相接する各所有地間の境界に争いがあるためにその境界を形式的に定める形成訴訟であり，その形成要件を定めた法律の規定はないから，判決によって，証拠により認定された諸般の事実関係に基づいて最も合理的と考えられる線が境界として定められることになるのであり，この作業は，合目的的処分行為の性質を有するものであって，客観的に存在する境界線の発見，確認をする性質のものではないとした事例。

【参考】　筆界特定制度（平成18年施行）において不動産登記法123条1号が明記される前の裁判例であることに留意する必要がある。

## 8-㉖　境界確定訴訟～訴訟費用～
【東京高判昭和39年9月15日下民15巻9号2184頁】

　経界確定の訴が実質は非訟事件であることは，判示したとおりであるが，訴訟によらせている以上，訴訟費用の負担について民事訴訟法によって定めるのも当然であり，その判決は実質的にみても，当事者の主張に対比して，その請求を認容したかしないか，或いはその一部を認容したかどうかということが，必ず云えるものであり，従って，訴訟費用を常に必ず原告に負担させることなく，民事訴訟法に定める訴訟費用の負担の原則に従って，実質的にみて敗訴者に負担させることが，憲法に違反しているとはいえないとした事例。

## 8-㉗　境界確定訴訟～主文で所有者を表示することの必要性～
【最判昭和37年10月30日民集16巻10号2170頁】

　土地境界確定の訴えにおいては，判決主文において，係争土地相互の境界を表示すれば足り，右土地の所有者が誰であるかを主文に表示することを要しないとした事例。

第 7 章　山林の境界と所有についての裁判例

> ## 8 - ㉘　境界確定訴訟～主文不特定～
> 【東京地判昭和35年 6 月14日訟月 6 巻 7 号1379頁】

　主文に表示された境界線の基点が，判決理由および添付図面と対照しても，現地のいずれの地点に当たるかを確定しえないときは，当事者間ではその基点の位置につき争いがなかったとしても，主文不明確の違法を免れないとした事例。

> ## 8 - ㉙　境界確定訴訟～登記官に対する効力～
> 【高知地判昭和51年12月 6 日訟月22巻12号2763頁】

　境界確定判決による境界線に基づいてされた地積更正登記申請に係る境界が，実地調査の結果判明した境界と異なるとして，当該登記申請を却下した登記官の処分が違法であるとして取り消された事例。

【参考】　本件では，登記官側が前訴である境界確定訴訟それ自体が判決を詐取した事案（いわゆる馴れ合い訴訟）であるとして控訴したところ，控訴審で訴えそれ自体が取り下げられている。

## (5)　主　文

> ## 8 - ㉚　所有権の範囲の確認訴訟～主文不特定～
> 【最判昭和32年 7 月30日民集11巻 7 号1424頁】

　所有権の帰属に争いがあるにとどまらず，その範囲についても争いがないとはいえない土地の所有権確認判決において，主文と引用の目録，図面および判決理由とを対照しても，被上告人の所有に属する旨確定された土地の範囲が現地のいかなる地域に当たるかが特定できないときは，主文不明確の違法を免れないとした事例。

> ## 8 - ㉛　訴訟物～主文において不特定の場合～
> 【東京地判昭和35年 6 月14日訟月 6 巻 7 号1379頁】

　判決主文自体において訴訟物が一義的に明確に記載されていない場合には，主文のみならず理由中の部分を総合して主文の意味するところを確定すべきであるとした事例。

147

## 8 - ㉜　主文〜検証図面の符号を援用〜

【大判明治41年6月1日民録14輯637頁】

　控訴判決の主文に第一審検証図面の符号を援用して土地の境界区域を表示しても違法ではないとした事例。

## 8 - ㉝　筆界確定訴訟〜多数筆界の一筆ごとの特定の要否〜

【最判昭和37年2月23日裁判集民58号883頁】

　当事者が三筆の山林のそれぞれについて隣接地との境界の確定を求めているのではなくて，同人所有の地続きの当該三筆を合わせて一箇の地域として，これと隣接の他人所有地との境界の確定を求める場合においては，一筆ごとに隣接地との境界を確定判示する必要はないとした事例。

## (6)　訴　額

## 8 - ㉞　複数の請求に対応する印紙が貼付されていない場合の訴えの適否

【青森地判昭和60年4月16日訟月32巻1号23頁】

　山林及びその地上立木の所有権の確認を求める訴訟において，山林の価額に対応する額の印紙しか貼用されていなかった場合に，訴え全部が不適法であるとした事例。

## (7)　仮処分

## 8 - ㉟　山林の仮処分〜後行の山林占有移転禁止仮処分の効力〜

【高松高判昭和38年7月16日下民14巻7号1435頁】

　控訴人主張の者を仮処分当事者とする控訴人主張の内容の二つの仮処分がそれぞれ発布執行されていること及び当該各執行のなされた山林は，別紙図面記載の斜線表示区域の山林であることは，当事者間に争いがなく，当該各仮処分の各執行の日が控訴人主張の各日であることは，被控訴人の明らかに争わないところであるから，控訴人を仮処分権利者とする仮処分（以下第一の仮処分という。）の執行は，被控訴人を仮処分権利者とする仮処分（以下第二の仮処分という。）の執行に先行して執行されたことは，暦数上明らかであり，当該事実によれば，第二の仮処分の債権者は被控訴人，債務者は訴外人二名であるけれども，当該仮処分の内容に，執行吏保管の条項があるが，この条項の執行がなされると，その目的物件は，執行吏の占有するところとなるところ，同占有の性格

が公法上の占有であるか，民法上の占有であるかについては，講学上争いのあるところであるが，これをいずれに解するにしても，それは，執行の目的物件に対する事実的支配であるから，何人もこれを侵すことは，許されないというべきである（このことは，右占有が国家機関たる執行吏のそれであるからではなく，何人も他人の占有を故なく侵すことは，許されないからである。）とした事例。

第 8 章　山林の相続

# 第 8 章
## 山林の相続

## Q103　山林の地権者を特定するに際し，相続関係の調査で特に注意する点は何か。

A　他の地目に比べて山林は，明治期や大正期の登記されたまま現代に至るまで，登記事項に変動がなく，登記が放置された状態で相続登記が未了のものが多く見受けられる。

　このような状態の山林について地権者を調査するには，最も新しい登記名義人が死亡した時期の法令を適用して相続関係の調査を進めることになる。

　特に旧民法に基づく相続は，現行民法と異なるところも多々あるので注意を要する。

　なお，入会による共有地等，いわゆる記名共有地などの特殊な登記がある場合の地権者の調査については，Q24，Q25参照。

### 解　説

　登記簿上の最後の所有権登記名義人（被相続人）につき，いつ相続が開始されたかにより，以下に述べるとおり相続に関する適用法令が異なり，地権者と目される者も異なってくる。

### (1)　明治23年10月6日以前に相続が開始した場合

　明治維新後，旧々民法（明治23年法律98号・未施行のまま廃止）の公布時までは，当時の法令や太政官布告等に基づいて相続の処理がされていた。当時の家督相続は，当初，ある種の許可制であったため，法令に基づく相続関係も定まっていなかったようである。古くは，「華士族家督相続ノ条規ヲ定ム」（明治6年1月22日太政官布告28号）によって二男・三男による家督相続も許可された。しかし，その改正布告（明治6年7月22日太政官布告263号）によって，長男による家督相続を原則とし，さらに平民についても同様の家督相続制度の適用がある旨を宣明（明治8年5月15日内務省伺に対する太政官指令），大部分の国民につき届出制に改めている（明治12年2月13日太政官8号達）。また，明治13年11月17日には「女子相続ノトキ戸主遺留ノ女子ハ他ノ家族ニ先チ相続シ他ノ家族ノ相続順序ハ親族協議ニ任ス」との内務省伺に対する太政官指令もあるようである。

　ただし，最初の不動産登記法（明治19年法律1号）は旧民法より早く，明治20年2月1日に施行されており，その登記事項には，旧民法以前の地権者をそのまま所有権登記名義人と表記して現在に至っているものもある。そのため，旧不動産登記法に基づく登記によって，旧々民法公布時以前当時の地権者を調査できる例が大半であろう。それすら把握できない場合の法令の適用関係は，法

151

制史の専門家に調査依頼するほかはないように思われる。

## ⑵　明治23年10月７日〜明治31年７月15日の間に相続が開始した場合（旧々民法＝明治23年法律98号・未施行のまま廃止）

旧々民法は，明治23年10月７日に公布されたが施行されなかったため，成文法としての効力はない。しかし，おおむね当時の慣例に基づいて成文化されたものであることから，旧々民法も相続人を判定するについて参考になる。その特色は，死亡，隠居，入夫婚等により戸主による家督相続が開始し，戸主以外については死亡により遺産相続が開始するというものであった。[1]

## ⑶　明治31年７月16日〜昭和22年５月２日の間に相続が開始した場合

旧民法４編・５編（明治31年法律９号）が同年７月16日に施行されていることから，旧民法４編・５編を参照すれば当時の相続人の範囲及び相続分の特定ができる。特色としては，上記⑵と同様，死亡，隠居，入夫婚等により戸主による家督相続が開始し，戸主以外については死亡により遺産相続が開始する点である。

### ①　家督相続（戸主の死亡・隠居等。964条）

家制度の下において，家督相続は，戸主たる身分的地位の承継と戸主に属する財産の受継を意味していた。戸主は１人でなければならず，多くは長男の単独相続であった。

家督相続の開始は，㋐戸主の死亡，㋑隠居又は㋒国籍喪失の場合という一般的な場合の他，㋓戸主が婚姻又は養子縁組の取消によってその家を去った場合，又は㋔女戸主の入夫婚姻又は入夫の離婚があった場合にも開始した。

戸主の死亡の場合には，㋐第１種法定推定家督相続人（嫡出男子など直系卑属。970条），㋑指定家督相続人（家＝戸籍が同じでなくともよい。979条・981条），㋒第１種選定家督相続人（配偶者，兄弟姉妹など。982条），㋓第２種法定推定家督相続人（直系尊属。984条）㋔第２種選定家督相続人（家＝戸籍が同じでなくともよい。985条）の順に従って家督相続人を定めることとされていた。

家を守る制度であったことから，被家督相続人たる旧戸主は家督相続人を指定できたし，戸主が死亡して家督相続が開始したのにその家族である直系卑属もなく，家督相続人の指定もない場合には，家督相続人の選任をしなければならなかった。[2]

家督相続の登記原因は「家督相続」であり，日付は家督相続の開始した日である。

### ②　遺産相続（戸主以外の家族の死亡。992条以下）

戸主以外の家族の死亡（失踪宣告も含む。）の場合には，遺産相続が開始した。この場合は，共同相続となるが，次男など戸主以外の家族が財産を所有する例はまれであったため，登記例は少ないようである。なお，家族の国籍喪失は遺産相続の原因とはならない。

遺産相続の登記原因は「遺産相続」であり，日付は遺産相続の開始した日，すなわち，戸主以外の家族が死亡した日である。

### ③　旧民法下で開始した家督相続で家督相続人の未選定の場合

新憲法施行の前日である昭和22年５月２日までに戸主が死亡すれば，旧民法に従い家督相続が開

---

1）その詳細は，我妻栄ほか編『旧法令集』（有斐閣，昭和43年）のうち旧々民法財産取得編第13章相続（同書161頁以下）・人事編第３章親族及ヒ姻族（同書194頁以下），末光祐一『Q&A　農地・森林に関する法律と実務』（日本加除出版，平成25年）19頁以下参照。
2）絶家財産について，Q99の裁判例５−⑨がある。

始する（それ以降については，後記(4)のとおり，新民法施行前であっても家督相続は開始しない。）。

　　ただし，旧民法下で開始した家督相続であっても，その家族である直系卑属がなく，また，被相続人が家督相続人を指定していなかった場合，家督相続人を選任しなければならなかったが，新民法施行日（昭和23年１月１日）までに，この選任の手続がとられなかったものについては，新法施行後に家督相続人を選定することはできず，新民法に従って相続が行われる。

　　この場合，登記原因は「相続」（「家督相続」ではない。）とされ，日付は戸主の死亡の日（家督相続の開始した日）となる。

### ④　入夫婚姻と家督相続との関係

　　ア　入夫婚姻は，妻となる者が既に女戸主であることが前提要件。

　　イ　入夫婚姻の届出だけで（家督相続の届出を要せず）入夫がその家督を相続する。そのため，入夫を戸主とする新戸籍が編製される。

　　ウ　入夫婚姻の記載に「戸主と為る」と記載されていないときは，家督相続は開始しなかったことになる（入夫が必ず戸主になるわけではない。）。

### ⑤　婿養子縁組婚姻と家督相続との関係

　　婚姻と同時に妻の両親と養子縁組をする場合も，夫は妻の家に入るが，婿たる夫は直ちに家督相続して戸主となるものではなく，将来，家督相続人となる者としての地位を取得するにすぎない（上記④とはアの点で異なる。）。

### ⑥　旧民法下での家督相続と遺産相続の相異

|  | 家督相続 | 遺産相続 |
|---|---|---|
| 相続の意味 | ①戸主たる身分的地位の承継<br>②戸主に属する財産の受継 | 財産の受継のみ。 |
| 人　　数 | １人（多くは長男の単独相続） | 複数可（後記(9)参照）。 |
| 日本人以外 | 日本人でなければならない。 | 親族であればよい。 |
| 兄弟姉妹 | 直系卑属なく，家督相続の指定・選任あれば，新戸主たり得る。 | 相続権なし。 |
| 親族以外 | 戸主となれる（同上）。 | 親族に限られる。 |
| 遺　　言 | 遺言での家督相続の指定・取消可能。 | 遺言による相続はない。 |
| 相続放棄 | できない（戸主の承継があるため）。 | 放棄・限定承認できる。 |

## (4)　昭和22年５月３日〜昭和22年12月31日の間に相続が開始した場合（日本国憲法の施行に伴う民法の応急的措置に関する法律＝応急措置法）

　　現行民法でなく，上記応急措置法の適用を受けるので注意が必要である。

　　応急措置法の施行日が新憲法の施行日（昭和22年５月３日）とされた以上，新民法の施行日（昭和23年１月１日）より前であっても，新憲法の精神に適合しない家督相続に関するなどの規定は適用されるべきではない。そのため，旧民法の一部の適用を排除する応急措置が定められた。なお，兄弟姉妹の直系卑属には，代襲相続権がないことも特色である。

　　応急措置法の施行中に開始した相続については，旧民法の遺産相続の規定に従うこととされ，登記原因は「相続」となる。日付は，相続開始の日（被相続人の死亡の日）である。

相続分については，後記(9)参照。嫡出でない子は嫡出子の２分の１，半血の兄弟姉妹は，全血の兄弟姉妹の２分の１とされていた。

なお，旧民法と応急措置法との適用関係につき，極めてまれにではあるが，絶家，養子の子，継子の存在が地権者の確定に影響を与えることがある[3]。

## (5) 昭和23年１月１日〜昭和37年６月30日の間に相続が開始した場合（改正前現行民法４編・５編）

法定相続分は，(4)の応急措置法と同じ（後記(9)参照）。

兄弟姉妹の直系卑属にも代襲相続が認められている。

## (6) 被相続人が昭和37年７月１日から昭和55年12月31日までに死亡した場合（改正前現行民法４編・５編）

法定相続分につき，従来の「直系卑属」から「子」に変え再代襲相続を明記した上，孫以下を代襲相続者とした。それ以外は，これまでと同じ（後記(9)参照）。

## (7) 被相続人が昭和56年１月１日から平成25年９月４日までに相続が開始した場合（現行民法４編・５編）

配偶者の相続分が，第１順位２分の１，第２順位３分の２，第３順位４分の３と拡大した（後記(9)参照）。ただし，従来どおり嫡出でない子は嫡出子の２分の１とされていた。

## (8) 平成25年９月５日以降に相続が開始された場合

最高裁が平成13年７月１日相続開始時点において嫡出でない子と嫡出子が平等でないのは，憲法に違反するとの決定を行ったことを受けての法改正である。現行法の下における相続の詳細については，Q104参照。

## (9) 相続分の変遷

| | 第１順位 | 第２順位 | 第３順位 |
|---|---|---|---|
| 明初〜明23.10.6 | まちまち（上掲(1)参照） | | |
| 明23.10.7〜明31.7.15 （旧々民法＝不施行） | ①戸主→家督相続人（単独）②その他の相続→（上掲(2)参照） | | |
| 明31.7.16〜昭22.5.2 （旧民法＝上掲(3)） | ①戸主→家督相続人（単独）②その他の相続→（上掲(3)②参照） | | |
| 昭22.5.3〜昭22.12.31 （応急措置法＝上掲(4)） | 配偶者　１/３ 直系卑属　２/３（全員で） | 配偶者　１/２ 直系尊属　１/２ | 配偶者　２/３ 兄弟姉妹　１/３ |
| 昭23.1.1〜昭37.6.30 （新民法＝上掲(5)） | （同　上） | （同　上） | （同　上） |
| 昭37.7.1〜昭55.12.31 （子に変更＝上掲(6)） | 配偶者　１/３ 子　２/３（全員で） | （同　上） | （同　上） |
| 昭56.1.1〜平25.9.4 （相続分改正＝上掲(7)） | 配偶者　１/２ 子　１/２（全員で） | 配偶者　２/３ 直系尊属　１/３ | 配偶者　３/４ 兄弟姉妹　１/４ |
| 平25.9.5〜現在 （非嫡平等＝上掲(8)） | 配偶者　１/２ 子　１/２（非嫡も平等） | （同　上） | （同　上） |

---

3) 末光祐一『Q&A　農地・森林に関する法律と実務』（日本加除出版，平成25年）26〜31頁参照。

第8章　山林の相続

法定相続人及び法定相続分並びに遺留分一覧表

| 順　位<br>適用期間 | 第1順位 | 第2順位 | 第3順位 | 第4順位 | 第5順位 | 第6順位 | 第7順位 |
|---|---|---|---|---|---|---|---|
| 明治23.10.7<br>〜明治31.7.15<br>旧々民法<br>（家督相続） | 家族たる卑属親<br>（旧々民295条1項） | 指定家督相続人<br>（旧々民300条） | 選定家督相続人<br>（旧々民301条） | 親族会が選定<br>（旧々民302条） | 家族たる尊属親（旧々民303条） | 配偶者<br>（旧々民304条）<br>遺贈をすることができる財産<br>（旧々民384条1項）　2分の1 | 親族会が他人を選定<br>（旧々民305条） |
| 明治23.10.7<br>〜明治31.7.15<br>旧々民法<br>（遺産相続） | 家族たる卑属親<br>（旧々民313条） | 配偶者<br>（旧々民313条） | 戸主<br>（旧々民313条） | | | 遺贈することができる財産<br>（旧々民384条2項）<br>卑属親　2分の1 | |
| 明治31.7.16<br>〜明治22.5.2<br>旧民法<br>（家督相続） | 家族たる<br>直系卑属<br>（旧民970条） | 指定家督相続人<br>（旧民979条1項1号） | 選定家督相続人<br>（旧民982条） | 家族たる<br>直系尊属<br>（旧民984条） | 親族会が選定<br>（旧民985条） | 遺留分（旧民1130条）<br>直系卑属　2分の1<br>その他　3分の1 | |
| 明治31.7.16<br>〜昭和22.5.2<br>旧民法<br>（遺産相続） | 直系卑属<br>（旧民994条） | 配偶者<br>（旧民996条1項1号） | 直系尊属<br>（旧民996条1項2号） | 戸主<br>（旧民996条1項3号） | | 遺留分（旧民1131条）<br>直系卑属　2分の1<br>配偶者　3分の1<br>直系尊属　3分の1 | |
| 昭和22.5.3<br>〜昭和22.12.31<br>応急措置法 | 配偶者　3分の1<br>直系卑属　3分の2<br>（応措8条2項1号） | 配偶者　2分の1<br>直系尊属　2分の1<br>（応措8条2項2号） | 配偶者　3分の2<br>兄弟姉妹　3分の1<br>（応措8条2項3号） | | | 遺留（応措9条）<br>直系卑属のみ　2分の1<br>直系卑属及び配偶者　2分の1<br>その他　3分の1<br>兄弟姉妹　なし | |
| 昭和23.1.1<br>〜昭和37.6.30<br>新民法 | 配偶者　3分の1<br>直系卑属　3分の2<br>（民900条1号） | 配偶者　2分の1<br>直系尊属　2分の1<br>（民900条2号） | 配偶者　3分の2<br>兄弟姉妹　3分の1<br>（民900条3号） | | | 遺留（民1028条）<br>直系卑属のみ　2分の1<br>直系卑属及び配偶者　2分の1<br>その他　3分の1<br>兄弟姉妹　なし | |
| 昭和37.7.1<br>〜昭和55.12.31<br>新民法 | 配偶者　3分の1<br>子　3分の2<br>（民900条1号） | 配偶者　2分の1<br>直系尊属　2分の1<br>（民900条2号） | 配偶者　3分の2<br>兄弟姉妹　3分の1<br>（民900条3号） | | | 遺留（民1028条）<br>直系卑属のみ　2分の1<br>直系卑属及び配偶者　2分の1<br>その他　3分の1<br>兄弟姉妹　なし | |
| 昭和56.1.1<br>〜現在<br>新民法 | 配偶者　2分の1<br>子　2分の1<br>（民900条1号） | 配偶者　3分の2<br>直系尊属　3分の1<br>（民900条2号） | 配偶者　4分の3<br>兄弟姉妹　4分の1<br>（民900条3号） | | | 遺留（民1028条）<br>直系尊属のみ　3分の1<br>その他　2分の1<br>兄弟姉妹　なし | |

**Q104　現時点で山林の相続が発生した場合，どのように地権者が決められるのか。**

**A**　遺言がない場合については，相続人の範囲及び法定相続分が，民法（887条，889条，890条，900条，907条）で定められている。遺言がある場合には，原則として遺言に従うが，兄弟姉妹以外の者については，一定割合の遺留分の権利が認められている（民法1028条，1031条）。

─────────── 解　説 ───────────

(1)　遺言がない場合についての相続人の範囲及び法定相続分として民法（887条，889条，890条，900条，907条）が定めているのは以下のとおりである。

① **相続人の範囲**

被相続人の配偶者は常に相続人となり，配偶者以外の者は，次の順序で配偶者と一緒に相続人になる。

【第1順位】 被相続人の子

その子が既に死亡しているときは，その子の直系卑属（子や孫など）が相続人となる。子も孫もいるときは，死亡した人により近い世代である子の方が優先する。

【第2順位】 被相続人の直系尊属（父母や祖父母など）

父母も祖父母もいるときは，被相続人により近い世代である父母の方が優先する。

第2順位の者は，第1順位の者がいないときに相続人となる。

【第3順位】 被相続人の兄弟姉妹

その兄弟姉妹が既に死亡しているときは，その人の子が相続人となる。

第3順位の者は，第1順位の者も第2順位の者もいないとき相続人となる。その場合，被相続人（故人）の兄弟姉妹のうち，故人から見て半血の兄弟姉妹（例えば，先妻の子たる姉）は，全血の（父母を同じくする）兄弟姉妹の2分の1となる。

なお，相続を放棄した者は初めから相続人でなかったものとされる。

また，内縁関係にある者は，相続人にはならない。

② **法定相続分**

ア 配偶者と子が相続人である場合

・配偶者⇒2分の1

・子（複数のときは全員平等で。嫡出子と嫡出でない子の間に差はない。）⇒2分の1

イ 配偶者と直系尊属が相続人である場合

・配偶者⇒3分の2

・直系尊属（複数のときは全員平等で）⇒3分の1

ウ 配偶者と兄弟姉妹が相続人である場合

・配偶者⇒4分の3

・兄弟姉妹（複数のときは全員平等で）⇒4分の1

⑵ **遺言等がある場合**

適式な遺言があれば，相続人の範囲や相続分は遺言に従うこととなる。ただ，上記⑴の相続人のうち，兄弟姉妹以外の者は，相続財産の一定割合を取得すべく，遺留分減殺請求権が認められている（民法1028条）。

さらに，相続人が相続放棄（民法938条）や遺産分割協議等によって当該財産についての所有権を失っていないかどうかを調査する必要がある。

第8章　山林の相続

# Q105 現時点での所有者が不明な山林あるいは樹木を取得したい者はどうしたらよいか。

**A** 山林あるいは樹木を時効取得した者は，所有権登記名義人等が行方不明あるいは生死不明であれば不在者財産管理制度，その者が既に死亡し，相続人のあることが明らかでない場合には，相続財産管理制度をそれぞれ活用して，不在者又は相続財産法人を被告として所有権確認や所有権移転登記請求等の提訴や契約締結の申立て等を行うことが考えられる。

また，国や地方公共団体等が行う公共事業のほか，森林組合等が，森林の有効活用や一体的経営等の公共的見地から所有者不明山林・樹木を森林事業者等に売却することを求めて上記の仕組みを活用することも考えられよう。

なお，森林組合や山林所有者等が間伐を行うに際して，対象土地の所有者を確知できない要間伐森林の場合であれば，公告等を経て，間伐木に係る所有権の移転及び土地の使用権を設定できる（Q68，Q69参照）。

同様に，森林組合等が路網整備等を行うに際し，対象土地の所有者を確知できない場合，土地使用者は，補償金を供託所（登記所）に供託し，知事裁定による使用権設定が可能である（Q68，Q69参照）。

## 解　説

### (1)　不在者財産管理制度の概要[4]

不在者財産管理制度（民法25条～29条）は，相続人はいるが行方不明の場合，すなわち①土地所有者が生存しているがその行方が判明しない場合，②土地所有者の生死すら判明しない場合，③土地所有者の死亡は判明しており，かつ相続人の特定もできたが，所有者（共有者）である当該相続人の全員又は一部の所在が不明の場合に利用が可能となる。なお，所有者が不在者であっても，親権者などの法定代理人や不在者が置いた財産管理人がいる場合には，不在者財産管理制度の利用は認められない。

### (2)　相続財産管理制度の概要[4]

相続財産管理制度は，土地を所有していた者が既に死亡していることが判明しているものの，①その者等の除籍謄本等を入手できず相続人の存否が分からない場合，②相続人がいない場合，③相続人全員が相続を放棄している場合に利用が可能となる。土地所有者等が既に死亡し，その者に相続人のあることが明らかでない場合に，家庭裁判所が相続財産管理人を選任し，家庭裁判所の監督の下に相続財産管理人をして，その相続財産（民法951条により法人とされる。）の管理・清算などを行わしめ，残余があれば国庫に帰属させる制度である（民法951条～959条）。

---

4)　財産管理実務研究会編『不在者・相続人不存在財産管理の実務　新訂版』（新日本法規出版，平成17年）340頁，野々山哲郎ほか編『相続人不存在・不在者財産管理事件処理マニュアル』（新日本法規出版，平成24年）69～71頁，235～241頁参照。

157

## ⑶ 財産管理人の選任から権利移転実現までの手続（概要）

それぞれ利害関係人の請求により，不在者財産管理人，相続財産管理人が家庭裁判所で選任される。不在者財産についてであれ，相続財産であれ，利害関係人には①時効取得した者や，②「公共事業」等のために土地を取得しようとする国・地方公共団体等[5]が該当するものとして解釈・運用されている。国や地方公共団体等が行う「公共事業」のほか，森林組合等が，森林の有効活用や一体的経営等の公共的見地から所有者不明山林・樹木を森林事業者等に売却することも「公共事業」としての性格を有するものであることから，その場合における森林事業者等も利害関係人と解することができるのではなかろうか。

それぞれの財産管理人は，通常は財産の管理・保存行為のみを職務とする。時効取得を理由に提訴された場合に応訴するとか，相手方の求めに応じて売却するという処分行為は権限外となるため，家庭裁判所の権限外行為許可を得る。それによって，家庭裁判所の監督の下，不在者あるいは相続財産（法人）の訴訟代理人あるいは契約の代理人等として活動することとなるので，森林・樹木の時効取得や公益利用を主張する者はその財産管理人を相手に訴訟活動を行い，あるいは森林・樹木の売買契約を締結して権利実現を図ることとなる[6][7]。

---

5）公益性を有する事業については，土地収用手続において起業者が真摯な努力をしても土地所有者等の氏名又は住所を知ることができない場合には，裁決申請書の添付書類に土地所有者等の氏名又は住所を記載せずに収用裁決の申請をすること（不明裁決の手続）が可能である（土地収用法48条4項・5項，49条2項）。下記6）文献60～62頁参照。

6）「所有者の所在の把握が難しい土地に関する探索・利活用のためのガイドライン（第1版）」国土交通省HP（平成28年3月）39～52頁，56～59頁，173頁参照。

7）所有者不明地については，このほか，失踪宣告制度（民法30～32条）の活用も考えられる。上記6）文献53～55頁参照。

# 事 項 索 引

## 【アルファベット】

ADR ································· 101

## 【あ】

赤ペンキ ····························· 2
字（小字） ······················ 59, 76
字限図 ·················· 53, 65, 77, 80
アリダード（方向定規） ··········· 57
育成中の樹木 ························ 3
一部譲渡 ···························· 5
一村図 ····························· 53
一村全図 ··························· 31
一筆限り図 ················ 44, 54, 69
入会 ······························ 27
入会林野 ······················ 21, 26
遺留分 ···························· 155
牛殺し ···························· 118
越境伐採 ·························· 136
大字 ··························· 23, 59
大字界 ···························· 15
尾根筋 ························· 41, 82
オルソフォトグラフ（正射写真） ··· 64
折れ点 ···························· 42

## 【か】

開墾 ······························ 78
改租図 ···························· 18
額縁分筆 ·························· 143
陰伐り ···························· 38
崖地処分規則 ······················ 34
瑕疵ある占有 ······················ 9
瑕疵なき占有 ······················ 9
河川内民有地 ···················· 128

家督相続 ·························· 152
仮処分 ···························· 148
簡易登記（手続） ·············· 24, 26
間伐 ······························· 9
官民境界査定（境界査定）
·············· 11, 12, 13, 70, 120, 121
官民有区分 ·············· 21, 119, 120
官有林 ························· 12, 20
管理界 ···························· 108
官林 ······························ 82
官林図 ···························· 73
官林図（差出図） ·················· 73
聞き取り調査 ···················· 109
記名共有地 ······················· 25
旧慣 ··················· 22, 27, 34, 43
旧財産区 ······················ 22, 26
境界確定協議書 ··················· 73
境界決定 ························· 123
境界検測 ························· 122
境界査定の一部無効 ··············· 122
境界図 ···························· 71
境界石 ···························· 133
境界損壊罪 ······················ 139
境界踏査 ························· 122
疆界標識巡検台帳 ················ 118
境界簿（疆界簿） ············· 71, 118
境界木 ···························· 118
共同入会地 ······················ 132
共有入会地 ························ 22
共有惣代地 ······················· 26
共有の性質を有しない入会権 ······ 27
共有の性質を有する入会権 ···· 25, 127
共有立木 ························· 137
共有林 ···························· 91
金属プレート ···················· 105
近代的土地所有権 ················· 16

| | |
|---|---|
| 区 | 23 |
| 空中写真（※凡例参照） | 61, 64, 65, 81 |
| くろ | 39, 138 |
| 傾斜変換線 | 34, 83, 114 |
| 形成的行政処分 | 71 |
| 県境 | 136 |
| 原始筆界 | 17, 115 |
| 検測 | 71 |
| 現地精通者 | 108 |
| 現地立会 | 90 |
| 現地売買 | 125 |
| 現地法 | 54, 56, 58 |
| 間縄 | 57, 68 |
| 小字 → 字 | |
| 小字の飛び地 | 79 |
| 公図 | 82 |
| 公図の訂正処分 | 125 |
| 公図を読む | 59 |
| 更正図 | 18, 60 |
| 郷村宅地 | 20 |
| 耕宅地 | 77 |
| 耕宅地公図 | 66 |
| 耕宅地図面 | 77 |
| 耕地整理 | 117 |
| 耕地整理図 | 118 |
| 後発的原始筆界 | 17 |
| 公物管理界 | 74, 98 |
| 公簿売買 | 125 |
| 公簿面積と実測面積の比較 | 117 |
| 公簿面積と実測面積の割合 | 119 |
| 公有地 | 21, 22 |
| 国土基本図（地形図） | 61 |
| 国土調査法19条5項地図 | 100 |
| 国有林 | 69, 70, 96, 118 |
| 国有林野 | 29, 120 |
| 故人に対する立会通知 | 121 |
| こせ | 39, 129 |
| 御料林 | 69, 72 |
| コンクリート杭 | 117 |
| コンパス測量 | 42, 51, 53, 57 |

## 【さ】

| | |
|---|---|
| 詐欺 | 6, 7 |
| 錯誤 | 6, 7, 10, 132 |
| 沢筋 | 82 |
| 沢流れ | 143 |
| 山岳図 | 116 |
| 三斜法 | 44, 55 |
| 山村活性化 | 90 |
| 山村境界基本調査 | 106, 107, 108 |
| 山村境界保全事業 | 106 |
| 山村境界保全図 | 106 |
| 山村境界保全簿 | 106 |
| 山村等活性化法 | 92 |
| 山頂部 | 34 |
| 山林 | 1 |
| 山林原野改租調査手続 | 21 |
| 山林原野図面 | 77 |
| 山林原野調査法細目 | 20 |
| 山林公図 | 21, 31, 49, 50, 51, 59, 65 |
| 山林事業の集約 | 93 |
| 山林上に置かれている樹木 | 4 |
| 山林所持権 | 17 |
| 山林の分割 | 118 |
| 山林売買 | 1 |
| 地押丈量 | 18 |
| 時効取得 | 3, 6, 25, 115, 129 |
| 自己植栽立木 | 132 |
| 磁石（磁針） | 58, 67 |
| 自主占有 | 6 |
| 下戻し | 119, 123 |
| 市町村界 | 15, 16, 113 |
| 市町村の境界の確定の訴 | 15 |
| 地付山林 | 1 |
| 執行官 | 136 |
| 十字法 | 18, 44, 55 |
| 集団境界確定訴訟 | 100 |
| 集団和解 | 99, 108 |
| 樹皮 | 2 |
| 樹木 | 1, 2 |
| 樹木集団 | 3 |

| | | | |
|---|---|---|---|
| 樹木の時効取得 | 4 | 前所有者 | 141 |
| 巡検 | 71 | 占有界 | 108 |
| 巡検簿 | 118 | 占有開始 | 130 |
| 小方儀 | 51, 56, 68 | 占有権確認の訴 | 140 |
| 譲与 | 46, 79 | 占有状況 | 117, 119 |
| 丈量図 | 20 | 占有の競合 | 130 |
| 植林 | 1, 9, 41 | 惣 | 26 |
| 所在図 | 78 | 創設筆界 | 17 |
| 所在不明地 | 134 | 相続 | 8, 151 |
| 所有権界 | 4, 113, 114, 126 | 相続財産管理制度 | 28, 157 |
| 所有権登記名義人等 | 98 | 総有 | 25, 26 |
| 所有者不明（土地） | 6, 90, 93, 98, 131, 158 | 測量手簿 | 71 |
| 所有者変更の届出 | 92 | 底地 | 3 |
| 所有の意思 | 7 | 即決和解 | 28 |
| 新権原 | 8 | | |
| 新財産区 | 26 | | |
| 真実の筆界 | 10 | | |

## 【た】

| | | | |
|---|---|---|---|
| 神社 | 82, 114 | 対抗要件 | 3 |
| 壬申地券 | 21 | 他主占有 | 7 |
| 森林 | 1 | 他村（大字）持ち | 29 |
| 森林管理図面 | 62 | 脱落地 | 29, 130 |
| 森林基本図（地形図） | 95 | 立札 | 2, 127 |
| 森林境界明確化促進事業 | 94 | 谷筋 | 50 |
| 森林組合 | 91, 98, 158 | ため池 | 128 |
| 森林組合員名簿 | 91 | 団子図 | 19 |
| 森林計画図 | 91, 96, 105 | 地役権 | 38 |
| 森林計画図（施業図） | 61, 95 | 地役権図面 | 62, 64 |
| 森林作業道 | 93 | 地形図（等高線図） | 31, 34, 42, 57, 58, 59, 64 |
| 森林窃盗（罪） | 138, 139 | 地形的特徴 | 42 |
| 森林伐採 | 135 | 地上権の範囲の確認の訴え | 144 |
| 森林簿 | 91, 94, 96 | 地所名称区別改定 | 21 |
| 図解トラバース測量 | 57 | 地図空白地域 | 99 |
| 隙間の未登記部分 | 78 | 地図混乱地域 | 99 |
| 図上三斜求積法 | 56, 58 | 地図修正 | 13 |
| 裾伐り | 38 | 地図訂正 | 11 |
| 炭焼き | 41 | 地積 | 68 |
| 正射写真（オルソフォトグラフ） | 64 | 地籍図 | 10, 112 |
| 施業界 | 14, 98 | 地籍調査 | 105, 109, 112, 124 |
| 施業集約 | 97 | 地籍編製地図 | 59, 65 |
| 絶家財産 | 131 | 地租改正 | 18 |
| 善意・無過失 | 8 | 地租条例施行細則 | 21 |

| | |
|---|---|
| 地番 | 74 |
| 地番区域 | 15 |
| 地番図 | 63 |
| 地番の一部のみの筆界確定 | 145 |
| 地番の割付け（割込み） | 31, 42 |
| 地番割 | 59 |
| 長狭物 | 46 |
| 調査士型ADR | 101 |
| 定性的正確性 | 116 |
| 鉄条網 | 130 |
| 手続参画権 | 111 |
| 天然更新 | 41 |
| 天変地異 | 11 |
| 導線法 | 53, 56 |
| 道路内民有地 | 128 |
| 土地使用権設定制度 | 92 |
| 土地台帳 | 59 |
| 土地台帳附属地図 | 67 |
| 土地宝典 | 80 |
| 土地連絡査定図 | 72 |
| 都道府県界 | 15 |
| 飛び地 | 29, 79 |
| トラバース測量 | 57 |
| トランシット測量 | 57 |
| 取付け道路 | 93 |

## 【な】

| | |
|---|---|
| 苗木 | 1 |
| 縄のび | 43 |
| 認可地縁団体 | 23, 26, 27 |
| 農地改革 | 77 |
| 軒下官林 | 19 |
| ノリ裾 | 37 |

## 【は】

| | |
|---|---|
| 背信的悪意者 | 126 |
| 排他的事実支配 | 3 |
| 藩有林 | 22 |
| 筆界 | 4, 9, 71, 113, 114 |

| | |
|---|---|
| 筆界確定判決 | 11 |
| 筆界特定 | 10, 95 |
| 筆界特定制度 | 97 |
| 筆界復元能力 | 59 |
| 筆界不明地 | 90 |
| 筆界未定 | 111 |
| 表題部に記載された所有者 | 28 |
| 比例按分 | 69 |
| 副図 | 116 |
| 不在地主 | 6 |
| 不在者財産管理制度 | 28, 157 |
| 不動産侵奪 | 138 |
| 部落 | 23 |
| プラスチック杭 | 105 |
| 分割線（創設筆界） | 115 |
| 分間図（縮尺図・実測図） | 57, 58 |
| 分水嶺 | 34, 114 |
| 分筆登記 | 13 |
| 分筆無効 | 124 |
| 平穏・公然 | 8 |
| 平板 | 57 |
| 平板測量 | 18, 57 |
| 紅ガラ | 2 |
| 保安林 | 89, 116 |
| 放射法 | 57 |
| 法14条地図 | 61, 63, 64, 117 |
| 防風林 | 20 |
| 墓地（埋葬地） | 25, 26 |
| 北海道内の国有林 | 72 |

## 【ま】

| | |
|---|---|
| 埋葬地（墓地） | 25, 26 |
| 廻り分間（分見） | 20, 56 |
| 見かけ上の筆界 | 10 |
| 未墾地買収地 | 78 |
| 見取図程度 | 21 |
| 無断借用 | 8 |
| 無番地 | 29, 79, 140 |
| 村持ち入会地 | 22 |
| 明認方法 | 2, 126 |

事項索引

めがね地 …………………………………… **29**,47
面積の丈量 ………………………………………54


## 【や】

社 ……………………………………………82
谷内田 ………………………………………37
山裾 ………………………………………40,50
山地番 ……………………………………46,**74**
山道 ………………………………………**35**,46
山を売る ……………………………………… 1
要間伐森林制度 ……………………………92
要存置国有林 ……………………………… 130
横境 …………………………………………34


## 【ら】

里道 ………………………………………37,**46**
立木 ………………………………………… 1
立木法上の立木 ……………………………… 2
稜線 …………………………………………50
林業集約化 …………………………………90
林業専用道 …………………………………93
林地所有者台帳 ……………………………93
隣地の地積更正 …………………………… 141
林道 …………………………………………93
林班（界）………………………… **14**,95,100
路網整備 ……………………………………93


## 【わ】

和紙公図（※凡例参照）………………17,21


163

## 山林の境界と所有
### 資料の読み方から境界判定の手法まで

2016年9月23日　初版発行
2021年3月2日　初版第2刷発行

編著者　寶　金　敏　明
　　　　右　近　一　男

著　者　西　田　寛　男
　　　　河　原　光　人
　　　　西　尾　光　人

発行者　和　田　　　裕

発行所　日本加除出版株式会社
本　社　郵便番号 171-8516
　　　　東京都豊島区南長崎3丁目16番6号
　　　　ＴＥＬ（03）3953-5757（代表）
　　　　　　　（03）3952-5759（編集）
　　　　ＦＡＸ（03）3953-5772
　　　　ＵＲＬ www.kajo.co.jp
営業部　郵便番号 171-8516
　　　　東京都豊島区南長崎3丁目16番6号
　　　　ＴＥＬ（03）3953-5642
　　　　ＦＡＸ（03）3953-2061

組版 ㈱郁文 ／ 印刷・製本（POD）京葉流通倉庫㈱

落丁本・乱丁本は本社でお取替えいたします。
★定価はカバー等に表示してあります。
Ⓒ 2016
Printed in Japan
ISBN978-4-8178-4338-8

---

**JCOPY** 〈出版者著作権管理機構 委託出版物〉

　本書を無断で複写複製（電子化を含む）することは，著作権法上の例外を除き，禁じられています。複写される場合は，そのつど事前に出版者著作権管理機構（JCOPY）の許諾を得てください。
　また本書を代行業者等の第三者に依頼してスキャンやデジタル化することは，たとえ個人や家庭内での利用であっても一切認められておりません。

〈JCOPY〉　ＨＰ：https://www.jcopy.or.jp，e-mail：info@jcopy.or.jp
　　　　　電話：03-5244-5088，FAX：03-5244-5089

| 商品番号：40310 |
| --- |
| 略　　号：境理 |

# 改訂版
# 境界の理論と実務

**寶金敏明 著**
2018年12月刊 A5判上製 684頁 定価7,040円（本体6,400円）
978-4-8178-4523-8

● 土地境界に関する唯一の理論書。初版発行から10年間に蓄積された裁判例の解釈・判断基準を踏まえ実務に与える影響を分析した改訂版。境界の現地調査、生成過程、地図や図面などの精度、筆界特定制度や境界に関する裁判や協議など多数の事項について、法律問題に立脚して言及。

| 商品番号：40620 |
| --- |
| 略　　号：事境 |

# 事例解説
# 境界紛争
## ～解決への道しるべ～

**大阪土地家屋調査士会**
**「境界問題相談センターおおさか」 編**
2016年4月刊 A5判 240頁 定価2,530円（本体2,300円）
978-4-8178-4295-4

● 土地家屋調査士と弁護士による実務視点からの解説書。

● 「どこで迷うか」「何に悩むか」がイメージしやすい対話式での解説を展開。

● 「初動のあり方」、「資料の収集と分析技法」、「手続選択」、「筆界特定手続・訴訟・ADR」の各留意点を詳説。

**日本加除出版**

〒171-8516　東京都豊島区南長崎3丁目16番6号
TEL（03）3953-5642　FAX（03）3953-2061（営業部）
www.kajo.co.jp